周期表

族→ 周期↓	10	11	12	13	14	15	16	17	18
1									4.003 $_2$He ヘリウム $1s^2$ 24.59
2				10.81　2.0 $_5$B ホウ素 $[He]2s^22p^1$ 8.30　0.28	12.01　2.5 $_6$C 炭素 $[He]2s^22p^2$ 11.26　1.26	14.01　3.0 $_7$N 窒素 $[He]2s^22p^3$ 14.53	16.00　3.5 $_8$O 酸素 $[He]2s^22p^4$ 13.62　1.46	19.00　4.0 $_9$F フッ素 $[He]2s^22p^5$ 17.42　3.40	20.18 $_{10}$Ne ネオン $[He]2s^22p^6$ 21.56
3				26.98　1.5 $_{13}$Al アルミニウム $[Ne]3s^23p^1$ 5.99　0.44	28.09　1.8 $_{14}$Si ケイ素 $[Ne]3s^23p^2$ 8.15　1.39	30.97　2.1 $_{15}$P リン $[Ne]3s^23p^3$ 10.49　0.75	32.07　2.5 $_{16}$S 硫黄 $[Ne]3s^23p^4$ 10.36　2.08	35.45　3.0 $_{17}$Cl 塩素 $[Ne]3s^23p^5$ 12.97　3.61	39.95 $_{18}$Ar アルゴン $[Ne]3s^23p^6$ 15.76
4	58.69　1.8 $_{28}$Ni ニッケル $[Ar]3d^84s^2$ 7.64　1.16	63.55　1.9 $_{29}$Cu 銅 $[Ar]3d^{10}4s^1$ 7.73　1.24	65.41　1.6 $_{30}$Zn 亜鉛 $[Ar]3d^{10}4s^2$ 9.39	69.72　1.6 $_{31}$Ga ガリウム $[Ar]3d^{10}4s^24p^1$ 6.00　0.3	72.64　1.8 $_{32}$Ge ゲルマニウム $[Ar]3d^{10}4s^24p^2$ 7.90　1.23	74.92　2.0 $_{33}$As ヒ素 $[Ar]3d^{10}4s^24p^3$ 9.79　0.81	78.96　2.4 $_{34}$Se セレン $[Ar]3d^{10}4s^24p^4$ 9.75　2.02	79.90　2.8 $_{35}$Br 臭素 $[Ar]3d^{10}4s^24p^5$ 11.81　3.36	83.80　3.0 $_{36}$Kr クリプトン $[Ar]3d^{10}4s^24p^6$ 14.00
5	106.4　2.2 $_{46}$Pd パラジウム $[Kr]4d^{10}$ 8.34　0.56	107.9　1.9 $_{47}$Ag 銀 $[Kr]4d^{10}5s^1$ 7.58　1.30	112.4　1.7 $_{48}$Cd カドミウム $[Kr]4d^{10}5s^2$ 8.99	114.8　1.7 $_{49}$In インジウム $[Kr]4d^{10}5s^25p^1$ 5.79　0.3	118.7　1.8 $_{50}$Sn スズ $[Kr]4d^{10}5s^25p^2$ 7.34　1.11	121.8　1.9 $_{51}$Sb アンチモン $[Kr]4d^{10}5s^25p^3$ 8.61　1.05	127.6　2.1 $_{52}$Te テルル $[Kr]4d^{10}5s^25p^4$ 9.01　1.97	126.9　2.5 $_{53}$I ヨウ素 $[Kr]4d^{10}5s^25p^5$ 10.45　3.06	131.3　2.7 $_{54}$Xe キセノン $[Kr]4d^{10}5s^25p^6$ 12.13
6	195.1　2.2 $_{78}$Pt 白金 $[Xe]4f^{14}5d^96s^1$ 8.96　2.13	197.0　2.4 $_{79}$Au 金 $[Xe]4f^{14}5d^{10}6s^1$ 9.23　2.31	200.6　1.9 $_{80}$Hg 水銀 $[Xe]4f^{14}5d^{10}6s^2$ 10.44	204.4　1.8 $_{81}$Tl タリウム $[Xe]4f^{14}5d^{10}6s^26p^1$ 6.11　0.2	207.2　1.8 $_{82}$Pb 鉛 $[Xe]4f^{14}5d^{10}6s^26p^2$ 7.42　0.36	209.0　1.9 $_{83}$Bi ビスマス $[Xe]4f^{14}5d^{10}6s^26p^3$ 7.29　0.95	(210)　2.0 $_{84}$Po ポロニウム $[Xe]4f^{14}5d^{10}6s^26p^4$ 8.42　1.9	(210)　2.2 $_{85}$At アスタチン $[Xe]4f^{14}5d^{10}6s^26p^5$ 2.8	(222) $_{86}$Rn ラドン $[Xe]4f^{14}5d^{10}6s^26p^6$ 10.75
7	(269) $_{110}$Ds ダームスタチウム	(272) $_{111}$Rg レントゲニウム	(285) $_{112}$Cn コペルニシウム		(289) $_{114}$Fl フレロビウム		(293) $_{116}$Lv リバモリウム		

ランタノイド

152.0　1.2 $_{63}$Eu ユウロピウム $[Xe]4f^76s^2$ 5.67	157.3　1.2 $_{64}$Gd ガドリニウム $[Xe]4f^75d^16s^2$ 6.15	158.9　1.2 $_{65}$Tb テルビウム $[Xe]4f^96s^2$ 5.86	162.5　1.2 $_{66}$Dy ジスプロシウム $[Xe]4f^{10}6s^2$ 5.94	164.9　1.2 $_{67}$Ho ホルミウム $[Xe]4f^{11}6s^2$ 6.02	167.3　1.2 $_{68}$Er エルビウム $[Xe]4f^{12}6s^2$ 6.11	168.9　1.2 $_{69}$Tm ツリウム $[Xe]4f^{13}6s^2$ 6.18	173.0　1.1 $_{70}$Yb イッテルビウム $[Xe]4f^{14}6s^2$ 6.25	175.0　1.2 $_{71}$Lu ルテチウム $[Xe]4f^{14}5d^16s^2$ 5.43

アクチノイド

(243)　1.3 $_{95}$Am アメリシウム $[Rn]5f^77s^2$ 5.97	(247)　1.3 $_{96}$Cm キュリウム $[Rn]5f^76d^17s^2$ 6.02	(247)　1.3 $_{97}$Bk バークリウム $[Rn]5f^86d^17s^2$ 6.23	(252)　1.3 $_{98}$Cf カリホルニウム $[Rn]5f^{10}7s^2$ 6.30	(252)　1.3 $_{99}$Es アインスタイニウム $[Rn]5f^{11}7s^2$ 6.42	(257)　1.3 $_{100}$Fm フェルミウム $[Rn]5f^{12}7s^2$ 6.50	(258)　1.3 $_{101}$Md メンデレビウム $[Rn]5f^{13}7s^2$ 6.58	(259)　1.3 $_{102}$No ノーベリウム $[Rn]5f^{14}7s^2$ 6.65	(262) $_{103}$Lr ローレンシウム $[Rn]5f^{14}6d^17s^2$

量子物理化学入門

寺阪利孝・森 聖治

三共出版

まえがき

　物質を構成しているのは，原子や分子であるが，化学的性質を議論する場合には，電子が関与している問題が多い．それは化学結合が，二つの原子が電子を共有することによって生じるからである．これらの問題は，1920年代後半に量子力学が誕生して急速に解明されていった．特に，Hückel 法から始まった本格的な分子軌道法の発展は，計算機の進歩と共にその重要性を増している．その後，1998年にWalter Kohn と John A. Pople が「量子化学における計算手法の発展」でノーベル化学賞を受賞したのはいまだに記憶に新しい．いまや安価なパソコンで分子の物性や反応性が精密に予測，解析できる時代が到来した．また，計算化学の適応範囲も物性物理学から生化学，薬学，基礎医学関係と広がっており，化学だけでなくその周辺の分野の研究を行う際に必須のツールになっている．そのような状況で，物理化学の分野，とりわけ量子化学の正しい知識をもっていることが非常に大切になってきている．

　本書は，対象として理工系大学の 1, 2 年次生を考えている．2003 年度から高等学校の教科の内容が新しくなり，従来の内容が 2 冊に分割された科目もある．したがって，履修の仕方によっては高等学校で学習していない項目もあると思われるので，付録に，数学的準備として数学の基礎的な内容と粒子の運動を扱う際に必要な力学の用語を簡潔に説明した．是非参考にして，容易な数式の変形などは，できる限り実際に計算用紙に書きながら読んでいただきたい．数式がわかれば，説明で納得した内容がさらに深まって理解できたと感じていただけると思う．

　1 章は，微粒子に対して古典力学が成り立たなくなり，新しい力学—量子力学—が必要となった背景を説明する．2 章は，その量子力学の基礎について Schrödinger 方程式を中心に解説する．Schrödinger 方程式が正確に解ける場合について，まず 3 章では，Schrödinger 方程式を並進，振動，回転運動について適用し簡単に解法と結果を説明する．次に 4 章では，水素原子についての取り扱いと多電子原子の電子配置について述べる．5 章では，分子軌道法を簡単に説明し，二原子分子の電子配置，簡単な分子の形について触れる．6 章では，π 電子を取り扱う最も簡単な分子軌道法である Hückel 法について解説する．一般に多電子を含む系では，Schrödinger 方程式は正確には解けず近似法を用いて取り扱う必要がある．7 章で近似法として代表的な摂動論と変分法を一般的に説明する．8 章では，二原子分子を分子軌道法で扱う際のより詳細な方法について解説する．また，分子軌道法の分類についても簡単に紹介する．9 章では，8 章までに学んだ量子化学を使って，化学反応をいかに説明できるかという具体的な例について計算結果の図を交えて紹介する．

　9 章の後に，本文の理解をできるだけ深めるための演習問題を用意した．すぐに解答を参照しないで，本文を読み直して問題に挑戦して頂きたい．

　本書を書くにあたり，筆者（寺阪）が東北大学在学中に受講した名誉教授の故中嶋威先生の量子化学の講義ノートを参考にさせていただきました．1998年に三共出版から出版した「基礎量子化学」の共著であった茨城大学名誉教授の故山口裕之先生にも心からお礼を申しあげると共に，両先生のご冥福をお祈り申し上げます．また，本書の 8, 9 章は，筆者（森）が，茨城大学を初めいくつかの大学で行った講義録などを参考にした．誤りを指摘してくれた受講生の学生諸氏に感謝します．原稿と図の作成には，茨城大学学術情報局の IT 基盤センター（水戸）も利用しました．便宜をはかって頂き感謝いたします．最後に，本書の出版に際しご助力いただいた三共出版の高崎久明氏と編集部の方々に感謝します．

2007 年 1 月

著　　者

目　　次

第1章　古典力学から量子論へ
- 1-1　物質の構成 … 2
- 1-2　黒体輻射 … 2
- 1-3　光電効果 … 4
- 1-4　ボーアの水素原子モデル … 5
- 1-5　ド・ブロイの物質波 … 8

第2章　量子力学の基礎
- 2-1　不確定性原理 … 12
- 2-2　Schrödinger 方程式 … 13
- 2-3　波動関数の満たすべき条件と物理量の期待値 … 15
- 2-4　関数と演算子 … 16
  - 2-4-1　エルミート演算子 … 17
- 2-5　角運動量 … 18
- 2-6　スピン … 20

第3章　並進，振動，回転運動への量子力学の適用
- 3-1　自由粒子 … 28
- 3-2　一次元の箱の中の粒子 … 28
- 3-3　二次元の箱の中の粒子 … 32
- 3-4　一次元調和振動子 … 34
- 3-5　二次元回転運動 … 36
- 3-6　三次元回転運動 … 39

第4章　水素原子と多電子原子
- 4-1　水素原子 … 44
  - 4-1-1　原子軌道 … 44
  - 4-1-2　原子軌道の表示 … 47
- 4-2　多電子原子 … 50

4-2-1　構成原理 …………………………………………………………………… 50
　　4-2-2　周期律 ……………………………………………………………………… 51

第5章　分子の電子構造

　5-1　水素分子イオン ……………………………………………………………………… 58
　5-2　二原子分子 …………………………………………………………………………… 58
　　5-2-1　等核二原子分子 ……………………………………………………………… 58
　　5-2-2　異核二原子分子 ……………………………………………………………… 64
　5-3　混成軌道 ……………………………………………………………………………… 66
　5-4　多原子分子 …………………………………………………………………………… 68
　5-5　分子軌道法と原子価結合法の違い ………………………………………………… 70
　　5-5-1　分子軌道法 …………………………………………………………………… 70
　　5-5-2　原子価結合法 ………………………………………………………………… 71

第6章　Hückel 分子軌道法

　6-1　Hückel 分子軌道法 ………………………………………………………………… 74
　6-2　電子密度 ……………………………………………………………………………… 79
　6-3　結合次数 ……………………………………………………………………………… 79
　6-4　Hückel 分子軌道法におけるヘテロ原子の取扱い ……………………………… 81

第7章　近似法

　7-1　摂動論 ………………………………………………………………………………… 84
　　7-1-1　縮重のない場合 ……………………………………………………………… 84
　　7-1-2　縮重のある場合 ……………………………………………………………… 85
　7-2　摂動論の応用 ………………………………………………………………………… 86
　　7-2-1　ヘリウム原子 ………………………………………………………………… 86
　　7-2-2　分子軌道法での応用 ………………………………………………………… 86
　7-3　変分法 ………………………………………………………………………………… 87
　7-4　変分法の応用 ………………………………………………………………………… 88
　　7-4-1　ヘリウム原子 ………………………………………………………………… 88
　　7-4-2　一次元調和振動子 …………………………………………………………… 88

第8章　分子軌道法の詳細
　8-1　等核二原子分子 …………………………………………………………… 92
　8-2　異核二原子分子 …………………………………………………………… 94
　8-3　具体的な異核二原子分子の例 …………………………………………… 98
　8-4　分子軌道法の分類 ………………………………………………………… 98

第9章　分子軌道法による化学反応性の予測
　9-1　化学反応における遷移状態理論 ………………………………………… 102
　9-2　フロンティア軌道理論 …………………………………………………… 103
　9-3　有機化学反応とフロンティア軌道理論 ………………………………… 105
　　9-3-1　求核置換反応 ………………………………………………………… 105
　　9-3-2　求電子付加反応 ……………………………………………………… 106
　　9-3-3　求電子置換反応 ……………………………………………………… 106
　　9-3-4　付加環化反応 ………………………………………………………… 107
　　9-3-5　シクロブテンの開環反応 …………………………………………… 110
　9-4　軌道支配と電荷支配 ……………………………………………………… 112
　　9-4-1　電荷支配と軌道支配 ………………………………………………… 112
　　9-4-2　酸・塩基の硬さ，やわらかさ ……………………………………… 112

演習問題と解答
演習問題 ………………………………………………………………………………… 115
　　第1章演習問題　　115
　　第2章演習問題　　115
　　第3章演習問題　　116
　　第4章演習問題　　117
　　第5章演習問題　　117
　　第6章演習問題　　117
　　第7章演習問題　　118
　　第8章演習問題　　118
　　第9章演習問題　　119
解　　答 ………………………………………………………………………………… 120
　　第1章解答　　120
　　第2章解答　　120
　　第3章解答　　121
　　第4章解答　　122
　　第5章解答　　123

第 6 章解答　123
第 7 章解答　123
第 8 章解答　124
第 9 章解答　124

付　　録

A　ギリシア文字 …………………………………………………………………125
B　単位について …………………………………………………………………126
　　B-1　SI 基本単位とそれらの定義 ……………………………………………126
　　B-2　SI 接頭語 …………………………………………………………………127
　　B-3　SI 組立単位の例 …………………………………………………………127
　　B-4　SI 以外の単位 ……………………………………………………………128
　　　　B-4-1　SI と併用される単位
　　　　B-4-1　その他の単位
　　B-5　基礎物理定数 ……………………………………………………………129
　　B-6　エネルギー換算表 ………………………………………………………130
C　基礎的な数学の準備 …………………………………………………………132
　　C-1　微分法と偏微分法 ………………………………………………………132
　　C-2　ベクトル …………………………………………………………………133
　　C-3　極　座　標 ………………………………………………………………134
　　C-4　数学公式 …………………………………………………………………137
　　C-5　二階定数係数同次線形常微分方程式の解 ……………………………138
　　C-6　行列と行列式 ……………………………………………………………140
D　基礎的な力学の知識 …………………………………………………………144
E　Hückel 分子軌道法－縮重のある場合 ………………………………………147
F　電子の反対称化波動関数 ……………………………………………………149
G　ヘリウム原子の変分法による計算 …………………………………………152

参 考 文 献 ………………………………………………………………………155
索　　　引 ………………………………………………………………………157

第1章
古典力学から量子論へ

　この章では，まず最初に物質の基本的な構成粒子の発見について簡単に述べる．続いてそれらの微粒子に関する重要な実験のいくつかを紹介する．それらの実験結果を説明するためには，それまでの巨視的粒子に対して成立していた力学（古典力学：classical mechanics）では不十分で，新しい力学（量子力学：quantum mechanics）が必要となった背景について簡単に説明する．

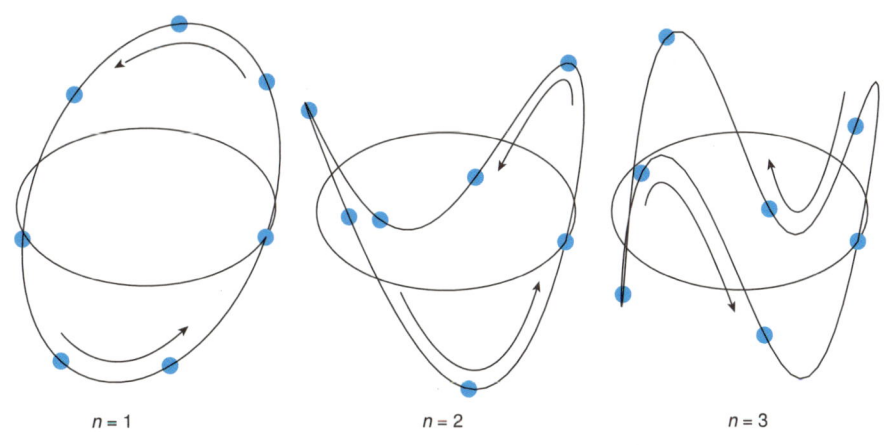

ボーアの水素原子モデルにおける定常波

1-1　物質の構成

　低圧気体中で放電すると陰極から陰極線が放出され，さまざまな性質をもっていることをトムソン（J. J. Thomson）が発見した（1897）．その陰極線は，電場や磁場によって進行方向が曲げられることから，負の電荷をもつ粒子であることがわかり，その曲がる程度から粒子の質量と電気素量の比も測定された．この粒子が電子（electron）である．同様にして，水素気体の放電により陽極から放出される正の電荷をもった粒子線の電場や磁場中での曲がる程度から粒子の質量と電気素量の比も測定された（1907）．この粒子が陽子（proton）であり，陽子の質量は電子の質量の 1836 倍であることがわかった．さらに，ミリカン（R. Millikan）の油滴実験（1909）により電気素量が決定されて，電子と陽子の質量も求められた．原子が正電荷と負電荷をもつ電子から構成されることがわかったが，原子の構造についてのモデルとして，正電荷が原子全体に広がっており，そこに電子が入っているとするトムソンモデル（1903）と正電荷は小さな空間を占め，電子はその周りを回るとする，長岡半太郎による長岡モデル（1903）が提案されていた．

　ラザフォード（E. Rutherford）等が正の電荷をもつ α 粒子を発見し（1903），さらに α 粒子がヘリウムの原子核（He^{2+}）であることを解明した（1908）．その後，薄い金箔に高エネルギーの α 粒子を衝突させて α 粒子の散乱される角度を測定する実験により，原子は，正電荷が小さい空間に集中して存在する核とその周りの軽い電子とからなることが示された（1911）．この実験結果から原子のモデルとしては，トムソンモデルより長岡モデルの方が適していることがわかった．

　キュリー（Curie）夫妻は，放射性元素から出る α 線をベリリウムにあてるときに出る非常に貫通力の強い放射線が水素原子とたいへん強く相互作用することを見つけた（1932）．チャドウィック（J. Chadwick）は，この放射線を構成する粒子が電気的に中性で陽子とほとんど同じ質量をもつと考えて，はじめて中性子（neutron）の存在を明らかにした（1932）．この中性子の発見により，原子核は陽子と中性子とから構成されるという原子核の描像が確立された．

　化学の立場から見れば，物質とは基本的には電荷 $+Ze$，質量 M の何種類かの原子核（ここで Z は原子番号，e は電子の電荷の大きさ）と電荷 $-e$，質量 m の電子とから構成されていると考えてよい．物質が，これらの粒子のみでできているならば，物質のあらゆる性質はこれらの粒子の集合の性質になるはずである．あらゆる物質の性質を決めるためには，これらの粒子間に働く力と運動の法則とを知ること，また場合によっては統計力学的な処理を行うことで，少なくとも原理的には十分である．

　物質は微粒子から構成されているが，微粒子に対して成り立つ力学が完成するまでには，巨視的な粒子に対して成立する古典力学では説明できないいくつかの事実を克服していかなければならなかった．次に，それらの主なものについて説明しよう．

1-2　黒体輻射

　古典力学が微視的領域で破綻することは，1900 年に，プランク（M. Planck）によって認められた．輻射（radiation）を完全に吸収または放出する黒体（blackbody）とその輻射場との間の平衡の問題に，古典力学を適用することにより，レイリー（J. Rayleigh）とジーンズ（J.

Jeans）は絶対温度 T で黒体と平衡で，振動数が ν の単位体積あたりの輻射エネルギー密度 $E_c(\nu)$ は

$$E_c(\nu) = \frac{8\pi kT}{c^3}\nu^2 \qquad (1\cdot 1)$$

で与えられることを導いた．ここで，k はボルツマン定数（Boltzmann constant），c は光速度である．この式は実験事実と一致しない．というのは，この式では振動数 ν が無限大に近づくとき，単位体積あたりの輻射エネルギー $E(\nu)d\nu$ が無限大になることを表しているが，実験的には振動数が大きくなると 0 に近づくからである．

この困難をプランクは，古典力学の概念を乗り越えて，初めて解決した．問題を簡単にするために，黒体が調和振動子（平衡の位置にフックの法則に従う力で結び付けられている粒子）から成ると仮定した．古典力学的にいえば，このような振動子はその振動子に固有のエネルギーを吸収したり，放出したりするが，その吸収や放出されるエネルギーは連続的な値を取り得る．しかしながら，プランクの量子仮説では，この吸収または放出されるエネルギーは連続的な値ではなく，各振動子のエネルギーはある最小のエネルギー（エネルギー量子：energy quantum）の整数倍であって，そのエネルギー量子 ϵ の大きさは振動子の固有の振動数 ν に対して，次の式で与えられると考える．

$$\epsilon = h\nu \qquad (1\cdot 2)$$

ここで，比例定数 h は現在ではプランク定数（$6.6260693 \times 10^{-34}$ J s）とよばれている有名な定数である．

レイリーとジーンズの統計的方法を適用して，プランクは黒体輻射の輻射エネルギー密度 $E_q(\nu)$

$$E_q(\nu) = \frac{8\pi h}{c^3}\frac{\nu^3}{e^{h\nu/(kT)}-1} \qquad (1\cdot 3)$$

を導出したが，この式は実験事実と一致する．また，$h\nu \ll kT$ なる条件が満たされるとき

$$e^{h\nu/(kT)} \approx 1 + h\nu/(kT)$$

であるから，輻射エネルギー密度に対する式(1·3)は式(1·1)に移行する．

黒体輻射を説明するためには，エネルギーは連続的な値を取り得るという古典的な考え方をエネルギーは不連続な飛び飛びの離散的な値をとるという考え方に変更する必要があることになる．

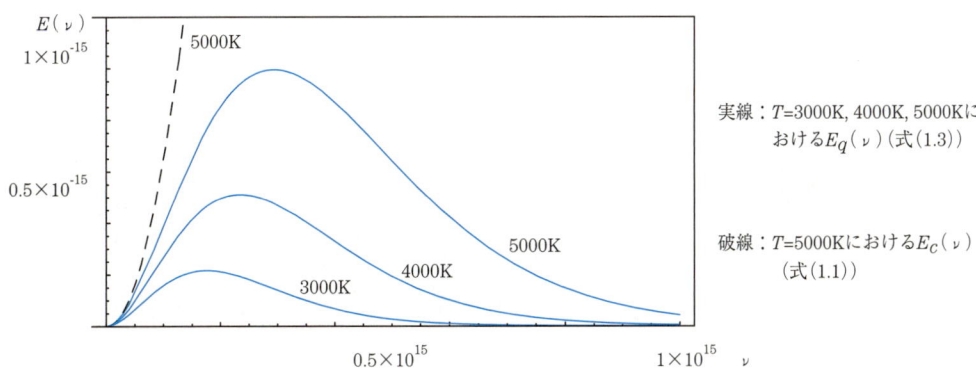

図 1·1　黒体輻射のスペクトル（横軸：振動数 ν，縦軸：輻射エネルギー密度 $E(\nu)$）

1-3　光電効果

プランクの量子仮説を用いて，次に成功したのが，アインシュタイン（A. Einstein）である．光が金属の表面にあたると電子が放出されることは，すでに 1887 年，ドイツの物理学者ヘルツ（H.R. Hertz）によって見出されていた．その電子の運動エネルギーを入射光の振動数に対して図示すると，図 1・2 が得られる．振動数を一定とし，入射光の強度を変化させると，放出される電子の運動エネルギーは変化せず，ただ単位時間に放出される電子の数が変化するだけである．図 1・2 の直線の式は，次式で与えられる．

$$\text{運動エネルギー} = \begin{cases} h(\nu - \nu_0) & \nu \geq \nu_0 \\ 0 & \nu < \nu_0 \end{cases} \tag{1・4}$$

ここで，ν_0 はそれ以下では電子が放出されない最小の振動数であり，h の値はプランクが式 (1・3) で黒体と平衡にある輻射エネルギーを表すのに用いた値と同一である．

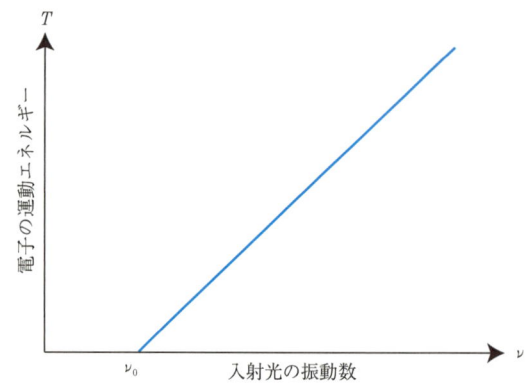

図 1・2　光電効果の入射光の振動数と電子の運動エネルギーの関係

アインシュタインは，光のエネルギーが古典電磁気学で示されているように波全体に広がっているのではなく，エネルギー $h\nu$ の粒子，すなわち光子（photon）に集中しているのであるという仮説によって，この光電効果（photoelectron effects）に説明を与えた．もう一つの仮定は，表面からの電子の放出は，電子に光子があたって光子のエネルギー全部を受けとるときにだけ起こると考える．電子が放出されるときにもっていく運動エネルギーは $h\nu$ より $h\nu_0$ だけ少ないが，$h\nu_0$ は電子が表面から脱出するのに必要なエネルギー（仕事関数（work function）とよばれる）である．したがって，光の強度は放出電子の数を定めるだけであって，光の振動数が電子の運動エネルギーを決めると考えてよい．

光は干渉し回折（diffraction）現象を示すという事実から，波動性のみをもつと考えられていたが，光電効果の実験により，光は粒子性ももつことが示された．

1-4　ボーアの水素原子モデル

　量子論の初期の成功の中で，最大のものはおそらくボーア（N. Bohr）による水素原子のスペクトルの理論であろう．経験的には，水素原子のスペクトルのすべての線は波数単位で

$$\tilde{\nu} = \frac{\nu}{c} = \frac{1}{\lambda} = R\left(\frac{1}{n^2} - \frac{1}{m^2}\right) \tag{1・5}$$

と表せることが見出されている．ここで，n と m は正の整数 ($n < m$) で，n の値 1, 2, 3, 4 がそれぞれ，ライマン（Lyman），バルマー（J.J.Balmer），パッシェン（Paschen），ブラケット（Blackett）の系列線に対応している（図 1・3：右側からライマン，バルマー，パッシェン，ブラケットの各系列）．R は，水素に対するリュードベリ定数（Rydberg's constant）で，波数単位（振動数/光の速さ：cm^{-1}）で 1.096776×10^5 cm^{-1} = 1.096776×10^7 m^{-1} である．波数単位は，式 (1・5) からわかるように光の速さ c とプランク定数 h を掛けることによってエネルギーの次元（付録 B.6 参照）になり，分光学では波長よりもよく使用される．

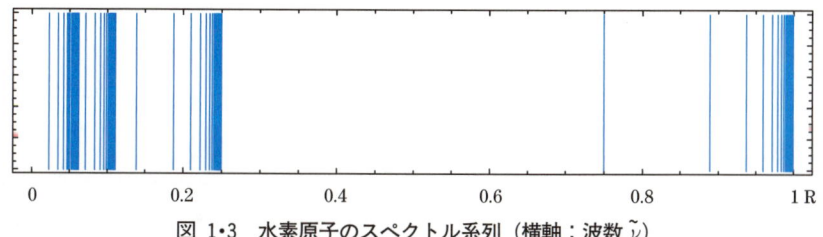

図 1・3　水素原子のスペクトル系列（横軸：波数 $\tilde{\nu}$）

　ボーアは図 1・4 に示すように水素原子が 1 個の陽子とその周りを円運動する 1 個の電子とからなるモデルを考えた．

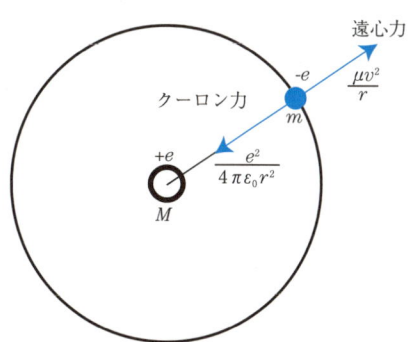

図 1・4　ボーアの水素原子モデル

　古典力学的には質量 M の陽子の周りを運動する質量 m の電子は固定した重心の周りを運動する質量 $\mu = mM/(m+M)$（換算質量：reduced mass, 付録 D 参照）の粒子と同等であることが示される．二つの電荷の間のクーロン引力の影響を受けて，粒子が半径 r の円軌道上を運動する場合を考えると，遠心力と引力とが釣り合わなければならない．速度を v，真空の誘電率を ϵ_0 とすると，力の大きさの釣合の式は，次のようになる．

$$\frac{\mu v^2}{r} = \frac{e^2}{4\pi\epsilon_0 r^2} \tag{1・6}$$

この式から $v^2 = e^2/(4\pi\epsilon_0\mu r)$ の関係が得られる．運動エネルギーを $T(=\mu v^2/2)$，ポテンシャルエネルギー（クーロンポテンシャル）を $V(=-e^2/4\pi\epsilon_0 r)$，全エネルギーを E とすれば，途中で，$v^2 = e^2/(4\pi\epsilon_0\mu r)$ を利用して次式が成り立つ．

$$E = T + V = \frac{1}{2}\mu v^2 - \frac{e^2}{4\pi\epsilon_0 r} = \frac{1}{2}\frac{e^2}{4\pi\epsilon_0 r} - \frac{e^2}{4\pi\epsilon_0 r} = -\frac{1}{2}\frac{e^2}{4\pi\epsilon_0 r} \tag{1・7}$$

ところで，ボーアは円運動の角運動量の大きさ（$\mu r v$）が $\hbar(=h/(2\pi))$ の正の整数倍の軌道だけ，すなわち

$$\mu r v = n\hbar \quad (n：正の整数) \tag{1・8}$$

を満たす半径 r の値だけが許されると仮定した（ボーアの量子条件）．この式から $v^2 = (n\hbar/(\mu r))^2$ が得られ，前の $v^2 = e^2/(4\pi\epsilon_0\mu r)$ の関係とから半径 r を求めると

$$r = \frac{\epsilon_0 h^2}{\pi e^2 \mu} n^2 \tag{1・9}$$

となる．この r を式(1・7)に代入すると，エネルギーは，整数 n を添え字として付けて次式で与えられる．

$$E_n = -\frac{\mu e^4}{8\epsilon_0^2 h^2}\frac{1}{n^2} \tag{1・10}$$

このエネルギー状態（準位）を特徴づける正の整数 n は<u>量子数</u>（quantum number）とよばれる．古典的には，荷電粒子が円運動すると回転運動の振動数に等しい振動数の光を輻射する．光を輻射するとエネルギーが小さくなり半径も減少する．したがって，最終的には電子は核に衝突することになり，安定な状態では存在しないことになってしまう．そこでボーアは，原子は量子数 $n=1$ の状態には，エネルギーを輻射しないで存在することができると考えた．さらに，量子数 m の状態から量子数 $n(n<m)$ の状態への遷移（transition）に伴って振動数

$$\nu = \frac{E_m - E_n}{h} \tag{1・11}$$

の光を出すと仮定した．式(1・11)にエネルギー準位の式(1・10)を代入すれば，許される振動数は波数単位で

$$\tilde{\nu} = \frac{\nu}{c} = \frac{\mu e^4}{8\epsilon_0^2 h^3 c}\left(\frac{1}{n^2} - \frac{1}{m^2}\right) = R\left(\frac{1}{n^2} - \frac{1}{m^2}\right) \tag{1・12}$$

となる．ここで，R がリュードベリ定数であり，$R = \mu e^4/(8\epsilon_0^2 h^3 c)$ である．式(1・12)は式(1・5)と同じである．計算した R の値は，e，h，および μ の値の決定に含まれている誤差の範囲内で測定値と一致する．

図1・5に水素原子のエネルギー準位と発光スペクトルにおける各系列との関係を示す．

ボーアの理論では，量子数 $n=1$ の場合が最低のエネルギー準位で，そのときの半径を a_0 とすると式(1・9)より，$a_0 = \epsilon_0 h^2/(\pi e^2 \mu)$ で与えられ，ボーア半径とよばれる．エネルギーの値を E_1 とすると式(1・10)より，$E_1 = -\mu e^4/(8\epsilon_0^2 h^2)$ となる．ボーア半径 a_0 と最低のエネルギー E_1 は，重要な値であり，単位の変換の演習にもなるので，<u>これらの値の概算をしてみよう</u>．計算に必要な基礎物理定数は，真空の誘電率（$\epsilon_0 \approx 8.854 \times 10^{-12}\,\mathrm{F\,m^{-1}}$），プランク定数（$h \approx 6.626 \times 10^{-34}\,\mathrm{J\,s}$），電気素量（$e \approx 1.602 \times 10^{-19}\,\mathrm{C}$）と換算質量（$\mu \approx$ 電子の<u>静止質量</u> $m_e \approx 9.109 \times 10^{-31}\,\mathrm{kg}$）である．まず，ボーア半径 a_0 の概算は次のようになる．

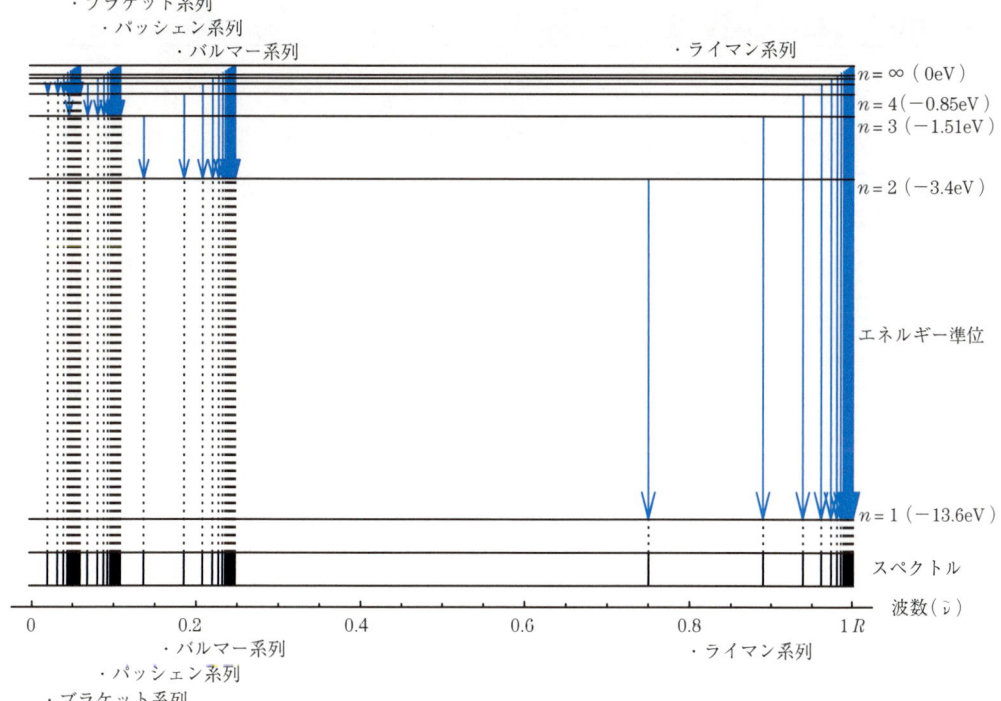

図 1・5 水素原子のエネルギー準位と発光スペクトルの各系列との関係

$$a_0 = \frac{\epsilon_0 h^2}{\pi e^2 \mu} \simeq \frac{(8.854 \times 10^{-12}\mathrm{F\,m^{-1}}) (6.626 \times 10^{-34}\mathrm{J\,s})^2}{(3.142)(1.602 \times 10^{-19}\mathrm{C})^2 (9.109 \times 10^{-31}\mathrm{kg})}$$

$$= \frac{8.854 \times 6.626^2 \times 10^{-80}}{3.142 \times 1.602^2 \times 9.109 \times 10^{-69}} \cdot \frac{\mathrm{F\,m^{-1}J^2\,s^2}}{\mathrm{C^2\,kg}} \quad (\mathrm{F = C\,V^{-1} = C^2\,J^{-1}}) \tag{1・13}$$

$$= 5.292 \times 10^{-11}\,\mathrm{m}$$

$$= 0.529 \times 10^{-10}\,\mathrm{m} = 0.529\,\mathrm{\AA} = 0.0529\,\mathrm{nm}$$

次に,最低のエネルギーE_1の概算は

$$E_1 = -\frac{\mu e^4}{8\epsilon_0^2 h^2} \simeq -\frac{(9.109 \times 10^{-31}\mathrm{kg})(1.602 \times 10^{-19}\mathrm{C})^4}{8(8.854 \times 10^{-12}\mathrm{F\,m^{-1}})^2 (6.626 \times 10^{-34}\mathrm{J\,s})^2}$$

$$= -\frac{9.109 \times 1.602^4 \times 10^{-107}}{8 \times 8.854^2 \times 6.626^2 \times 10^{-92}} \cdot \frac{\mathrm{kg\,C^4}}{\mathrm{F^2\,m^{-2}\,J^2\,s^2}} \tag{1・14}$$

$$= -0.002179 \times 10^{-15}\,\mathrm{J} = -2.179\,\mathrm{aJ} \simeq -13.6\,\mathrm{eV} = -0.5\,E_\mathrm{h}$$

となる.n番目の準位の半径r_nはボーア半径a_0を用いて,$r_n = n^2 a_0$と表される.一方n番目の準位のエネルギーE_nは,最低エネルギーE_1を用いると,$E_n = E_1/n^2$で与えられる.

ボーアの理論により,水素原子のスペクトルをうまく説明できた.軌道の種類に円軌道の他に楕円軌道を用いたり,2電子以上の原子に適用できるような拡張が行われた.しかし,完全に拡張することはできず,新しい力学が必要とされた.

1-5 ド・ブロイの物質波

光は，回折や干渉現象を起こす波動性と光電効果を起こす粒子性の両方の性質，つまり二重性をもつことがわかった．光に二重性があるのであれば微粒子にも二重性があってもよいように考えられる．つまり微粒子にはすでに粒子性があるのであるから，微粒子に波動性があってもよいことになる．ダビソン（C. J. Davisson）とゲルマー（L. H. Germer）およびトムソン（G. P. Thomson）の実験の結果，現在では，光についての実験と同じような回折の実験を電子線について実施できることが知られている．すなわち，微粒子に波動性が存在することになる．

光子のエネルギー E は，波の振動数を ν とすれば，アインシュタインの関係式

$$E = mc^2 \tag{1・15}$$

や，その他の関係式

$$p = mc, \quad c = \nu\lambda \tag{1・16}$$

を用いると，次式で表される．

$$E = h\nu = mc^2 = pc = p\nu\lambda \tag{1・17}$$

2番目と5番目の式が等しいことから，光子の運動量 p は

$$p = \frac{h}{\lambda} \tag{1・18}$$

となる．光子が電磁波によって支配されるのと同じように，微粒子の運動を支配する波が，微粒子にもあり，粒子としての運動量 p と波としての波長 λ を関係づけるのが光子に対して成立する式(1・18)であるというのが，ド・ブロイ（de Broglie）の物質波（material wave）の考え方である．つまり，運動している粒子には波動性が伴い，この波の波長 λ は，粒子の運動量 p と次の関係で結ばれている．

$$\lambda = \frac{h}{p} \tag{1・19}$$

これが，ド・ブロイの関係式である．

このド・ブロイの関係式を用いてボーア理論の量子条件，式(1・8)を考えてみよう．ボーアの量子条件 $\mu vr = n\hbar = nh/2\pi$，運動量の式 $p = \mu v$ とド・ブロイの式 $\lambda = h/p$ を用いると次式が成り立つ．

$$\text{円周の長さ} = 2\pi r = 2\pi \frac{nh}{\mu v} \frac{1}{2\pi} = \frac{nh}{\mu v} = n\frac{h}{p} = n\lambda \tag{1・20}$$

この関係は，円周の長さが電子の波長の整数倍であることを示している．つまり，ボーアの量子条件とは，円軌道上の波が，ちょうど一周したときに元の波と完全に重なる定常波であることを保証する条件と見なすことができる．定常波でなければ波の重なり合いで消えてしまい安定な状態とならないと考えることができる．（図1・6参照）

ここで，水素原子のボーアモデルにおける $n = 1$ の円軌道上の電子の速さを計算してみよう．$n = 1$ では半径はボーア半径 a_0 なので，波長は式(1・20)から $2\pi a_0$ となる．電子の速さは次式で計算できる．

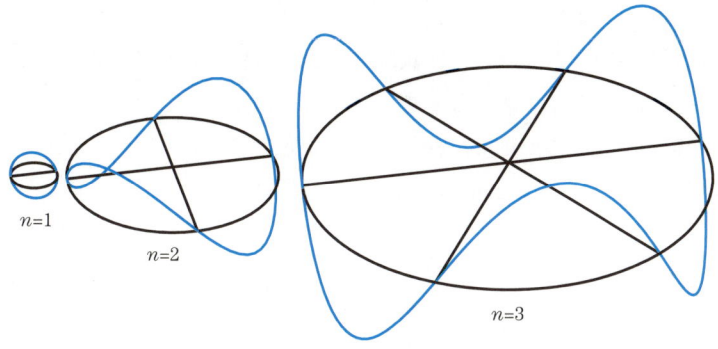

$2\pi r = n\lambda$：円周の長さ＝波長の整数倍
図 1・6　ボーアの量子条件の解釈

$$v = \frac{p}{m_e} = \frac{h}{\lambda} \cdot \frac{1}{m_e} = \frac{h}{2\pi a_0 m_e}$$

$$= \frac{6.63 \times 10^{-34}\,\mathrm{J\,s}}{2 \times 3.14\,(0.529 \times 10^{-10}\,\mathrm{m})\,(9.11 \times 10^{-31}\,\mathrm{kg})} \qquad (1\cdot21)$$

$$= 2.19 \times 10^6\,\mathrm{m\,s^{-1}} = 2.19 \times 10^3\,\mathrm{km\,s^{-1}}$$

以上の計算により，電子はほぼ秒速 2000 km の速さで円運動していることになる．光の速さ秒速 30 万 km に比べれば遅いが，かなりの速さで回っていることになる．

以上で説明したように，いくつかの実験により，微粒子に対してはもはや古典力学は適用できず，新しい次のような要請を満たす力学が必要になった．一つは，粒子のエネルギーが飛び飛びの離散的な値をもつような力学．さらに，粒子が波動性をもつような力学である．ボーアの水素原子のスペクトルの理論では，古典的運動から出発して，これに量子条件を適用して実験値を説明した．この方法はいまでは，前期量子論とよばれており，完全に新しい量子力学ではなかった．新しい量子力学では，古典的な概念をほとんど捨ててしまうことになる．

［補足説明］
◎　**黒体（blackbody）**
すべての波長の電磁波を完全に吸収したり放出する物体を黒体（完全放射体）という．

◎　**輻射（radiation）**
放射ともいう．狭い意味では物体が電磁波（光）を放出すること，または放出された電磁波のことをいうが，広い意味では原子核から出る α 線，β 線，γ 線の放射線も含める．電磁波は一般に荷電粒子が運動状態を変えるときに放射される．原子・分子内の電子はあるエネルギー準位から他の準位に遷移するときに光を放射する．

◎　**アインシュタインの関係式 $E = mc^2$**
アインシュタインによって導かれた関係式で，相対性理論から導かれるエネルギーと質量の等価性を表す式 (1905)．質量 m [kg] の物体は静止していてもこの式で与えられるエネルギー E [J] をもつことを示している．c は光速度．

◎ **スペクトル（spectrum）**

　光を分光器などで分解したときの各波長成分の強さの分布を光スペクトルというが，物質が電磁波と相互作用をした結果生じるさまざまな応答に対して一般的に用いられる．物質のエネルギー準位構造や発光の形態を反映して，離散的スペクトル，バンドスペクトル，連続スペクトルなどがある．なお，時間的に変化する関数のフーリエ分解の結果生じる周波数組成をスペクトルという場合も多い．さらに，質量スペクトルなどのようにその量を特徴づける変数を横軸にとり，分布量を縦軸にとったグラフをスペクトル（分布）ということもある．

第 2 章
量子力学の基礎

　この章では，前章で説明した微粒子に対して要請される量子力学の基礎について簡単に説明する．まず最初に，微粒子の位置と運動量に対して成り立つハイゼンベルグの不確定性原理（Heisenberg's uncertainty principle）を説明する．次に，波動性をもつ粒子の記述方法として導入された波動関数（wave function）と波動関数の満たすSchrödinger方程式および波動関数の満たすべき条件について説明する．さらに，これらをよく理解するために演算子（operator），角運動量（angular momentum）について簡単に解説する．

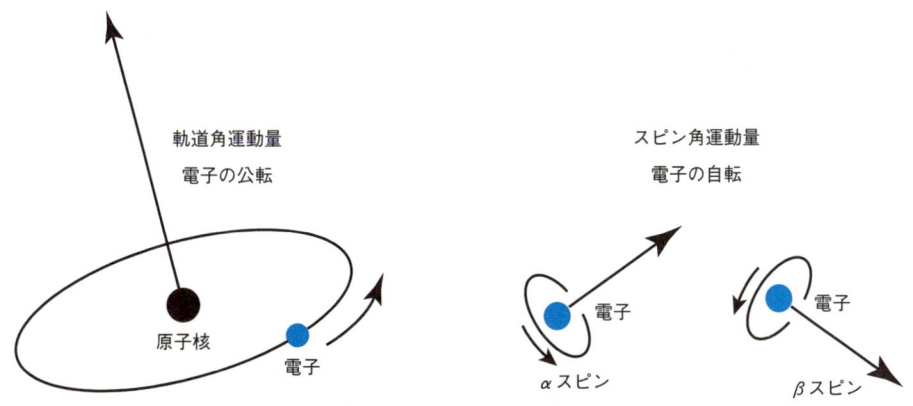

電子の軌道角運動量とスピン角運動量の模式図

2-1 不確定性原理

古典力学での典型的な問題は，ある時刻における粒子の位置 $q(x, y, z)$ と運動量 $p(p_x, p_y, p_z)$ の値を与えて，任意の時刻の種々の力学変数の値を見出すことにある．

電子の運動を決定するために，その位置と運動量（momentum）とを測定することを考えてみよう．電子の位置を測定するのに図 2·1(a) で示した顕微鏡を使用する．顕微鏡が x 方向に沿って距離を測定できる精度は，顕微鏡で区別できる 2 点の最小の間隔（分解能）と考える．分解能は，使用する光の波長（振動数：ν）で制限され，その限度は $c/(2\nu \sin \epsilon)$ となる．

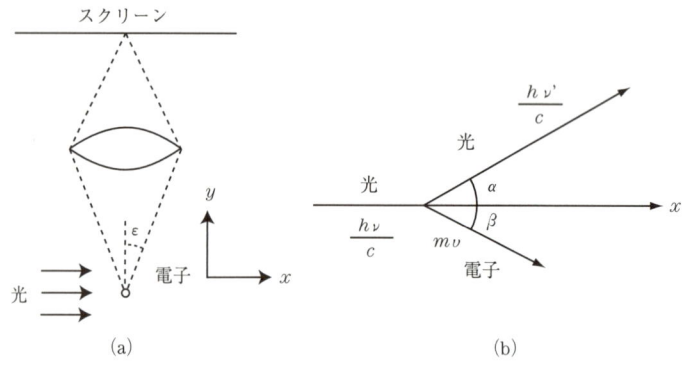

図 2·1 電子顕微鏡による電子の観測(a) と光子と電子の運動(b)

簡単に考えると，この制限は非常に波長の短い（振動数の大きい）光を用いることによって克服しうると考えられるが，ここで，微視的現象に対して現れるコンプトン効果を考える必要がある．エネルギーが $h\nu$，運動量が $h\nu/c$ の光子が，静止した電子に衝突した後，光子はエネルギー $h\nu'$，運動量 $h\nu'/c$ をもち，電子は運動エネルギー $mv^2/2$，運動量 mv をもつとする．ここで，m は電子の質量，v はその速度である．光子と電子の運動は図 2·1(b) に示してある．エネルギー保存則は，次の関係を与える．

$$h\nu = h\nu' + \frac{1}{2} mv^2 \tag{2·1}$$

一方，運動量保存則から x 成分に対して

$$\frac{h\nu}{c} = \frac{h\nu'}{c} \cos \alpha + mv \cos \beta \tag{2·2}$$

y 成分に対して

$$0 = \frac{h\nu'}{c} \sin \alpha - mv \sin \beta \tag{2·3}$$

が成り立つ．電子の運動量の x 成分は式(2·2)より

$$p_x = mv \cos \beta = \frac{h}{c} (\nu - \nu' \cos \alpha) \tag{2·4}$$

である．式(2·1)からわかるように，ν' は ν より小さい．すなわち，散乱光は入射光より波長が長い．しかし，式(2·4)で $\nu' = \nu$ としても電子の運動量として十分正確な値が得られるであろう．したがって

$$p_x = \frac{h\nu}{c}(1-\cos\alpha) \tag{2・5}$$

となる．さて，顕微鏡で光が見えるためには，光は電子によって対物レンズの中へ散乱されなくてはならないから，α は $90°-\epsilon$ と $90°+\epsilon$ の間でなくてはならない．電子に散乱された光が対物レンズのどの部分を通ってきたのか知ることができないが，電子の運動量の x 成分が

$$\frac{h\nu}{c}(1-\sin\epsilon) \leq p_x \leq \frac{h\nu}{c}(1+\sin\epsilon) \tag{2・6}$$

の間にあるということだけがわかる．ここで，$\cos(90°\pm\epsilon) = \mp\sin\epsilon$ を用いた．したがって電子の運動量には

$$\Delta p_x \sim 2\frac{h\nu}{c}\sin\epsilon \tag{2・7}$$

の不確定度が存在する．最初に述べたように，電子の位置には

$$\Delta x \sim \frac{c}{2\nu}\frac{1}{\sin\epsilon} \tag{2・8}$$

の不確定度がある．これらの位置と運動量の不確定度の積は

$$\Delta x \Delta p_x \sim h \tag{2・9}$$

であって，用いた光の波長に依存しない．したがって，波長の短い光を用いて位置の精確さを増大しようとするとき，運動量の測定の精確さが失われることを覚悟しなければならない．このことは，一般的であり，x と p_x のような二つの共役変数を同時に測定しようとすると，どのような実験を行っても精確さの限界はいつも式(2・9)と似た関係で与えられる．この結果はハイゼンベルクの不確定性原理として一般によく知られている．

2-2　Schrödinger 方程式

　不確定性原理を説明するためには，新しい力学が必要である．この力学は，古典力学のようにある時刻で各粒子に定まった位置と運動量を与えるのではなく，これらの変数にある不確定度を認めなければならない．このことを実施するには，粒子が与えられた点にあるということではなくて，粒子がその点にある確率密度を与えるような関数を導入することで可能となる．このような関数は電磁波の理論で使用されている波動関数である．ところで，光は少なくとも物質と作用するときには，その性質は粒子的である．これらの光の粒子，すなわち光子の運動は電磁場に支配されるが，その電磁場はマクスウェル（Maxwell）の方程式から，次の波動方程式

$$\frac{\partial^2 W}{\partial x^2} + \frac{\partial^2 W}{\partial y^2} + \frac{\partial^2 W}{\partial z^2} = \frac{1}{c^2}\frac{\partial^2 W}{\partial t^2} \tag{2・10}$$

にしたがう波として伝播していく．ここで，c は光速度，W は波の振幅である．また，ある点で光子を見出す確率は振幅の二乗で与えられる．

　電子に対しても光子に対して成立する波動方程式(2・10)が成り立つと仮定する．電子の速度を v とすれば，1個の電子に対する波動方程式は

$$\frac{\partial^2 \Psi}{\partial x^2} + \frac{\partial^2 \Psi}{\partial y^2} + \frac{\partial^2 \Psi}{\partial z^2} = \frac{1}{v^2}\frac{\partial^2 \Psi}{\partial t^2} \tag{2・11}$$

である．$\Psi(x,y,z,t)$ は，波の振幅であって，この振幅の二乗が与えられた点で電子を見出す確率密度を表すと解釈できる．確率密度は実数で正でなければならないから，$\Psi(x,y,z,t)$ の

絶対値の二乗をとらなくてはならない．次に，定常波（standing wave）に対する波動方程式を求めて見よう．定常波は

$$\Psi(x,y,z,t) = \phi(x,y,z)\cos(2\pi\nu t) \quad \text{あるいは，} \quad \Psi(x,y,z,t) = \phi(x,y,z)e^{-2\pi i\nu t} \tag{2・12}$$

という形に書ける．ここで，ϕ は座標 x, y, z の関数であるが，時刻 t の関数ではない．式(2・12)を式(2・11)に代入し，1-5節のド・ブロイの物質波の関係式 $\lambda = h/p$ と速度 $v = \lambda\nu$ の関係式を使用すると，ϕ に対する微分方程式として

$$\frac{\partial^2 \phi}{\partial x^2} + \frac{\partial^2 \phi}{\partial y^2} + \frac{\partial^2 \phi}{\partial z^2} = -\frac{4\pi^2 p^2}{h^2}\phi \tag{2・13}$$

が得られる．電子の全エネルギーを E，ポテンシャルエネルギーを V とすれば，電子の運動エネルギー T は $T = E - V$ で与えられ，さらに，運動量 p とは $T = p^2/2m$ で結ばれている．したがって，式(2・13)から p^2 を消去し整理すると次式が得られる．

$$\frac{\partial^2 \phi}{\partial x^2} + \frac{\partial^2 \phi}{\partial y^2} + \frac{\partial^2 \phi}{\partial z^2} + \frac{8\pi^2 m}{h^2}(E - V)\phi = 0 \tag{2・14}$$

この方程式は，時間に依存しない Schrödinger 方程式（time-independent Schrödinger equation）とよばれ，化学の分野での量子力学の応用の大部分は，この方程式を用いて行われる．$\hbar = h/2\pi$ を用いると，方程式は

$$\left[-\frac{\hbar^2}{2m}\left(\frac{\partial^2}{\partial x^2} + \frac{\partial^2}{\partial y^2} + \frac{\partial^2}{\partial z^2}\right) + V\right]\phi = E\phi \tag{2・15}$$

と書くこともできる．さらに

$$\hat{H} = -\frac{\hbar^2}{2m}\left(\frac{\partial^2}{\partial x^2} + \frac{\partial^2}{\partial y^2} + \frac{\partial^2}{\partial z^2}\right) + V = \hat{T} + V \tag{2・16}$$

と置くと Schrödinger 方程式は

$$\hat{H}\phi = E\phi \tag{2・17}$$

とも書ける．この $\hat{H}$ はハミルトン演算子（ハミルトニアン：Hamiltonian）とよばれる．$\hat{H}$ と $\hat{T}$ の H と T の上の記号（ハット）は，演算子（2-4節で説明）であることを表している．方程式の解である $\phi(x,y,z)$ は電子に対する波動関数であり，その絶対値の二乗 $|\phi|^2 = \phi^*\phi$ が点 (x,y,z) で電子を見出す確率密度と解釈される．

　ここでは，Schrödinger 方程式を古典的な波動方程式から出発して，波動性と粒子性を結びつけるド・ブロイの関係式と粒子のもつエネルギーの関係を用いて導いた．しかし，これはあくまで形式的に Schrödinger 方程式を導いただけである．Schrödinger 方程式が正しいかどうかは，方程式を解いて得られた結果が観測値（測定値）を正しく説明しているかどうかで判断されるべきものである．

　Schrödinger 方程式に現れるハミルトン演算子 $\hat{H}$ は，形式的に次のようにして得られることが知られている．まず，古典的なハミルトン関数 H は，運動エネルギー $T = (p_x^2 + p_y^2 + p_z^2)/2m$ とポテンシャルエネルギー V の和 $H = T + V$ で与えられる．ハミルトン演算子は，この古典的なハミルトン関数で，座標 x, y, z に対して座標を掛ける演算子を対応させるのと，運動量成分 p_x, p_y, p_z に対して座標で偏微分する演算子を対応させる次の置き換えをすれば得られ

る．

$$x \to \hat{x},\ y \to \hat{y},\ z \to \hat{z} \quad (2\cdot 18)$$

$$p_x \to -i\hbar \frac{\partial}{\partial x},\ p_y \to -i\hbar \frac{\partial}{\partial y},\ p_z \to -i\hbar \frac{\partial}{\partial z} \quad (2\cdot 19)$$

一般に，座標と運動量成分で記述される物理量に対応する演算子は，上の置き換えで得られることが知られている．（エネルギー：$E \to$ ハミルトン演算子：$\hat{H}$）

2-3　波動関数の満たすべき条件と物理量の期待値

Schrödinger 方程式の解（波動関数）はすべて受け入れられるわけではなく，いくつかの波動関数としての条件を満たさなければならない．

まず，考えている系の境界における条件（境界条件：boundary condition）を波動関数は満足しなければならない．例えば，一次元で両端が固定されているような場合には，固定端条件とよばれる条件を満たさなければならない．また，周期的に繰り返している系では，周期境界条件といわれる条件を満たす必要がある．

さらに，波動関数 ψ はその絶対値の二乗 $|\psi|^2 = \psi^*\psi$ が確率密度としての意味をもつので，波動関数の絶対値の二乗をある領域で積分した場合にその値が確定する必要がある（波動関数の二乗積分可能）．通常は，積分した値が 1 になるようにする（p.24 の補足説明を参照のこと）．

$$\int |\psi|^2 dv = \int \psi^* \psi dv = 1 \quad (2\cdot 20)$$

これを波動関数の規格化（normalization）とよんでいる．この積分の値が確定するための条件として，波動関数が一価，有限，連続であることを要求する場合がある．一価，有限，連続を一変数の関数で考えてみる（図 2・2 参照）．一価関数とは，ある変数の値に対して関数の値が一つだけ決まる関数である．有限な関数とは，ある変数の値に対して関数の値が有限で，無限にはならない（発散しない）関数のことである．連続関数とは，変数の値にたいして，関数の値が途切れないで連続的に変化する関数のことである．つまり，一価関数であれば二乗積分が確定するが，多価関数であれば二乗積分がそのままでは確定しない．同様に，波動関数が考えている領域で有限，連続であれば二乗積分が確定する．

また，一般に二つの波動関数 ϕ と ψ の間に，次の関係が成立するとき，ϕ と ψ は直交する（orthogonal）という．

$$\int \phi^* \psi dv = 0 \quad (2\cdot 21)$$

波動関数 ψ が得られると物理量 f の期待値（expectation value）$\langle f \rangle$ は，物理量 f に対応する演算子 $\hat{F}$ を用いて次の式で計算される．

$$\langle f \rangle = \frac{\int \psi^* \hat{F} \psi dv}{\int \psi^* \psi dv} \quad (2\cdot 22)$$

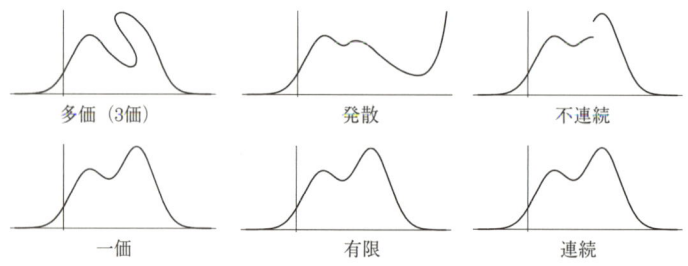

図 2・2 波動関数の満たすべき条件

2-4 関数と演算子

Schrödinger 方程式は，一般的な次の形の方程式になっている．

$$\hat{A}\psi = a\psi \tag{2・23}$$

ここで，$\hat{A}$ は演算子 (operator) で，ψ は固有関数 (eigen function)，a は固有値 (eigen value) とよばれている．この形の方程式は固有値方程式といわれる．次章以降この固有値方程式を扱うので，ここで，簡単に関数と演算子について説明する．

関数とは一つの数を与えたとき，それによってもう一つの数を見出すことができる規則である．これと同じように，演算子とは一つの関数が与えられればそれによってもう一つの関数を見出せる一つの規則として定義される．これ以降，特別な場合を除いて演算子には ^ の記号を付けて区別することにする．次に，例として二つの演算子を考えてみよう．一つは，関数に独立変数 x を乗ずる演算子 $\hat{x}$ で，次のように定義できる．

$$\hat{x}f(x) = xf(x) \tag{2・24}$$

もう一つは，関数を独立変数 x について微分する演算子 $\hat{D}$ で

$$\hat{D}f(x) = f'(x) \tag{2・25}$$

のように定義される．

次に，演算子の代数を考えてみることにする．二つの演算子の和は，次式で定義される．

$$(\hat{\alpha} + \hat{\beta})f(x) = \hat{\alpha}f(x) + \hat{\beta}f(x) \tag{2・26}$$

また，二つの演算子の積は

$$\hat{\alpha}\hat{\beta}f(x) = \hat{\alpha}[\hat{\beta}f(x)] \tag{2・27}$$

によって定義される．演算子 $\hat{\alpha} + \hat{\beta}$ は定義によって $\hat{\beta} + \hat{\alpha}$ と同じものであるが，演算子 $\hat{\alpha}\hat{\beta}$ と $\hat{\beta}\hat{\alpha}$ とは一般に異なったものである．$\hat{\alpha}\hat{\beta}$ と $\hat{\beta}\hat{\alpha}$ とが同じものであれば，$\hat{\alpha}$ と $\hat{\beta}$ とは交換可能 (可換: commutative) であるという．交換可能でない演算子の一例は上の $\hat{x}$ と $\hat{D}$ である．

$$\hat{D}\hat{x}f(x) = \hat{D}[\hat{x}f(x)] = \hat{D}[xf(x)] = xf'(x) + f(x) \tag{2・28}$$

$$\hat{x}\hat{D}f(x) = \hat{x}[\hat{D}f(x)] = \hat{x}f'(x) = xf'(x) \tag{2・29}$$

したがって

$$\hat{D}\hat{x}f(x) - \hat{x}\hat{D}f(x) = f(x) \tag{2・30}$$

の関係が成り立つ．この関係式の演算子の部分だけをとり出して

$$\hat{D}\hat{x} - \hat{x}\hat{D} = 1 \tag{2・31}$$

と書くこともできる．さらに

$$[\hat{\alpha}, \hat{\beta}] = \hat{\alpha}\hat{\beta} - \hat{\beta}\hat{\alpha} \tag{2・32}$$

で定義される交換子（commutator）を用いると

$$[\hat{D}, \hat{x}] = 1 \tag{2・33}$$

と表示することもできる．これらの関係は，演算子 $\hat{D}$ と $\hat{x}$ の交換関係とよばれている．

次に，交換子の性質のいくつかを示す．ここで，$\hat{\alpha}, \hat{\beta}, \hat{\gamma}, \hat{\delta}$ を演算子，c, d を定数とする．

$$[\hat{\alpha}, \hat{\beta}] = -[\hat{\beta}, \hat{\alpha}],\ [c\hat{\alpha}, d\hat{\beta}] = cd[\hat{\alpha}, \hat{\beta}],\ [\hat{\alpha}+\hat{\beta}, \hat{\gamma}] = [\hat{\alpha}, \hat{\gamma}] + [\hat{\beta}, \hat{\gamma}]$$

$$[\hat{\alpha}\hat{\beta}, \hat{\gamma}] = \hat{\alpha}[\hat{\beta}, \hat{\gamma}] + [\hat{\alpha}, \hat{\gamma}]\hat{\beta},\ [\hat{\alpha}, \hat{\beta}\hat{\gamma}] = \hat{\beta}[\hat{\alpha}, \hat{\gamma}] + [\hat{\alpha}, \hat{\beta}]\hat{\gamma}$$

$$[\hat{\alpha}\hat{\beta}, \hat{\gamma}\hat{\delta}] = \hat{\alpha}\hat{\gamma}[\hat{\beta}, \hat{\delta}] + \hat{\alpha}[\hat{\beta}, \hat{\gamma}]\hat{\delta} + \hat{\gamma}[\hat{\alpha}, \hat{\delta}]\hat{\beta} + [\hat{\alpha}, \hat{\gamma}]\hat{\delta}\hat{\beta} \tag{2・34}$$

式(2・33)で $\hat{D}$ を x についての偏微分とし，(2・19)の $\hat{p}_x = -i\hbar\partial/\partial x$ と上の交換子の性質を用いると次式が成立する．

$$[\hat{x}, \hat{p}_x] = -[\hat{p}_x, \hat{x}] = -[-i\hbar\hat{D}, \hat{x}] = i\hbar[\hat{D}, \hat{x}] = i\hbar \tag{2・35}$$

同様にして，次式が得られる．

$$[\hat{y}, \hat{p}_y] = i\hbar,\ [\hat{z}, \hat{p}_z] = i\hbar \tag{2・36}$$

その他の座標演算子間の交換関係，運動量の成分演算子間の交換関係，座標とその座標と異なる運動量成分の演算子との交換関係を計算すると，以下のように，0 となる．つまり，これら二つの演算子はすべて交換可能となる．

$$[\hat{x}, \hat{y}] = [\hat{y}, \hat{z}] = [\hat{z}, \hat{x}] = 0$$

$$[\hat{p}_x, \hat{p}_y] = [\hat{p}_y, \hat{p}_z] = [\hat{p}_z, \hat{p}_x] = 0$$

$$[\hat{x}, \hat{p}_y] = [\hat{x}, \hat{p}_z] = [\hat{y}, \hat{p}_z] = [\hat{y}, \hat{p}_x] = [\hat{z}, \hat{p}_x] = [\hat{z}, \hat{p}_y] = 0 \tag{2・37}$$

一般に，演算子 $\hat{\alpha}$ と $\hat{\beta}$ が交換可能であれば，両方の演算子に対して同じ固有関数（同時固有関数）が存在することが示される．また，その場合には，演算子に対応する物理量は同時に正確に測定可能である．一方，交換可能でない二つの演算子に対応する物理量は，同時に正確に測定できず，それぞれの不確定度の積に対して不確定性原理が成り立つことが知られている．

演算子は一変数に限られているわけではなく，次のベクトル演算子ナブラ（nabra：$\hat{\nabla}$）のような演算子もある．

$$\hat{\nabla} = \boldsymbol{e}_x\frac{\partial}{\partial x} + \boldsymbol{e}_y\frac{\partial}{\partial y} + \boldsymbol{e}_z\frac{\partial}{\partial z} \tag{2・38}$$

ここで，$\boldsymbol{e}_x, \boldsymbol{e}_y, \boldsymbol{e}_z$ は基本ベクトルである．また，式(2・16)のハミルトン演算子に含まれている次式の微分演算子は，ラプラシアン（Laplacian：$\hat{\Delta}$）とよばれ，式(2・39)のようにナブラ演算子の内積（スカラー積）となっている．（付録C.2参照）

$$\hat{\Delta} = \hat{\nabla}\cdot\hat{\nabla} = \frac{\partial^2}{\partial x^2} + \frac{\partial^2}{\partial y^2} + \frac{\partial^2}{\partial z^2} \tag{2・39}$$

2-4-1 エルミート演算子

量子化学の分野で重要な演算子がエルミート演算子（Hermitian operator）である．二つの任意の関数を ψ と ϕ とするとき，エルミート演算子 $\hat{F}$ は次式で定義される．

$$\int \psi^* \hat{F} \phi\, dv = \int \phi \hat{F}^* \psi^*\, dv \tag{2・40}$$

ここで，＊印は，関数や演算子の複素共役をとることを意味している．つまり，関数や演算子に

虚数部がある場合には，その部分の符号をすべて反対の符号に変更すればよい．エルミート演算子が重要であるのは，エルミート演算子の固有値は必ず実数であるという性質があるからである．というのは，実際に観測される観測値は実数であるから，その観測される物理量に対応する演算子としてエルミート演算子を考えればよいからである．

次に，エルミート演算子の固有値が実数であることを示してみよう．$\hat{F}$ をエルミート演算子，f を固有値，ϕ を固有関数とすると

$$\hat{F}\phi = f\phi \tag{2・41}$$

$$\hat{F}^*\phi^* = f^*\phi^* \tag{2・42}$$

が成り立つ．式(2・42)は，式(2・41)の複素共役である．式(2・41)の両辺に左から ϕ^* をかけて積分すると

$$\int \phi^* \hat{F}\phi \, dv = \int \phi^* f\phi \, dv = f \int \phi^* \phi \, dv \tag{2・43}$$

となる．次に，式(2・42)の両辺に左から ϕ をかけて積分すると

$$\int \phi \hat{F}^* \phi^* \, dv = \int \phi f^* \phi^* \, dv = f^* \int \phi^* \phi \, dv \tag{2・44}$$

となる．$\hat{F}$ はエルミート演算子であるから式(2・40)により，式(2・43)と式(2・44)の左辺は等しい．したがって

$$f \int \phi^* \phi \, dv = f^* \int \phi^* \phi \, dv \tag{2・45}$$

が得られるが，一般に，$\int \phi^* \phi \, dv \neq 0$ であるから，$f = f^*$ となる．すなわち固有値 f は実数となる．（付録C・4参照）

2-5 角運動量

古典論では，粒子が回転運動している場合には，角運動量（angular momentum）という物理量を考える．微粒子を扱う量子力学でもこの角運動量に対応する演算子がよく登場するので，簡単に角運動量について説明することにする．

1粒子に対する原点の周りの角運動量 $\boldsymbol{\ell}$ は，$\boldsymbol{r}$ を原点からの位置ベクトル，$\boldsymbol{p}$ を運動量ベクトルとすれば

$$\boldsymbol{\ell} = \boldsymbol{r} \times \boldsymbol{p} \tag{2・46}$$

あるいは，直交座標におけるその成分 ℓ_x, ℓ_y, ℓ_z で書けば

$$\begin{aligned} \ell_x &= yp_z - zp_y \\ \ell_y &= zp_x - xp_z \\ \ell_z &= xp_y - yp_x \end{aligned} \tag{2・47}$$

である（付録C・2参照）．さらに，p と x, y, z を量子力学的演算子で置き換えれば，角運動量の成分に対する次の演算子が得られる．ここで，$\hat{x}$, $\hat{y}$, $\hat{z}$ を単に x, y, z と書き，運動量の成分に対しては，例えば，$p_x = -i\hbar \partial/\partial x = (\hbar/i)\partial/\partial x$ としている．

$$\hat{\ell}_x = \frac{\hbar}{i}\left(y\frac{\partial}{\partial z} - z\frac{\partial}{\partial y}\right)$$

$$\hat{l}_y = \frac{\hbar}{i}\left(z\frac{\partial}{\partial x} - x\frac{\partial}{\partial z}\right) \tag{2・48}$$

$$\hat{l}_z = \frac{\hbar}{i}\left(x\frac{\partial}{\partial y} - y\frac{\partial}{\partial x}\right)$$

角運動量の成分間の交換関係は，次式で与えられる．

$$[\hat{l}_x, \hat{l}_y] = i\hbar\hat{l}_z, \quad [\hat{l}_y, \hat{l}_z] = i\hbar\hat{l}_x, \quad [\hat{l}_z, \hat{l}_x] = i\hbar\hat{l}_y, \tag{2・49}$$

角運動量に対応する演算子は，定義から

$$\hat{\boldsymbol{l}} = \boldsymbol{e}_x\hat{l}_x + \boldsymbol{e}_y\hat{l}_y + \boldsymbol{e}_z\hat{l}_z \tag{2・50}$$

であるが，$\hat{\boldsymbol{l}}$ はそれ自身で使用されることはほとんどなく，使用されるのは他のベクトルとのスカラー積かそれ自身の二乗である．

$$\hat{\boldsymbol{l}}^2 = \hat{l}_x{}^2 + \hat{l}_y{}^2 + \hat{l}_z{}^2 \tag{2・51}$$

さて，$\hat{\boldsymbol{l}}^2$ と $\hat{l}_z$ の交換関係を式(2・49)と(2・51)を利用して計算すると

$$[\hat{\boldsymbol{l}}^2, \hat{l}_z] = 0 \tag{2・52}$$

が得られる．したがって，$\hat{\boldsymbol{l}}^2$ と $\hat{l}_z$ とは可換であることがわかる．$\hat{l}_x$，$\hat{l}_y$，$\hat{l}_z$ の同等性により $\hat{\boldsymbol{l}}^2$ は $\hat{l}_x$ および $\hat{l}_y$ とも可換である．

量子論的な取り扱いで，演算子 $\hat{\boldsymbol{l}}^2$ と $\hat{l}_z$ の同時固有関数は球面調和関数 (spherical harmonics) $Y_{\ell m}$ で与えられることが知られている．(3・6節参照)

$$\hat{\boldsymbol{l}}^2 Y_{\ell m} = \ell(\ell+1)\hbar^2 Y_{\ell m} \tag{2・53}$$

$$\hat{l}_z Y_{\ell m} = m_\ell \hbar Y_{\ell m} \tag{2・54}$$

ここで，$\hat{\boldsymbol{l}}^2$ の固有値が $\ell(\ell+1)\hbar^2$，$\hat{l}_z$ の固有値が $m_\ell\hbar$ であり，ℓ と m_ℓ (ℓ は方位量子数，m_ℓ は磁気量子数とよばれる) は，それぞれ以下のような値を取り得る．

$$\ell = 0, 1, 2, \cdots \tag{2・55}$$

$$m_\ell = -\ell, -\ell+1, \cdots, \ell-1, \ell \quad (2\ell+1 \text{個}) \tag{2・56}$$

次に，実際の角運動量の計算でよく使われる昇降演算子について簡単に説明する．上昇演算子 $\hat{l}^+$ と下降演算子 $\hat{l}^-$ はそれぞれ次のように定義される．

$$\hat{l}^+ = \hat{l}_x + i\hat{l}_y \tag{2・57}$$

$$\hat{l}^- = \hat{l}_x - i\hat{l}_y \tag{2・58}$$

球面調和関数 $Y_{\ell m}$ に $\hat{l}^+$ と $\hat{l}^-$ を作用させると次式が成り立つ．

$$\hat{l}^+ Y_{\ell m} = \sqrt{(\ell-m)(\ell+m+1)}\,\hbar Y_{\ell, m+1} \tag{2・59}$$

$$\hat{l}^- Y_{\ell m} = \sqrt{(\ell+m)(\ell-m+1)}\,\hbar Y_{\ell, m-1} \tag{2・60}$$

上の式から上昇演算子は球面調和関数 $Y_{\ell m}$ に作用して量子数 m を一つ増加させ，下降演算子は同様に一つ減少させることがわかる．それぞれの名称は，その性質に由来している．

角運動量の二乗の演算子 $\hat{\boldsymbol{l}}^2$ は，上昇演算子 $\hat{l}^+$ と下降演算子 $\hat{l}^-$ を用いて次式で表され，$\hat{\boldsymbol{l}}^2$ の行列要素の計算によく使用される．

$$\hat{\boldsymbol{l}}^2 = \hat{l}^-\hat{l}^+ + \hat{l}_z{}^2 + \hbar\hat{l}_z \tag{2・61}$$

$$\hat{\boldsymbol{l}}^2 = \hat{l}^+\hat{l}^- + \hat{l}_z{}^2 - \hbar\hat{l}_z \tag{2・62}$$

これまで説明したのは1電子に対する場合で，n 個の電子が存在する場合には，合成した演算子が用いられる．全軌道角運動量演算子 $\hat{\boldsymbol{L}}$，その z 成分の演算子 $\hat{L}_z$，全上昇演算子 $\hat{L}^+$，全下降

演算子 $\hat{L}^-$ は，i 番目の電子の軌道角運動量演算子 $\hat{\ell}_i$，その z 成分の演算子 $\hat{\ell}_{iz}$，上昇演算子 $\hat{\ell}_i^+$，下降演算子 $\hat{\ell}_i^-$ を用いて，次式で定義される．

$$\hat{L} = \sum \hat{\ell}_i, \quad \hat{L}_z = \sum \hat{\ell}_{iz}, \quad \hat{L}^+ = \sum \hat{\ell}_i^+, \quad \hat{L}^- = \sum \hat{\ell}_i^-$$

2-6 スピン

前節で説明した角運動量は，電子の場合には，いわば原子核の周りを回る公転に対応する角運動量で軌道角運動量ともよばれる．この公転に対して自転に対応する角運動量が電子の場合には存在し**スピン角運動量**（spin angular momentum）とよばれている（p.11 の図参照）．スピン角運動量の存在は，ナトリウム原子のスペクトルの D 線を説明するためなどにより導入された．

スピン角運動量に関する演算子 $\hat{s}^2$, $\hat{s}_z$ は，軌道角運動量に関する演算子 $\hat{\ell}^2$, $\hat{\ell}_z$ と同様の関係式を満たすが，式(2·53)の ℓ に対応する固有値 s は 1/2 の値しか存在しないこと，したがって，式(2·54)の m_ℓ に対応する m_s は 1/2 と $-1/2$ の二つの値しかとれないことがわかっている．$m_s = 1/2$ に対しては α スピン，$m_s = -1/2$ に対しては β スピンとそれぞれいわれる．また，固有関数はそれぞれ α スピン関数，β スピン関数とよばれ，次の関係が成立している．

$$\hat{s}^2 \alpha = \frac{1}{2}\left(\frac{1}{2} + 1\right)\hbar^2 \alpha = \frac{3}{4}\hbar^2 \alpha \tag{2·63}$$

$$\hat{s}_z \alpha = \frac{1}{2}\hbar\alpha \tag{2·64}$$

$$\hat{s}^2 \beta = \frac{1}{2}\left(\frac{1}{2} + 1\right)\hbar^2 \beta = \frac{3}{4}\hbar^2 \beta \tag{2·65}$$

$$\hat{s}_z \beta = -\frac{1}{2}\hbar\beta \tag{2·66}$$

さらに，スピンに関する上昇演算子 $\hat{s}^+$ と下降演算子 $\hat{s}^-$ を作用させると次式が得られる．

$$\hat{s}^+ \alpha = 0 \tag{2·67}$$

$$\hat{s}^- \alpha = \hbar\beta \tag{2·68}$$

$$\hat{s}^+ \beta = \hbar\alpha \tag{2·69}$$

$$\hat{s}^- \beta = 0 \tag{2·70}$$

スピン角運動量の二乗の演算子 $\hat{s}^2$ は，上昇演算子 $\hat{s}^+$ と下降演算子 $\hat{s}^-$ を用いて次式で表され，$\hat{s}^2$ の行列要素の計算によく使用される．

$$\hat{s}^2 = \hat{s}^- \hat{s}^+ + \hat{s}_z^2 + \hbar\hat{s}_z \tag{2·71}$$

$$\hat{s}^2 = \hat{s}^+ \hat{s}^- + \hat{s}_z^2 - \hbar\hat{s}_z \tag{2·72}$$

スピンに関しても，これまで説明したのは 1 電子に対する場合で，n 個の電子が存在する場合には，軌道角運動量の場合と同様に，ベクトル的に合成した演算子が用いられる．全スピン角運動量演算子 $\hat{S}$，その z 成分の演算子 $\hat{S}_z$，全スピン上昇演算子 $\hat{S}^+$，全スピン下降演算子 $\hat{S}^-$ は，i 番目の電子のスピン角運動量演算子 $\hat{s}_i$，その z 成分の演算子 $\hat{s}_{iz}$，スピン上昇演算子 $\hat{s}_i^+$，スピン下降演算子 $\hat{s}_i^-$ を用いて，次式で定義される．

$$\hat{S} = \sum \hat{s}_i, \quad \hat{S}_z = \sum \hat{s}_{iz}, \quad \hat{S}^+ = \sum \hat{s}_i^+, \quad \hat{S}^- = \sum \hat{s}_i^- \tag{2·73}$$

ある状態が全スピン角運動量の二乗の演算子 $\hat{S}^2$ とその z 成分の演算子 $\hat{S}_z$ の共通の固有状態で，それらの固有値が，それぞれ $S(S+1)\hbar^2$ と $M_s\hbar (M_s = -S, -S+1, \cdots, S : 2S+1$

個)であるとする．このとき，M_s の取り得る値の個数 $2S+1$ はその状態の**スピン多重度**（spin multiplicity）とよばれ，同じ固有値 $S(S+1)\hbar^2$ をもつ縮重した状態が $2S+1$ 個存在することになる．

次に，電子が1個と2個の場合について，スピン部分の関数が具体的にどのように表現されるかを考えてみる．以下の説明は，4，5章で説明する軌道が関係しているので，初めて読む場合には省略可能．図2・3や図2・4の横棒は，電子が占める原子や分子の軌道（エネルギー準位）を表している．

○ 電子が1個の場合

この電子配置では，図2・3(a) に示すように，α スピン関数と β スピン関数に電子1が入った二通りのスピン状態 D_1 と D_2 が考えられる．D_1 と D_2 に演算子 $\hat{S}^2(=\hat{s}_1^2)$ と $\hat{S}_z(=\hat{s}_{1z})$ を作用させると，式(2・63)〜(2・66)を用いて，次のようになる．

$$\hat{S}^2 D_1 = \hat{S}^2 \alpha(1) = \frac{1}{2}(\frac{1}{2}+1)\hbar^2 \alpha(1) \tag{2・74}$$

$$\hat{S}_z D_1 = \hat{S}_z \alpha(1) = \frac{1}{2}\hbar \alpha(1) \tag{2・75}$$

$$\hat{S}^2 D_2 = \hat{S}^2 \beta(1) = \frac{1}{2}(\frac{1}{2}+1)\hbar^2 \beta(1) \tag{2・76}$$

$$\hat{S}_z D_2 = \hat{S}_z \beta(1) = -\frac{1}{2}\hbar \beta(1) \tag{2・77}$$

したがって，D_1，D_2 共に演算子 $\hat{S}^2$ と $\hat{S}_z$ の固有関数であり，$S=1/2$ なのでスピン多重度は2となり，**二重項状態**（doublet state）とよばれる．つまり，電子が1個の場合，二重項状態では，D_1 と D_2 の二つの状態が存在することになる．この二つの状態は二重に**縮重**（degenerate）していることになる．

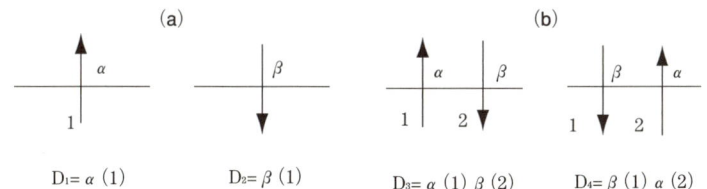

図2・3 (a) 電子1個のスピン状態（二重項状態），(b) 電子2個のスピン状態

○ 電子が2個の場合

次の二通りの場合がある．二つの電子に1，2の番号を付けることにする．

(1) 2個の電子が同じ軌道を占める場合

図2・3(b) に示すように，可能な二つの電子配置 D_3 と D_4 があり，二つの電子のスピンはパウリの原理（p.51参照）から反対向きになっている．計算の詳細は省略して結果だけを説明することにする．この二つの状態 D_3 と D_4 は，共に演算子 $\hat{S}_z$ の固有関数になっているが，演算子 $\hat{S}^2$ の固有関数には，なっていない．D_3 と D_4 の線形結合を取った，$D=(D_3-D_4)/\sqrt{2}$ は演算子 $\hat{S}^2$ の固有関数になり，$S=0$ となる．したがって，スピン多重度 $2S+1$ は1となり，**一重項状態**（singlet state）とよばれる．ここで，$(D_3+D_4)/\sqrt{2}$ を考えない理由については，付録Fを参照

のこと．

スピン部分の関数は，スピン関数 α, β を用いて，次式で与えられる．

$$\frac{1}{\sqrt{2}}(\alpha(1)\beta(2) - \beta(1)\alpha(2)) \tag{2・78}$$

(2) 異なる二つの軌道に電子が一つずつ入る場合

図 2・4 に示すように電子配置には，D_5, D_6, D_7, D_8 の 4 通りある．(1)と同じように結果だけを簡単に説明する．

D_5 と D_6 はそのままで，演算子 $\hat{S}^2$ と $\hat{S}_z$ の固有関数になっている．$S = 1$ となりスピン多重度は 3 で，<u>三重項状態</u>（triplet state）とよばれる．一方，D_7 と D_8 は，そのままでは演算子 $\hat{S}_z$ の固有関数にはなっているが，$\hat{S}^2$ の固有関数にはなっていない．そこで，(1)の場合と同じように，二つの関数の線形結合を扱うことにする．D_7 と D_8 の線形結合として次の結合を取った $D' = (D_7 - D_8)/\sqrt{2}$ は，演算子 $\hat{S}^2$ と $\hat{S}_z$ の固有関数になり，$S = 0$ であるのでスピン多重度は 1 で，この配置は一重項状態である．一方，プラスの結合を取った $D'' = (D_7 + D_8)/\sqrt{2}$ も演算子 $\hat{S}^2$ と $\hat{S}_z$ の固有関数になり，$S = 1$ でスピン多重度は 3 で，この配置は三重項状態である．

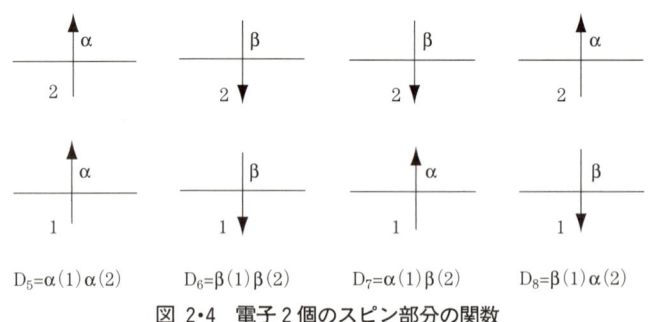

図 2・4 電子 2 個のスピン部分の関数

まとめると，一重項状態のスピン部分の関数は，(1)の場合と同じ（スピン部分の関数は同じで，軌道関数の部分が異なる）で

$$\frac{1}{\sqrt{2}}(\alpha(1)\beta(2) - \beta(1)\alpha(2)) \tag{2・79}$$

一方，三重項状態に対しては，スピン部分の関数は 3 種類あり，次のようになっている．

$$\alpha(1)\alpha(2) \tag{2・80}$$

$$\frac{1}{\sqrt{2}}(\alpha(1)\beta(2) + \beta(1)\alpha(2)) \tag{2・81}$$

$$\beta(1)\beta(2) \tag{2・82}$$

電子が 2 個の場合には，2 個の電子が入るスピン関数の違いによって，一重項状態と三重項状態が生じるが，一重項状態では，何れもスピンは反対向きになっている．一方，三重項状態では，二つのスピン関数（式(2・80)と式(2・82)）では，スピンの向きは平行になっているが，残りの一つのスピン関数（式(2・81)）は，スピンの向きは平行ではなく，反対向きのスピン関数を合成した関数になっている．ただし，「三重項状態のスピンは平行になっている」と表現することが多い．

[補足説明]
◎ 電子スピンの発見

　電子スピンは，古典的には電子自身の自転に基づく角運動量と考えられる．原子のスペクトルで観測された二重線を説明するために導入された．また，電子が磁場によって二つの状態に分離することが，銀の原子線が不均一磁場によって2本にわけられることで直接確かめられた．このことから，電子には，異なる二つの状態が存在し，それらが演算子 $\hat{s}_z$ の固有値が $1/2\hbar$ と $-1/2\hbar$ の状態である．

◎ スピン部分の関数 D_5，D_6，D'，D'' が演算子 $\hat{S}^2$ と $\hat{S}_z$ の固有関数であることの計算

　二個の電子に対する種々のスピン演算子（式(2・73)）を具体的に書くと以下のようになる．

$$\hat{S} = \hat{s}_1 + \hat{s}_2, \quad \hat{S}_z = \hat{s}_{1z} + \hat{s}_{2z}, \quad \hat{S}^+ = \hat{s}_1^+ + \hat{s}_2^+, \quad \hat{S}^- = \hat{s}_1^- + \hat{s}_2^-$$

式(2・71)と(2・72)の関係は，以下のように拡張して利用する．

$$\hat{S}^2 = \hat{S}^-\hat{S}^+ + \hat{S}_z^2 + \hbar\hat{S}_z, \quad \hat{S}^2 = \hat{S}^+\hat{S}^- + \hat{S}_z^2 - \hbar\hat{S}_z$$

計算に必要な式を具体的に書き出してみよう．

$$\hat{s}_{1z}\alpha(1) = (1/2)\hbar\alpha(1), \quad \hat{s}_{1z}\beta(1) = -(1/2)\hbar\beta(1)$$
$$\hat{s}_{2z}\alpha(2) = (1/2)\hbar\alpha(2), \quad \hat{s}_{2z}\beta(2) = -(1/2)\hbar\beta(2)$$
$$\hat{s}_1^+\alpha(1) = 0, \quad \hat{s}_1^-\alpha(1) = \hbar\beta(1), \quad \hat{s}_1^+\beta(1) = \hbar\alpha(1), \quad \hat{s}_1^-\beta(1) = 0$$
$$\hat{s}_2^+\alpha(2) = 0, \quad \hat{s}_2^-\alpha(2) = \hbar\beta(2), \quad \hat{s}_2^+\beta(2) = \hbar\alpha(2), \quad \hat{s}_2^-\beta(2) = 0$$

ここで，もう一度 D_5，D_6，D_7，D_8，D'，D'' を示しておく．

$$D_5 = \alpha(1)\alpha(2), \quad D_6 = \beta(1)\beta(2), \quad D_7 = \alpha(1)\beta(2), \quad D_8 = \beta(1)\alpha(2)$$
$$D' = (D_7 - D_8)/\sqrt{2}, \quad D'' = (D_7 + D_8)/\sqrt{2}$$

以下に，D_5，D_6，D_7，D_8 が $\hat{S}_z$ の固有関数であることを示す．

$$\hat{S}_z D_5 = (\hat{s}_{1z} + \hat{s}_{2z})\alpha(1)\alpha(2) = (1/2)\hbar\alpha(1)\alpha(2) + (1/2)\hbar\alpha(1)\alpha(2)$$
$$= \hbar\alpha(1)\alpha(2) = \hbar D_5 \tag{2・83}$$

$$\hat{S}_z D_6 = (\hat{s}_{1z} + \hat{s}_{2z})\beta(1)\beta(2) = -(1/2)\hbar\beta(1)\beta(2) - (1/2)\hbar\beta(1)\beta(2)$$
$$= -\hbar\beta(1)\beta(2) = -\hbar D_6 \tag{2・84}$$

$$\hat{S}_z D_7 = (\hat{s}_{1z} + \hat{s}_{2z})\alpha(1)\beta(2) = (1/2)\hbar\alpha(1)\beta(2) - (1/2)\hbar\alpha(1)\beta(2) = 0 = 0\hbar D_7 \tag{2・85}$$
$$\hat{S}_z D_8 = (\hat{s}_{1z} + \hat{s}_{2z})\beta(1)\alpha(2) = -(1/2)\hbar\beta(1)\alpha(2) + (1/2)\hbar\beta(1)\alpha(2) = 0 = 0\hbar D_8 \tag{2・86}$$

次に，D_5，D_6，D_7，D_8 に $\hat{S}^2$ を作用させると以下の結果が得られる．

$$\hat{S}^2 D_5 = (\hat{S}^-\hat{S}^+ + \hat{S}_z^2 + \hbar\hat{S}_z)\alpha(1)\alpha(2) = \hat{S}^-\hat{S}^+\alpha(1)\alpha(2) + \hat{S}_z\cdot\hat{S}_z D_5 + \hbar\hat{S}_z D_5$$
$$= \hat{S}^-(\hat{s}_1^+ + \hat{s}_2^+)\alpha(1)\alpha(2) + \hat{S}_z\hbar D_5 + \hbar\hbar D_5$$
$$= 0 + \hbar^2 D_5 + \hbar^2 D_5 = 2\hbar^2 D_5 = 1(1+1)\hbar^2 D_5 \tag{2・87}$$

$$\hat{S}^2 D_6 = (\hat{S}^+\hat{S}^- + \hat{S}_z^2 - \hbar\hat{S}_z)\beta(1)\beta(2) = \hat{S}^+\hat{S}^-\beta(1)\beta(2) + \hat{S}_z\cdot\hat{S}_z D_6 - \hbar\hat{S}_z D_6$$
$$= \hat{S}^+(\hat{s}_1^- + \hat{s}_2^-)\beta(1)\beta(2) + \hat{S}_z(-\hbar)D_6 - \hbar(-\hbar)D_6$$
$$= 0 + (-\hbar)^2 D_6 + \hbar^2 D_6 = 2\hbar^2 D_6 = 1(1+1)\hbar^2 D_6 \tag{2・88}$$

$$\hat{S}^2 D_7 = (\hat{S}^-\hat{S}^+ + \hat{S}_z^2 + \hbar\hat{S}_z)\alpha(1)\beta(2) = \hat{S}^-\hat{S}^+\alpha(1)\beta(2) + \hat{S}_z\cdot\hat{S}_z D_7 + \hbar\hat{S}_z D_7$$
$$= \hat{S}^-(\hat{s}_1^+ + \hat{s}_2^+)\alpha(1)\beta(2) + \hat{S}_z\cdot 0 + \hbar\cdot 0$$

$$= (\hat{s}_1^- + \hat{s}_2^-)\hbar\alpha(1)\alpha(2) = \hbar^2\beta(1)\alpha(2) + \hbar^2\alpha(1)\beta(2) = \hbar^2(D_7 + D_8) \quad (2\cdot 89)$$

$$\hat{S}^2 D_8 = (\hat{S}^-\hat{S}^+ + \hat{S}_z^2 + \hbar\hat{S}_z)\beta(1)\alpha(2) = \hat{S}^-\hat{S}^+\beta(1)\alpha(2) + \hat{S}_z\cdot\hat{S}_z D_8 + \hbar\hat{S}_z D_8$$

$$= \hat{S}^-(\hat{s}_1^+ + \hat{s}_2^+)\beta(1)\alpha(2) + \hat{S}_z\cdot 0 + \hbar\cdot 0$$

$$= (\hat{s}_1^- + \hat{s}_2^-)\hbar\alpha(1)\alpha(2) = \hbar^2\beta(1)\alpha(2) + \hbar^2\alpha(1)\beta(2) = \hbar^2(D_7 + D_8) \quad (2\cdot 90)$$

上の計算より，D_5，D_6 は $\hat{S}^2$ の固有関数であるが，D_7，D_8 は $\hat{S}^2$ の固有関数でないことがわかる．そこで，D_7 と D_8 の線形結合を取った D' と D'' に $\hat{S}^2$ を作用すると次式となる．

$$\hat{S}^2 D' = \frac{1}{\sqrt{2}}\hat{S}^2(D_7 - D_8) = \frac{1}{\sqrt{2}}\{\hbar^2(D_7 + D_8) - \hbar^2(D_7 + D_8)\}$$

$$= 0\hbar^2 \frac{1}{\sqrt{2}}(D_7 - D_8) = 0(0+1)\hbar^2 D' \quad (2\cdot 91)$$

$$\hat{S}^2 D'' = \frac{1}{\sqrt{2}}\hat{S}^2(D_7 + D_8) = \frac{1}{\sqrt{2}}\{\hbar^2(D_7 + D_8) + \hbar^2(D_7 + D_8)\}$$

$$= 2\hbar^2 \frac{1}{\sqrt{2}}(D_7 + D_8) = 1(1+1)\hbar^2 D'' \quad (2\cdot 92)$$

この計算から，D' と D'' が $\hat{S}^2$ の固有関数であることがわかる．

◎ 確　率

ある事象 A が起こる確からしさの程度を示す値を，その事象の起こる確率という．確率は0から1までの数値で与えられ，負の値はとらない．事象 A の確率を $P(A)$ で表すことにすると，次の確率の公理が成り立つ．

(1) 確率 $P(A)$ の値は常に負でない数値である．$P(A) \geq 0$
(2) 起こることが確実な事象 $A(S$ とする$)$ の確率は1である．$P(S) = 1$
(3) 事象 A, B, …が同時に起こり得ないとき，A, B, …のいずれかが起こる確率はそれぞれの事象が起こる確率の和に等しい．$P(A, B, $…のどれかが起こる$) = P(A) + P(B) + $…

◎ 確率変数と確率密度

ある変数 x がとる値の各々に対して一定の確率が対応する場合，変数 x を確率変数という．このとき，$P(x)$ は，確率変数 x の度数分布を示すことになり，確率変数 x の確率分布という．

確率変数が離散的であるとき，$P(x)$ は x の度数関数といわれる．一方，確率変数が連続的である場合には，連続変数 x がある小さな区間(a, b)の間で $P(x)$ の値をとると考えると，この区間での確率は，$P(a \leq x \leq b) = \int_a^b P(x)dx$ で決められる．このときの $P(x)$ を確率密度関数，または単に確率密度とよんでいる．

◎ 式(2·22)の意味

1粒子の場合について考えると，ある微小な体積に粒子を見出す確率は，確率密度 $|\phi|^2$ にその体積 dv を掛けて得られる．考えている全領域で粒子を見出す確率は1であるから，微小な体積に粒子を見出す確率 $|\phi|^2 dv$ をその全領域にわたって積分すれば（和を取れば）1と考えてよい．このことを式で書くと，$\int |\phi|^2 dv = 1$．つまり，式(2·22)となる．

◎ 波動関数の次元

波動関数の次元は，(length)$^{-(3/2)}$となる．これは，水素原子の1sの波動関数の係数（第4章）に由来する．

第3章
並進，振動，回転運動への量子力学の適用

　この章では，Schrödinger 方程式が解析的に正確に解ける系として一粒子の並進運動 (translational motion)，振動運動 (vibrational motion) および回転運動 (rotational motion) のいくつかを取り扱う．比較的簡単に解ける問題では，その解法とその結果をどう理解すればよいかを示す．複雑な微分方程式を解かなければならない場合には，その結果と定性的な解釈だけを説明する．

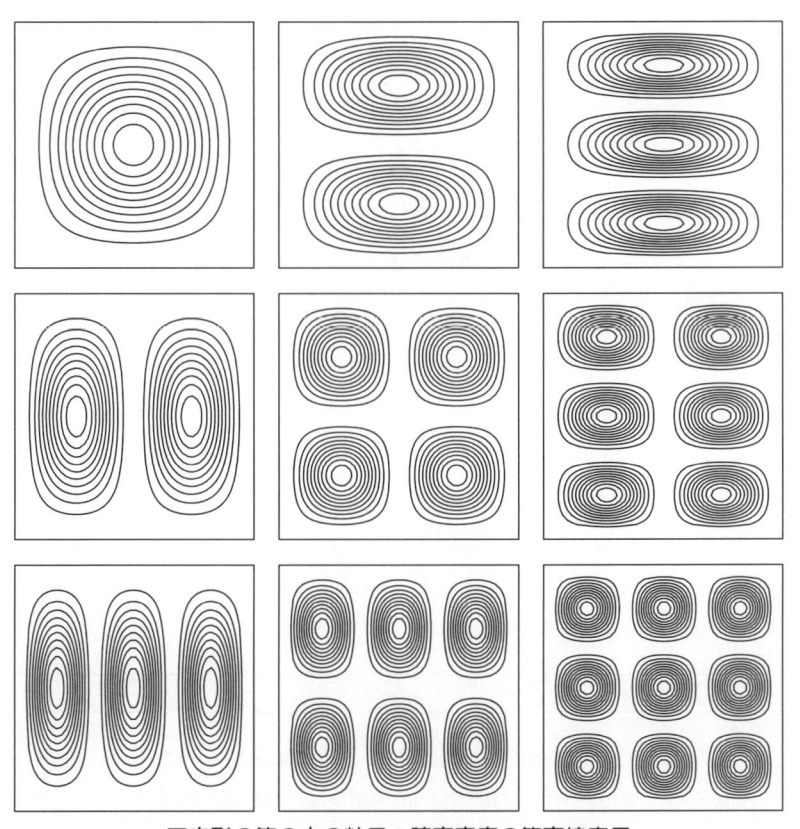

正方形の箱の中の粒子：確率密度の等高線表示

第3章 並進, 振動, 回転運動への量子力学の適用

3-1 自由粒子

考えられる最も簡単な系は, 1個の質量 m の粒子が力を受けずに一次元的に x 軸上で運動している自由粒子 (free particle) である. この系に対する古典的ハミルトン関数は

$$H = p_x^2/2m + V \tag{3・1}$$

である. ポテンシャル V は一定であるから 0 とする. Schrödinger 方程式は

$$-\frac{\hbar^2}{2m}\frac{d^2\psi}{dx^2} = E_x\psi \tag{3・2}$$

である. 一般解は, $k = \sqrt{2mE_x}/\hbar$ とすると (付録 C-5 参照)

$$\psi = c_1 e^{-ikx} + c_2 e^{ikx} \tag{3・3}$$

である. $x = \pm\infty$ で波動関数 ψ が有限であるためには, k は実数でなければならない (k が複素数であれば $e^{\pm ikx}$ が $\pm\infty$ で無限になってしまう). したがって, E_x は正でなくてはならないことになる. E_x に対しての制限はこれだけであるから, E_x の 0 から $+\infty$ までの値はすべて許容であるという結論になる. 一般に, 束縛されていない状態では, 量子論的取り扱いでもエネルギーは離散的な値をとらず連続的な値をとる.

ここでは, 式 (3・3) の一般解を扱わないでより簡単な

$$\psi = Ne^{\pm ikx} \tag{3・4}$$

を扱うことにする. この解の固有エネルギーは, $E_x = k^2\hbar^2/2m$ である. 式 (3・4) の解に運動量演算子 $\hat{p}_x$ を作用すると, $\hat{p}_x = -i\hbar\partial/\partial x$ であるから

$$\hat{p}_x\psi = -i\hbar\frac{\partial}{\partial x}\psi = -i\hbar N(\pm ik)e^{\pm ikx} = \pm k\hbar\psi \tag{3・5}$$

となり, ψ は運動量演算子の固有関数で固有値が $\pm k\hbar$ であることがわかる. つまり, この解は, ハミルトン演算子と運動量演算子の同時固有関数になっている. ところで, この解の場合には, 規格化定数 N は普通の規格化条件では

$$\int_{-\infty}^{\infty}\psi^*\psi dx = N^2\int_{-\infty}^{\infty}dx = \infty \tag{3・6}$$

となり, 決定できない. この場合には, 別の規格化が行われる. 次に, 不確定性関係について少し考えてみよう. 式 (3・4) の解は, 式 (3・5) で示されたように正確な運動量 $\pm k\hbar$ をもつ. したがって, 運動量に関する不確定度 Δp_x は 0 となる. 一方, $\psi^*\psi = N^2$ より, 粒子の確率密度は位置によらず一定であるから, 位置の不確定度 Δx は, ∞ と考えられる. このことは, 不確定性原理の運動量を正確に求めようとすると位置がどんどんぼやけて正確に求められなくなるという状況の極限であると考えることができる.

3-2 一次元の箱の中の粒子

長さ L の一次元の箱の中の粒子の運動の問題は, 深さ無限大の一次元の井戸型ポテンシャル (square well potential) 中の一粒子の問題と同等である. 図 3・1 のように底は平坦で両端は垂直な無限大のポテンシャルの壁になっている井戸を考える. 粒子の質量を m とし, 粒子は x 軸上で運動するとして, 左の壁の位置を $x = 0$ とし右の壁の位置を $x = L$ とする. ポテンシャル $V(x)$ が ∞ の壁の領域では, 粒子は存在できないので, $\psi(x) = 0$ としてよい. ポテンシャル

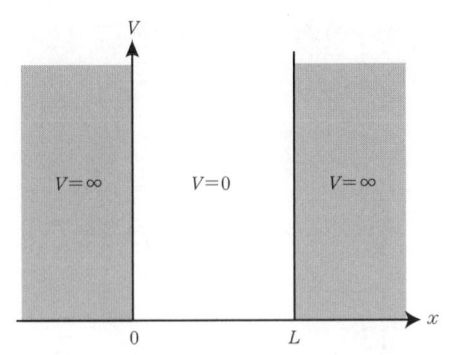

図 3・1　一次元井戸型ポテンシャル

$V(x)$ が 0 となる区間 $0 < x < L$ で粒子が存在する．壁との境界 $x = 0$ と $x = L$ で波動関数は連続でなければならないので $\phi(0) = 0$ と $\phi(L) = 0$ という境界条件が要求される．区間 $0 < x < L$ での解くべき Schrödinger 方程式は $V(x) = 0$ であるから次式となる．

$$-\frac{\hbar^2}{2m}\frac{d^2\phi}{dx^2} = E\phi \tag{3・7}$$

変形すると

$$\frac{d^2\phi}{dx^2} + \frac{2m}{\hbar^2}E\phi = \frac{d^2\phi}{dx^2} + k^2\phi = 0 \tag{3・8}$$

となる．ここで，$k^2 = 2mE/\hbar^2$ と置いた．この方程式の一般解は未定の係数を A，B として（付録 C-5 参照）

$$\phi(x) = A\sin kx + B\cos kx \tag{3・9}$$

となるが，上述の境界条件を満たさなければならない．まず，$x = 0$ で $\phi(0) = 0$ でなければならないから

$$\phi(0) = A\sin 0 + B\cos 0 = A\times 0 + B\times 1 = B = 0 \tag{3・10}$$

より，$B = 0$ となる．次に，$x = L$ で $\phi(L) = 0$ でなければならないから

$$\phi(L) = A\sin kL + B\cos kL = A\times\sin kL + 0\times\cos kL$$
$$= A\times\sin kL = 0 \tag{3・11}$$

となり，$A = 0$ か $\sin kL = 0$ が成り立たなければならない．もしも $A = 0$ であれば $\phi(x)$ は至る所 0 となり，$\phi^2(x)$ もまた至る所 0 となり粒子をどこにも見出せないことになってしまう．これでは意味がないので $A = 0$ の可能性はないことになる．したがって，$\sin kL = 0$ となり，kL は π の $n(= 0, \pm1, \pm2, \cdots)$ 倍であればよいことになる．しかし，$n = 0$ では，やはり恒等的に $\phi(x) = 0$ となるので，$n = 0$ は除く必要がある．また，$n = -1, -2, \cdots$ では，$n = 1, 2, \cdots$ の場合の符号を変えた解しか与えないので除く（$\sin(-\theta) = -\sin(\theta)$）．まとめると解は次式となる．

$$\phi(x) = A\sin kx = A\sin\frac{n\pi x}{L} \quad (n = 1, 2, \cdots) \tag{3・12}$$

ここで，係数 A がまだ未定のままである．したがって，波動関数の規格化により以下のように計算する必要がある．（付録 C-4 参照）

$$\int_0^L \phi^2(x)\,dx = \int_0^L \left(A\sin\frac{n\pi x}{L}\right)^2 dx = A^2\int_0^L \sin^2\frac{n\pi x}{L}\,dx$$

$$= A^2 \int_0^L \frac{1}{2}\left(1 - \cos\frac{2n\pi x}{L}\right)dx$$

$$= \frac{1}{2}A^2\left[\left[x\right]_0^L - \left[\frac{L}{2n\pi}\sin\frac{2n\pi}{L}x\right]_0^L\right] = \frac{A^2 L}{2} = 1$$

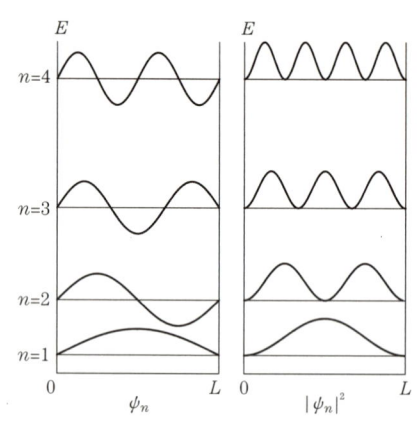

図 3・2　一次元の箱の中の粒子の固有関数と確率密度

したがって，係数 A を正の値にとることにすると $\sqrt{2/L}$ となる．また，固有エネルギーは，$k^2 = 2mE/\hbar^2$ の関係から求められる．以上の結果をまとめて，整数 n の値を固有関数，固有エネルギーに添え字として付けると以下のようになる．n は**量子数**（quantum number）とよばれる．

$$\psi_n(x) = \sqrt{\frac{2}{L}}\sin\frac{n\pi x}{L} \tag{3・14}$$

$$E_n = \frac{n^2\pi^2\hbar^2}{2mL^2} = \frac{n^2 h^2}{8mL^2} \quad (n = 1,\ 2,\ \cdots) \tag{3・15}$$

以上の結果を図示すると図3・2のようになる．エネルギーは，自由粒子の場合とは異なり離散的な値をとっている．

次に，一次元の箱の中の粒子の運動について，その性質や特徴を少し詳しく説明してみよう．

(1) ゼロ点エネルギー

量子数 $n = 1$ のときが，エネルギー最低の状態であり，エネルギーの値は 0 でなく正の値 $h^2/(8mL^2)$ である．このエネルギーはゼロ点エネルギー（zero-point energy）とよばれる．古典的には，最低エネルギーは粒子が静止している状態の 0 の値を取り得るが，量子論的には 0 でない正の値の最低のエネルギーをもつことになる．

(2) 固有関数の節の数

固有関数の方は $n = 1$ の状態では固有関数の値が領域の中間で 0 になる点はない．つまり，節（node）の数が 0 である．次に $n = 2$ の状態では節の数は 1 である．一般に，一次元の系ではエネルギーが高くなるにつれて節の数が増加することが知られている．（図3・3(a)参照）

(3) ド・ブロイの関係

図3・3(b)から，量子数 n の場合の波長 λ は，$2L/n$ と表せることがわかる．また，量子数 n の状態のエネルギーは，$n^2h^2/(8mL^2)$ であり，これは $p_x^2/2m$ に等しいのでこの関係から，

p_x の大きさは $nh/2L$ となる．運動量 p_x の値をド・ブロイの式 ($\lambda = h/p_x$) に代入して，波長 λ を計算すると $2L/n$ となり，最初に固有関数の図から求めた波長と一致する．したがって，ド・ブロイの関係が成立していることがわかる．

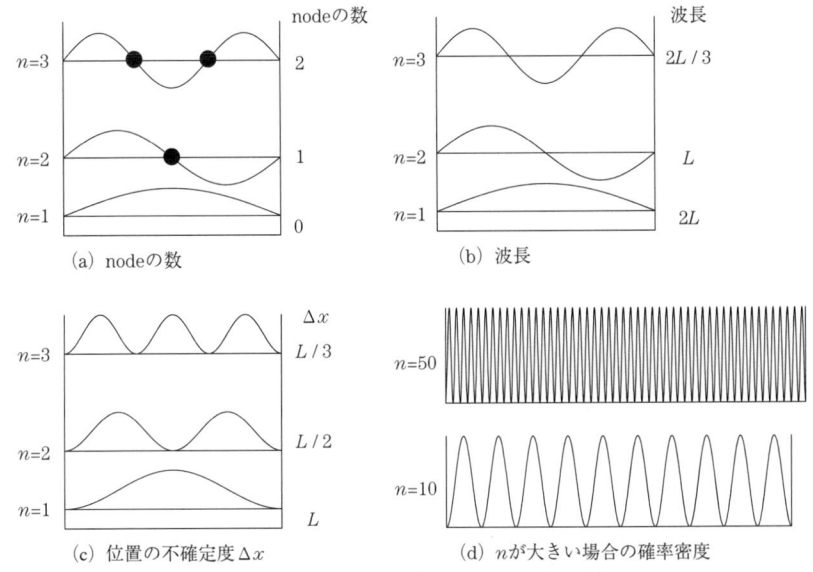

図 3・3　一次元の箱の中の粒子の運動の特徴

(4) 不確定性関係

図 3・3(c) から，位置の不確定度 Δx は L/n と見なせる．一方，運動量の不確定度 Δp_x はエネルギーから求めた運動量の値 $p_x = \pm nh/2L$ の差 nh/L と考えられる．つまり，$\Delta x \Delta p_x = h$ となり不確定性関係が成立していると考えられる．

(5) 対応原理

粒子の分布を考えてみる．古典論では粒子の速さは一定なので一様に分布していると考えてよい．量子論的にはエネルギーが低いときは分布は一様ではないがエネルギーが高くなるとより均一になると見なしてよい．これは，量子数が大きい極限で古典的挙動が出現するという対応原理（correspondence principle）の一つの現われと考えられる．（図 3・3(d) 参照）

(6) ポリエンの吸収スペクトルとの対応

一次元の箱の中の粒子の問題は，ポリエンの π 電子の吸収スペクトルの簡単なモデルと考えられる．箱の長さ L を a Å，電子の質量を 9.109×10^{-31} kg，プランクの定数を 6.626×10^{-34} Js とすると，量子数 n の準位のエネルギーは，次式で与えられる．

$$E_n = \frac{h^2}{8mL^2} n^2 \simeq \frac{(6.626 \times 10^{-34} \text{Js})^2}{8(9.109 \times 10^{-31} \text{kg})(a\text{Å})^2} n^2$$

$$= \frac{6.626^2 \times 10^{-68}}{8 \times 9.109 \times 10^{-31} \times (10^{-10})^2} \cdot \frac{n^2}{a^2} \cdot \frac{\text{J}^2\text{s}^2}{\text{kg m}^2}$$

$$\simeq 0.6025 \times 10^{-17} \cdot \frac{n^2}{a^2} \cdot \text{J}$$

ここで，$n=1$ の準位から $n=2$ の準位への励起に必要なエネルギー差 $\Delta E = E_2 - E_1$ を計算

すると

$$\Delta E = E_2 - E_1 = \frac{0.6025 \times 3}{a^2} \times 10^{-17} \text{J} = \frac{9.099}{a^2} \times 10^7 \text{m}^{-1}$$

となる．ここで，最後の単位の変換は，$1\text{J} \simeq 5.034 \times 10^{24} \text{m}^{-1}$ を用いた（付録B-6参照）．分子のスペクトルの横軸は波長で目盛ることが多いので，波長で求めると次式となる．

$$\lambda = \frac{a^2}{9.099} \times 10^{-7} \text{m} = \frac{a^2}{9.099} \times 10^3 \text{ Å} = \frac{a^2}{9.099} \times 10^2 \text{nm}$$

箱の長さ $L = 4\text{Å}$ の場合には，波長は 175.8 nm（紫外領域），$L = 8\text{Å}$ では，703.4 nm（可視領域）となる．実際に，ポリエンのスペクトルでは，これらの波長領域で紫外可視スペクトルとして吸収スペクトルが測定されている．

3-3　二次元の箱の中の粒子

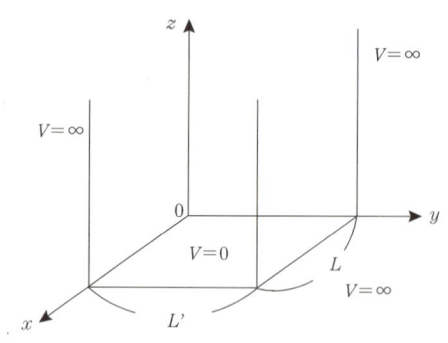

図 3・4　二次元井戸型ポテンシャル

一次元の箱を拡張した二次元の箱の中の粒子の運動を扱ってみよう．x 軸上の箱の長さを L，y 軸上の長さを L' とすると，二次元井戸型ポテンシャルとしては次のポテンシャル $V(x,y)$ を考えればよい（図3・4参照）．箱の中($0 \leq x \leq L$, $0 \leq y \leq L'$) では $V(x,y) = 0$，それ以外の領域では $V(x,y) = \infty$．ポテンシャル $V(x,y) = \infty$ の領域では $\psi(x,y) = 0$ となる．ポテンシャル $V(x,y) = 0$ の箱の中での Schrödinger 方程式は

$$-\frac{\hbar^2}{2m}\left(\frac{\partial^2}{\partial x^2} + \frac{\partial^2}{\partial y^2}\right)\psi(x,y) = E\psi(x,y) \tag{3・16}$$

である．ここで，ハミルトン演算子が，変数 x と y のみに依存した項の和で与えられるので，変数分離の方法で次のようにして解くことができる．固有関数 ψ は，変数 x の関数 $X(x)$ と変数 y の関数 $Y(y)$ の積 $X(x)Y(y)$ と仮定し，式(3・16)に代入して両辺を XY で割ると

$$-\frac{\hbar^2}{2m}\frac{1}{X}\frac{\partial^2 X}{\partial x^2} - \frac{\hbar^2}{2m}\frac{1}{Y}\frac{\partial^2 Y}{\partial y^2} = E \tag{3・17}$$

となる．第1項は一見して x に依存するように見えるが，第2項が x に依存していないことは明らかである．しかし第1項と第2項の和は一定(E)であるから，第1項は x に依存せずある定数 E_x に等しいと置ける．同様に第2項も定数 E_y に等しいと置ける．さらに，X, Y は，それぞれ x, y だけの関数であるから，偏微分を一変数の微分に直す．

$$-\frac{\hbar^2}{2m}\frac{1}{X}\frac{d^2 X}{dx^2} = E_x, \quad -\frac{\hbar^2}{2m}\frac{1}{Y}\frac{d^2 Y}{dy^2} = E_y \tag{3・18}$$

変形するとそれぞれ次の式になる.

$$-\frac{\hbar^2}{2m}\frac{d^2X}{dx^2} = E_x X , \quad -\frac{\hbar^2}{2m}\frac{d^2Y}{dy^2} = E_y Y \tag{3・19}$$

これらは，どちらも一次元の箱の中の粒子の方程式と同じで，境界条件も X と Y は同じ($X(0) = X(L) = 0$, $Y(0) = Y(L') = 0$)であるから，固有関数，エネルギーはそれぞれ次式で与えられる．

$$X_n(x) = \sqrt{\frac{2}{L}} \sin \frac{n\pi x}{L}, \quad E_{x,n} = \frac{h^2 n^2}{8mL^2} \quad (n = 1, 2, \cdots) \tag{3・20}$$

$$Y_{n'}(y) = \sqrt{\frac{2}{L'}} \sin \frac{n'\pi y}{L'}, \quad E_{y,n'} = \frac{h^2 n'^2}{8mL'^2} \quad (n' = 1, 2, \cdots) \tag{3・21}$$

したがって，二次元の箱の中の粒子の固有関数とエネルギーは

$$\phi(x, y) = X(x)\,Y(y) = \frac{2}{\sqrt{LL'}} \sin \frac{n\pi x}{L} \sin \frac{n'\pi y}{L'} \tag{3・22}$$

$$E_{nn'} = E_{x,n} + E_{y,n'} = \frac{h^2}{8m}\left\{\left(\frac{n}{L}\right)^2 + \left(\frac{n'}{L'}\right)^2\right\} \quad (n, n' = 1, 2, \cdots) \tag{3・23}$$

となる．ここで，正方形の箱($L = L'$)の場合には，エネルギーは

$$E_{nn'} = \frac{h^2}{8mL^2}(n^2 + n'^2) \tag{3・24}$$

となる．このとき，$n \neq n'$ に対して $\psi_{nn'}$ と $\psi_{n'n}$ は同じエネルギーをもつことになる．このように一つのエネルギー準位に異なる固有関数が存在する場合に，このエネルギー準位は縮重(縮退：degenerate)しているという．この場合には，異なる二つの固有関数が存在しているので二重に縮重しているという．図 3・5 に $L = L'$ の場合の固有関数のいくつかを示す．図からわかるように，固有関数が箱の境界以外で0になる場合は，$n = 1$, $n' = 1$ では存在せず，$n = 2$, $n' = 1$ または $n = 1$, $n' = 2$ のときには，1本の直線上で0，$n = 2$, $n' = 2$ では2本の直線上で0になっていることがわかる．この直線は，一次元の箱の中の粒子の運動での節(node)に

固有関数

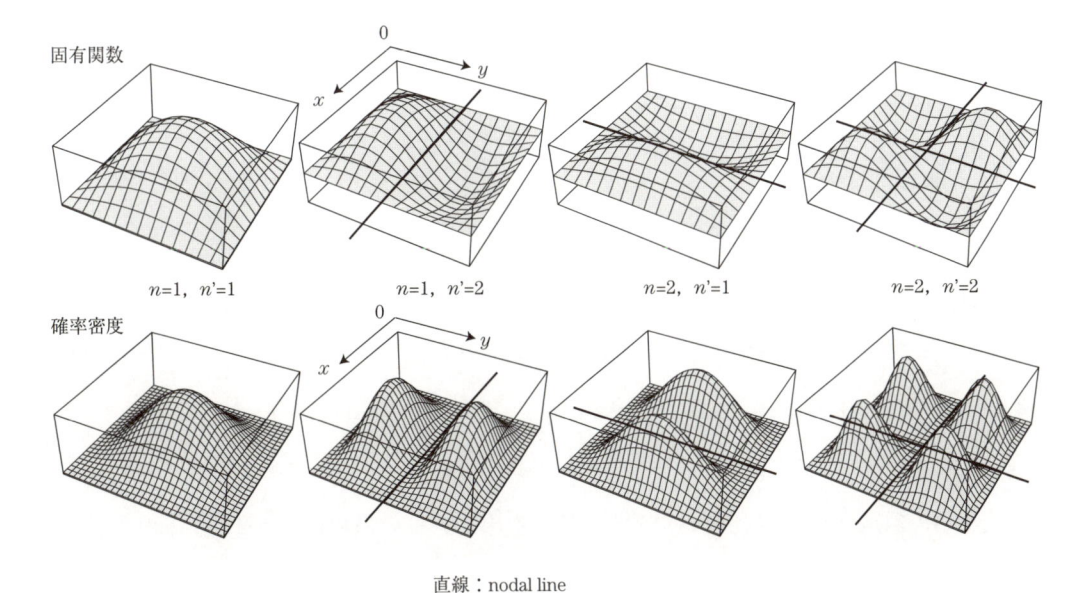

| $n=1, n'=1$ | $n=1, n'=2$ | $n=2, n'=1$ | $n=2, n'=2$ |

確率密度

直線：nodal line
図 3・5 二次元の箱の中の粒子の固有関数と確率密度

対応するもので節線（nodal line）とよばれている．一次元の場合と同様に，一般に系のエネルギーが高くなるに従い節線の数は増加する．

3-4　一次元調和振動子

質量 m，バネ定数 k のバネの振動を考えてみよう．変位 x に対して復元力 $-kx$ が働くとすると（フックの法則），バネの振動を次のニュートンの運動方程式で扱うことができる．

$$m\frac{d^2x}{dt^2} = -kx \tag{3・25}$$

この微分方程式は簡単に解ける（付録 C-5 参照）．一般解は次式で与えられる．

$$x(t) = A\sin\omega t + B\cos\omega t, \quad \omega = \sqrt{\frac{k}{m}} \tag{3・26}$$

ここで，ω は角振動数で，振動数 ν とは，$\omega = 2\pi\nu$ の関係にある．ところで，バネのポテンシャルエネルギー V は

$$V = \frac{1}{2}kx^2 \tag{3・27}$$

で与えられ，調和ポテンシャルとよばれる．

量子力学でこの一次元の調和振動子（harmonic oscillator）を取り扱うには，式(3・27)のポテンシャルエネルギーを用いて次式の Schrödinger 方程式を解くことになる．

$$-\frac{\hbar^2}{2m}\frac{d^2\phi(x)}{dx^2} + \frac{1}{2}kx^2\phi(x) = E\phi(x) \tag{3・28}$$

この微分方程式を解析的に解くには，まず，最初に次の変数変換を行うと

$$\beta = \frac{\sqrt{mk}}{\hbar}, \quad \xi = \sqrt{\beta}x, \quad \epsilon = \left(\frac{4m}{k\hbar^2}\right)^{1/2}E \tag{3・29}$$

式(3・28)は

$$\frac{d^2\phi(\xi)}{d\xi^2} + (\epsilon - \xi^2)\phi(\xi) = 0 \tag{3・30}$$

となる．ξ が大きくなったとき方程式(3・30)の解は $\exp(-\xi^2/2)$ のようにふるまうと考えられるから

$$\phi(\xi) = \exp(-\xi^2/2)H(\xi)$$

とおくと，方程式(3・30)は

$$\frac{d^2H(\xi)}{d\xi^2} - 2\xi\frac{dH(\xi)}{d\xi} + (\epsilon - 1)H(\xi) = 0 \tag{3・31}$$

と変形される．一方，物理でよく知られた Hermite（エルミート）多項式

$$H_n(\xi) = (-1)^n \exp(\xi^2)\frac{d^n}{d\xi^n}\exp(-\xi^2) \tag{3・32}$$

の満たす微分方程式は

$$\frac{d^2H_n(\xi)}{d\xi^2} - 2\xi\frac{dH_n(\xi)}{d\xi} + 2nH_n(\xi) = 0 \tag{3・33}$$

である．式(3・31)と(3・33)を比較したとき，第3項の $H_n(\xi)$ の係数に $\epsilon = 2n+1$ の関係があれば，波動関数としての条件を満足する解となる．この関係から，エネルギー E は，式(3・29)の三番目の式を用いて

$$E = \left(\frac{k\hbar^2}{4m}\right)^{1/2}\epsilon = \frac{h}{2}\left(\frac{k}{4\pi^2 m}\right)^{1/2}\epsilon$$
$$= \frac{h\nu}{2}\epsilon = h\nu\left(n + \frac{1}{2}\right) \quad (n = 0,\ 1,\ 2,\ \cdots) \tag{3・34}$$

となる．ここで，ν は振動数であり次式で与えられる．

$$\nu = \frac{1}{2\pi}\sqrt{\frac{k}{m}} \tag{3・35}$$

固有関数の形は最終的に次式のようになる．

$$\phi_n(x) = \left(\frac{\sqrt{\beta/\pi}}{2^n n!}\right)^{1/2} H_n(\sqrt{\beta}x)\, e^{-\frac{\beta x^2}{2}} \tag{3・36}$$

$$\phi_n(\xi) = \left(\frac{\sqrt{\beta/\pi}}{2^n n!}\right)^{1/2} H_n(\xi)\, e^{-\frac{\xi^2}{2}} \tag{3・37}$$

固有関数による期待値の計算などには，次のエルミート多項式の直交関係，漸化式，微分関係の式が利用される．

$$\int_{-\infty}^{\infty} H_n(\xi) H_m(\xi)\, e^{-\xi^2}\, d\xi = 2^n n! \sqrt{\pi}\, \delta_{nm} \tag{3・38}$$

$$\xi H_n(\xi) = n H_{n-1}(\xi) + \frac{1}{2} H_{n+1}(\xi) \tag{3・39}$$

$$\frac{dH_n(\xi)}{d\xi} = 2n H_{n-1}(\xi) \tag{3・40}$$

エルミート多項式の例をいくつか次に示す．

$$\begin{aligned}
&H_0 = 1 \qquad H_1 = 2\xi \\
&H_2 = 4\xi^2 - 2 \qquad H_3 = 8\xi^3 - 12\xi \\
&H_4 = 16\xi^4 - 48\xi^2 + 12 \quad H_5 = 32\xi^5 - 160\xi^3 + 120\xi
\end{aligned} \tag{3・41}$$

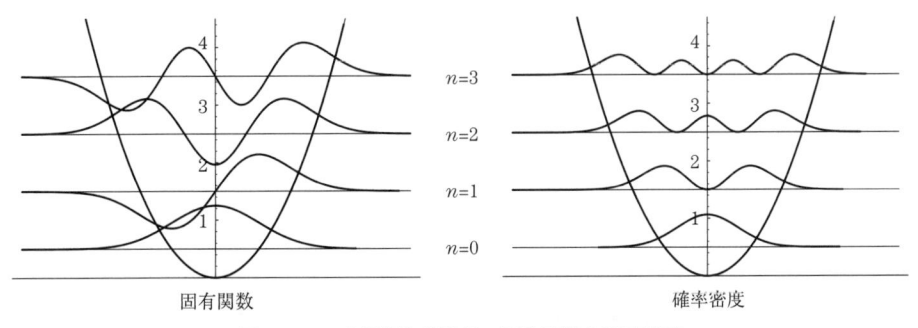

図 3・6　一次元調和振動子の固有関数と確率密度

図 3・6 に固有関数と確率密度を示す．一次元調和振動子の特徴を一次元の箱の中の粒子の運動の場合と比較しながら調べてみよう．まず，エネルギー固有値に関しては，式 (3・34) から容易にわかるように，一次元調和振動子では，エネルギー準位の間隔が $h\nu$ になり，等しい値をとるという特徴がある．一次元の箱の中の粒子の場合には，エネルギーは，量子数 n の二乗に比例しているので準位の間隔は等間隔ではなくどんどん開いていく．調和振動子のエネルギー準位が等間隔であること，つまり，二つの準位間のエネルギー差が $h\nu$ の整数倍であるということは，1

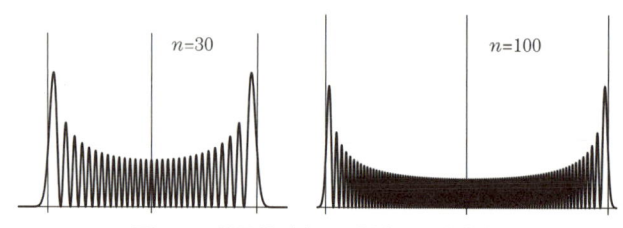

図 3・7　量子数が大きい場合の確率密度

章の黒体輻射の節で説明したプランクの仮定が正しかったことになる．また，最低のエネルギー準位は，一次元の箱の中の粒子の場合と同様に 0 でないゼロ点エネルギーをもつ．実際には，最も低いエネルギー状態は $n=0$ のときで，ゼロ点エネルギー $E=h\nu/2$ をもちゼロ点振動を行っている．次に，固有関数に関しては，図 3・6 からわかるように，ポテンシャルの境界の部分でポテンシャルの中への関数の浸透が見られる（トンネル効果：p.40 参照）．一次元の箱の中の粒子の運動ではポテンシャルが無限になっているので，箱の外の存在確率は 0 であった．固有関数の節 (node) の数に関しては，一次元の箱の場合と同じであることがわかる．

次に，粒子の存在確率に関する対応原理を調べてみよう．古典的に，一次元の調和振動子を考えたとき，両端の折り返し点で粒子の速度が 0 になるので存在確率が高いと考えられる．一方量子論的には，図 3・7 に示すように，量子数 n が大きい極限で両端の確率密度が大きくなることがわかる．したがって，一次元の箱の中の粒子の運動と同様に，量子数が大きい極限で古典的性質が現れるという対応原理が成り立っているといえる．

最後に，二原子分子の振動の問題は，簡単に一次元の振動の問題に変換することができる．二原子分子の場合には，質量 m は二つの原子の換算質量になる．また，エネルギー準位間の遷移は，赤外領域のスペクトルとして観測される．

実際の二原子分子のポテンシャルは，調和ポテンシャルではなく，非調和性を含んだポテンシャルとなっていて，二原子が解離する状態を表すことができる．調和ポテンシャル (3・27) のグラフは，放物線の形で表されるので，解離状態を表すことは不可能である．非調和ポテンシャルとして，次のモースポテンシャルがよく用いられる．

$$V(r) = D(1-e^{-ar})^2, \quad r：平衡核間距離からの変位$$

ここで，D, a は分子によって決まる解離エネルギーとモースパラメータの値である．エネルギー準位の間隔は調和ポテンシャルの場合と違い，等間隔ではなく，エネルギーが高くなるにしたがって間隔が狭くなる．ただし，振動の量子数が小さい場合には，エネルギー準位は調和ポテンシャルのエネルギー準位で近似できるので，二原子分子の振動のモデルとして，しばしば調和振動子が用いられる．

3-5　二次元回転運動

回転運動の最も簡単な例は，質量 m の粒子が半径 r の円運動をする場合である．量子論的に取り扱うには，ポテンシャルとして半径 r の円周上では 0，その内側と外側では ∞ にとればよい（図 3・8 参照）．Schrödinger 方程式は，出発点（xy 平面の点 $(r, 0)$）からの円周の弧の長さ s を変数とすると次式で与えられる．

3-5 二次元回転運動

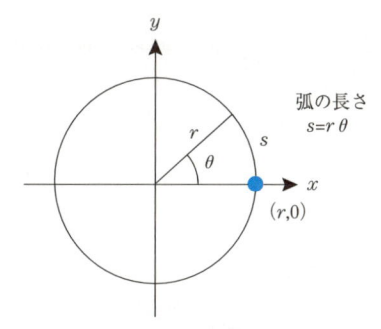

図 3·8 二次元回転運動の座標系

$$-\frac{\hbar^2}{2m}\frac{d^2\psi(s)}{ds^2} = E\psi(s) \tag{3·42}$$

弧の長さ s を極座標 r と θ で表すと，$s = r\theta$（$r = $ 一定）であるから，変数を s から θ に変換すると方程式は

$$-\frac{\hbar^2}{2mr^2}\frac{d^2\psi(\theta)}{d\theta^2} = E\psi(\theta) \tag{3·43}$$

となる．次の周期境界条件

$$\psi(\theta)_{\theta=0} = \psi(\theta)_{\theta=2\pi}$$
$$(d\psi/d\theta)_{\theta=0} = (d\psi/d\theta)_{\theta=2\pi} \tag{3·44}$$

を満たすように微分方程式(3·43)を解くと，最終的に次の固有関数と固有値が得られる．

$$\psi_0 = \frac{1}{\sqrt{2\pi}} \tag{3·45}$$

$$\psi_{+n}(\theta) = \frac{1}{\sqrt{2\pi}}e^{in\theta}, \quad \psi_{-n}(\theta) = \frac{1}{\sqrt{2\pi}}e^{-in\theta} \tag{3·46}$$

$$E_n = \frac{n^2\hbar^2}{2mr^2} = \frac{n^2\hbar^2}{2I}, \quad (n = 0,\ 1,\ 2,\ \cdots) \tag{3·47}$$

ここで，$I = mr^2$ は慣性モーメント（moment of inertia）である．この系では，一次元の箱の中の粒子の運動や一次元の調和振動子と異なり最低エネルギーが 0 の場合が，固有関数が存在するので許される．さらに，得られた固有関数に円運動の角運動量の大きさの演算子（付録 C-2 参照）$\hat{L} = \hat{r}\hat{p}$ を作用させると

$$\hat{L}\psi_{\pm n} = \hat{r}\hat{p}\psi_{\pm n} = r(-i\hbar)\frac{d\psi_{\pm n}}{ds}$$
$$= -i\hbar r\frac{1}{r}\frac{d\psi_{\pm n}}{d\theta} = -i\hbar(\pm in)\psi_{\pm n} \tag{3·48}$$
$$= \pm n\hbar\psi_{\pm n}$$

となり，固有関数 $\psi_{\pm n}$ はハミルトン演算子 $-\frac{\hbar^2}{2mr^2}\frac{d^2}{d\theta^2}$ の固有関数であると同時に角運動量演算子 $\hat{L}$ の固有関数にもなっている（同時固有関数）．以上の結果から，二次元の回転運動を量子論的に取り扱うと回転のエネルギーが離散的になっていると同時に角運動量の取り得る値も離散的になっていることがわかる．固有関数を表示するために上の固有関数(3·46)の一次結合を取り実数化し，さらに規格化すると次式が得られる．

$$\psi_n^+ = \frac{1}{\sqrt{2}}(\psi_{+n}(\theta) + \psi_{-n}(\theta)) = \frac{1}{\sqrt{2}}\frac{1}{\sqrt{2\pi}}(e^{in\theta} + e^{-in\theta}) = \frac{1}{2}\frac{1}{\sqrt{\pi}}(2\cos n\theta) = \frac{1}{\sqrt{\pi}}\cos n\theta \tag{3・49}$$

$$\psi_n^- = \frac{1}{\sqrt{2}\,i}(\psi_{+n}(\theta) - \psi_{-n}(\theta)) = \frac{1}{\sqrt{2}\,i}\frac{1}{\sqrt{2\pi}}(e^{in\theta} - e^{-in\theta}) = \frac{1}{2\,i}\frac{1}{\sqrt{\pi}}(2\,i\sin n\theta) = \frac{1}{\sqrt{\pi}}\sin n\theta \tag{3・50}$$

これらの固有関数と ψ_0 を図 3・9 に示す．座標系を図の右下に示した．図 3・8 の座標系を $x > 0$，$y < 0$ の斜め方向から見た図を描き，z 軸方向に固有関数の値をプロットしている．例えば，左下の ψ_0 の図であるが，$\psi_0(\theta) = 1/\sqrt{2}$ で，θ に依存していないので，z 軸方向で高さが $1/\sqrt{2}$ で半径が r の円として描かれている．また，ψ_1^- は，点 $(x, y, z) = (r, 0, 0)$ から始まり，$\sin\theta$ ($0 \leq \theta \leq 2\pi$) で円周上を一周して元に戻る曲線として描かれる．

$n = 0$ の固有関数は縮重していないが，その他の固有関数は二重に縮重している．$n = 0$ 以外の固有関数で関数が 0 になる点を中心を通るように直線を引くと直線の数は n に等しいことがわかる．この直線が節線（nodal line）で二次元の箱の中の粒子の運動と同様にエネルギーが高くなるにしたがって節線の数が増加することがわかる．

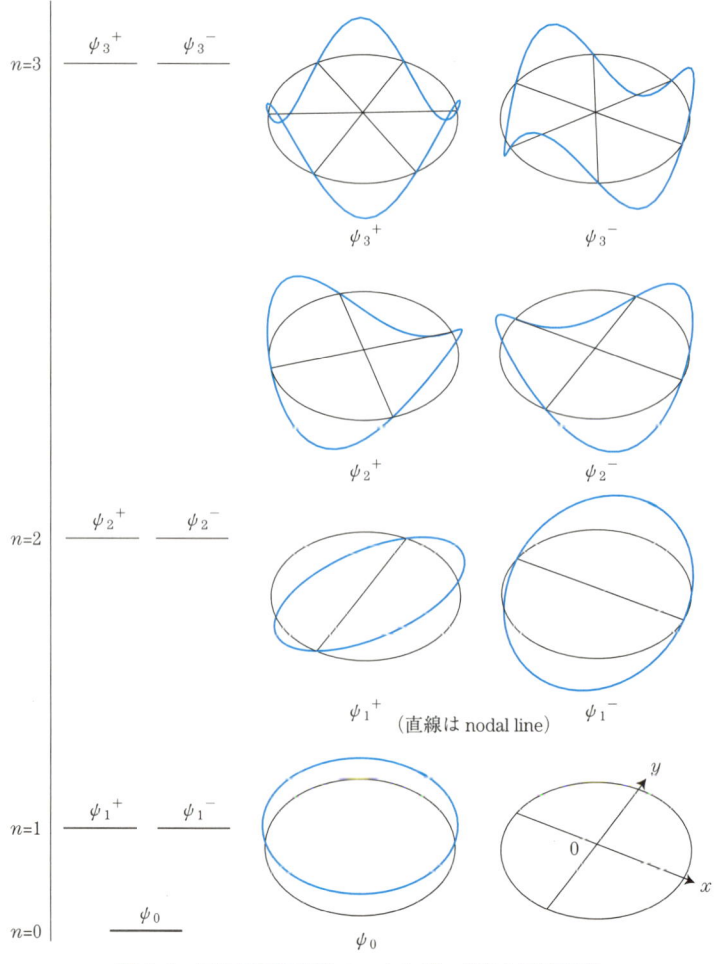

図 3・9　二次元回転運動のエネルギー準位と固有関数

3-6　三次元回転運動

　三次元の回転運動も二次元の場合と同じように扱うことができる．半径 R（一定）の球面上でポテンシャルが 0 でそれ以外では ∞ のポテンシャルを考える（図 3・10 参照）．粒子の質量を M とすれば球面上での Schrödinger 方程式は

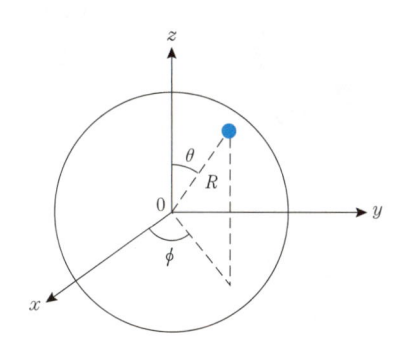

図 3・10　三次元回転運動の座標系

$$-\frac{\hbar^2}{2M}\left(\frac{\partial^2}{\partial x^2}+\frac{\partial^2}{\partial y^2}+\frac{\partial^2}{\partial z^2}\right)\psi = E\psi \tag{3・51}$$

となり，さらに，直交座標から極座標に変換すると（付録 C-3 参照）

$$\frac{\hbar^2}{2M}\frac{1}{R^2}\left[\frac{1}{\sin\theta}\frac{\partial}{\partial\theta}\left(\sin\theta\frac{\partial}{\partial\theta}\right)+\frac{1}{\sin^2\theta}\frac{\partial^2}{\partial\phi^2}\right]\psi(\theta,\phi) = E\psi(\theta,\phi) \tag{3・52}$$

が得られる（付録 C-3 の式(C-19) で $r=$ 一定の場合）．この方程式の固有関数は**球面調和関数** $Y_{\ell,m}(\theta,\phi)$ であり，固有値は

$$E = \frac{\ell(\ell+1)\hbar^2}{2MR^2} = \frac{\ell(\ell+1)\hbar^2}{2I} \tag{3・53}$$

で与えられることが知られている．ただし，$I=MR^2$ は慣性モーメントである．この球面調和関数 $Y_{\ell,m}(\theta,\phi)$ は角運動量二乗の演算子（$\hat{\ell}^2$）と角運動量の z 成分の演算子（$\hat{\ell}_z$）の同時固有関数になっている．

$$\hat{\ell}^2 Y_{\ell m} = \ell(\ell+1)\hbar^2 Y_{\ell m} \tag{3・54}$$

$$\hat{\ell}_z Y_{\ell m} = m_\ell \hbar Y_{\ell m} \tag{3・55}$$

二次元の回転運動と同様にこれらの演算子の固有値も離散的な値になっている．（補足説明参照）

　球面調和関数の例を図 3・11 に示す．球面調和関数の表示法としては，角度 θ，ϕ を与えて原点からその方向で距離が $|Y_{\ell,m}(\theta,\phi)|^2$ の点からできる球面を表示する方法を用いている．図の関数の記号 s，p，d は，ℓ の値がそれぞれ，0，1，2 の場合に対応している．この図で，複素関数になっている球面調和関数は実数化して表示している．これらの球面調和関数は，第 4 章の水素類似原子の固有関数のところで再び出てくる．

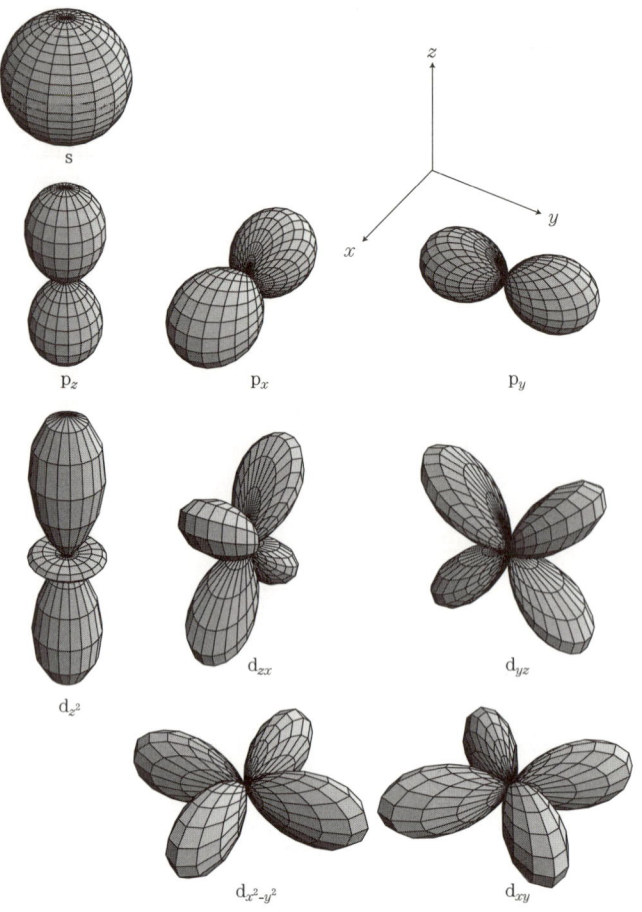

図 3·11　球面調和関数の表示（記号は 4-1 節参照）

[補足説明]

◎　トンネル効果 (tunnel effect)

　一次元の調和振動子の固有関数の性質で，ポテンシャルの壁の中にまで質点がしみ込む（浸透する）ことができることを説明した．ポテンシャルの高さが有限であれば，質点がポテンシャルの壁を通り抜ける（透過する）ことができる．この効果はトンネル効果とよばれている．

　このトンネル効果を用いて，ガモフは 1928 年に原子の α 崩壊を説明し，このことが量子力学の成功の有力な証拠の一つになった．また，この効果を利用した半導体の素子として，エサキダイオードなどが知られている．また，トンネル顕微鏡にも利用されている．

◎　空間量子化

　式(3·53)より，演算子 $\hat{\ell}^2$ の固有値が $\ell(\ell+1)\hbar^2$ であるから，軌道角運動量の大きさは，$\sqrt{\ell(\ell+1)\hbar^2} = \sqrt{\ell(\ell+1)}\,\hbar$ である．また，式(3·54)より，その z 成分が $m_\ell \hbar$ で個数は $2(\ell+1)$ 個に限られる．つまり，軌道角運動量の方向は空間内で制限されている．このこ

とを空間量子化とよんでいる．軌道角運動量ベクトルを図に示すと理解しやすい．図3・12 に $\ell=1$ と $\ell=2$ の場合を示す．$\ell=1$ では，軌道角運動量の大きさは $\sqrt{2}\hbar$，z 成分は，$-\hbar$，$0\hbar$，$\hbar$ となる．$\ell=2$ では，軌道角運動量の大きさは $\sqrt{6}\hbar$，z 成分は，$-2\hbar$，$-\hbar$，$0\hbar$，$\hbar$，$2\hbar$ となる．x と y 成分は決まらず，それぞれの軌道角運動量ベクトルを z 軸の周りに回転した円周上のどこにあってもよいと解釈される．図3・12 には，取りあえず軌道角運動量ベクトルを yz 平面上に描いてある．

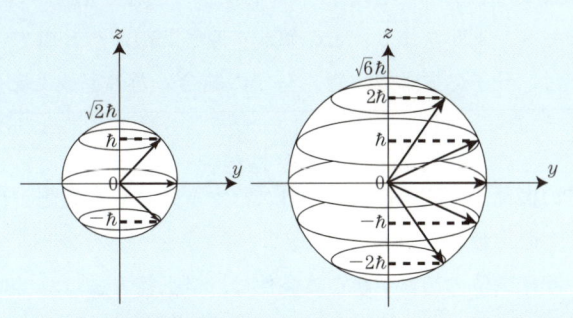

図 3・12　軌道角運動量のベクトル表示，$\ell=1$ と $\ell=2$ の場合

同様にして，スピン角運動量のベクトルモデルを図3・13 に示す．ベクトルの大きさは，$s=1/2$ を $\sqrt{s(s+1)\hbar^2}$ に代入して，$\sqrt{3}/2\hbar$ となり，z 成分は α スピンでは $1/2\hbar$，β スピンでは $-1/2\hbar$ である．したがって，z 軸との角度 θ は，α スピンでは $\theta=\cos^{-1}(0.5/(\sqrt{3}/2))=\cos^{-1}(1/\sqrt{3})\fallingdotseq 54.7°$，$\beta$ スピンでは，$\theta=125.3°$ となる．

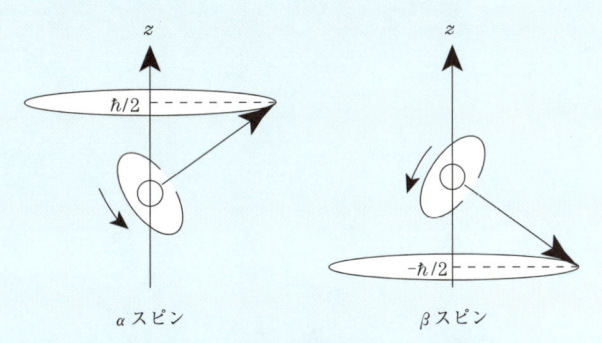

図 3・13　スピン角運動量のベクトル表示

◎　**二原子分子の振動回転エネルギー**

二原子分子の振動運動を調和振動，回転運動を剛体（原子間結合距離が一定）の回転と近似すると，振動回転エネルギー $E_{vib,rot}$ は振動の量子数 n と回転の量子数 J を用いて次式で与えられる．

$$E_{vib,rot}=(n+1/2)h\nu+BJ(J+1)$$
$$n=0,1,2,3,\cdots$$
$$J=0,1,2,3,\cdots$$

ここで，ν は振動の振動数であり，B は回転の回転定数である．エネルギーの式で第1項が振動エネルギーで，p.35 の式(3・34)に対応し，第2項が回転エネルギーで，p.39 の式

(3·53) の ℓ を J に置き換えた式に対応している．

回転運動に関しては，回転定数 B は分子の慣性モーメント I を用いて

$$B = \frac{\hbar^2}{2I}$$

と表される．二原子分子の慣性モーメント I は換算質量 μ により，$I = \mu r^2$ で与えられる．ここで，換算質量 μ は二原子の質量を m_1，m_2 とすると，$\mu = m_1 m_2 / (m_1 + m_2)$ である．r は二原子の原子間距離である．分子の回転スペクトルから回転定数 B の値が求められ，その値から分子の慣性モーメントが決まり，この値から原子間距離が計算できる．

振動運動に関しては，分子の振動数 ν は，分子の結合の力の定数 k と換算質量 μ により

$$\nu = \frac{1}{2\pi} \sqrt{\frac{k}{\mu}}$$

で与えられる．分子の振動準位間の遷移は赤外スペクトルとして観測されるので，そのデータから分子の結合の力の定数 k が計算される．

振動準位の遷移や回転準位の遷移が起こる条件は，選択律とよばれている．また，二つの原子が異なる異核二原子分子では，振動状態の遷移が起こる間に回転状態の遷移も起こることが観測されている．

第4章
水素原子と多電子原子

　この章では，原子の中で最も簡単な電子を1個だけもつ水素原子と水素類似原子 (hydrogen-like atom) を扱う．Schrödinger 方程式を解くのは，かなり複雑なのでここでは簡単に解法の手順と得られる解について説明する．得られた1電子に対する固有関数（1電子波動関数）は原子軌道（atomic orbital）とよばれ，多電子原子や分子の電子の状態を議論する際に非常によく使用される．その原子軌道を定性的に理解する上で必要な原子軌道の表示についても説明する．章の後半で，多電子原子の定性的な電子構造を理解するために用いられる構成原理を説明し，元素の周期律についても簡単に触れる．

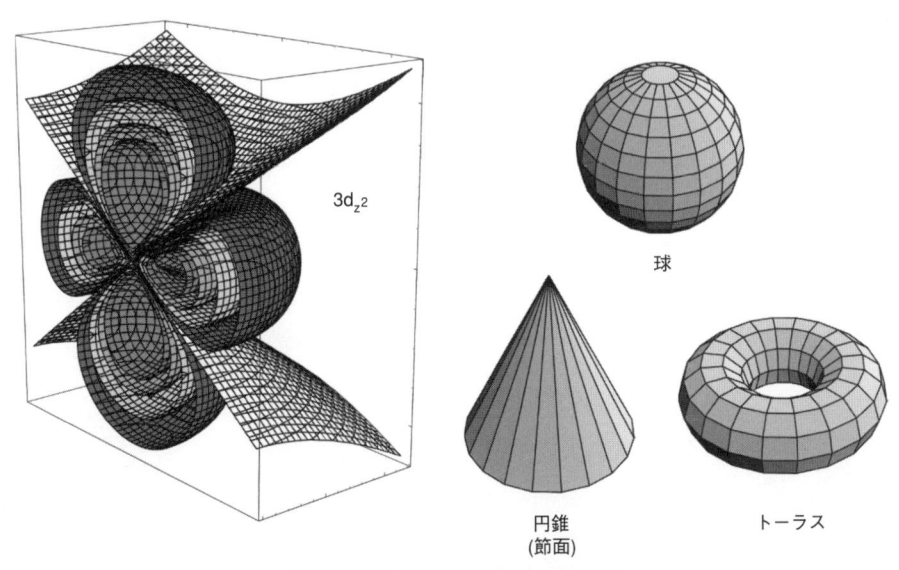

確率密度の等値曲面表示と多面体

第4章 水素原子と多電子原子

4-1 水素原子

水素原子以外の原子で電子1個だけをもつ陽イオン原子を水素類似原子とよんでいる．電子1個の原子の電子の振る舞いは，核の質量が電子の質量よりかなり大きいので，核の位置は固定されているとして取り扱って良いことが知られている．この近似を**ボルン・オッペンハイマー近似**（Born-Oppenheimer approximation）という．

4-1-1 原子軌道

水素原子および水素類似原子の電子に対する Schrödinger 方程式は，核の運動を考えなければ次式で与えられる．

$$\left[-\frac{\hbar^2}{2\mu}\hat{\Delta} - \frac{Ze^2}{4\pi\epsilon_0 r} \right]\Psi = E\Psi \tag{4・1}$$

ここで，μ は換算質量(1-4節)，$\hat{\Delta}$ はラプラシアン，Ze は核の電荷であり，左辺 [ ] のハミルトン演算子の第1項が運動エネルギー演算子，第2項が電子と核のクーロンポテンシャルである．この方程式の解析的な解は求められているが，解法はかなり面倒なのでここでは，解き方の方針を簡単に説明することにする．最初に方程式全体を極座標に変換すると次式が得られる．(付録 C-3 参照)

$$-\frac{\hbar^2}{2\mu}\left[\frac{1}{r^2}\frac{\partial}{\partial r}\left(r^2\frac{\partial}{\partial r}\right) + \frac{1}{r^2\sin\theta}\frac{\partial}{\partial \theta}\left(\sin\theta\frac{\partial}{\partial \theta}\right) + \frac{1}{r^2\sin^2\theta}\frac{\partial^2}{\partial \phi^2} \right]\Psi - \frac{Ze^2}{4\pi\epsilon_0 r}\Psi = E\Psi \tag{4・2}$$

両辺に r^2 を掛けて整理すると，方程式は変数 r と変数 (θ, ϕ) に依存する部分の和として書ける．したがって変数分離の方法で解くことができる．それぞれの変数に対する関数を $R(r)$，$S(\theta, \phi)$ とすると，R，S に対する方程式は次のようになる．

$$\frac{r^2}{R}\frac{d^2R}{dr^2} + \frac{2r}{R}\frac{dR}{dr} + \frac{2\mu}{\hbar^2}r^2\left(E + \frac{Ze^2}{4\pi\epsilon_0 r}\right) - \alpha = 0 \tag{4・3}$$

$$-\hbar^2\left[\frac{1}{\sin\theta}\frac{\partial}{\partial \theta}\left(\sin\theta\frac{\partial}{\partial \theta}\right) + \frac{1}{\sin^2\theta}\frac{\partial^2}{\partial \phi^2}\right]S = \hbar^2\alpha S \tag{4・4}$$

ここで，変数 (θ, ϕ) の方程式(4・4)の解 S は，$\alpha = \ell(\ell+1)$ であれば角運動量二乗の演算子の固有関数，つまり球面調和関数 $Y_{\ell m}(\theta, \phi)$ で与えられる．ここで ℓ と m は量子数で，S が微分方程式の解であり，波動関数としての条件を満たすために特定の値しか取れない．球面調和関数 $Y_{\ell m}$ と $Y_{\ell' m'}$ との間には次式が成立している．下の式の $\delta_{\ell\ell'}$ は，クロネッカー（Kronecker）のデルタとよばれ，$\ell = \ell'$ のとき 1 で，$\ell \neq \ell'$ のとき 0 を表す記号である．

$$\int_0^\pi \int_0^{2\pi} Y^*_{\ell m}(\theta, \phi)\, Y_{\ell' m'}(\theta, \phi) \sin\theta\, d\theta d\phi = \delta_{\ell\ell'}\delta_{mm'} \quad (0 \leq \theta \leq \pi,\ 0 \leq \phi \leq 2\pi) \tag{4・5}$$

球面調和関数 $Y_{\ell m}(\theta, \phi)$ の具体的な式を次に示す．

$$Y_{0,0} = \frac{1}{2\sqrt{\pi}} \qquad\qquad Y_{1,0} = \frac{1}{2}\sqrt{\frac{3}{\pi}}\cos\theta \tag{4・6}$$

$$Y_{1,\pm 1} = \frac{1}{2}\sqrt{\frac{3}{2\pi}}\sin\theta \cdot e^{\pm i\phi} \qquad Y_{2,0} = \frac{1}{4}\sqrt{\frac{5}{\pi}}(3\cos^2\theta - 1) \tag{4・7}$$

$$Y_{2,\pm 1} = \frac{1}{2}\sqrt{\frac{15}{2\pi}}\sin\theta\cos\theta \cdot e^{\pm i\phi} \quad Y_{2,\pm 2} = \frac{1}{4}\sqrt{\frac{15}{2\pi}}\sin^2\theta \cdot e^{\pm 2i\phi} \tag{4・8}$$

一方，変数 r の微分方程式(4・3)は，さらに変数の変換を行うと最終的に一種のラゲールの陪

方程式に帰着される．この方程式の解はラゲールの陪多項式 $R_{n\ell}(r)$ で与えられる．ここで，n も量子数であり，方程式の解が波動関数としての条件を満たすために取り得る値も制約される．ラゲールの陪多項式 $R_{n\ell}$ と $R_{n'\ell}$ との間に次の関係が成り立つ．

$$\int_0^\infty R^*_{n\ell}(r) R_{n'\ell}(r) r^2 \, dr = \delta_{nn'} \quad (0 \leq r \leq \infty) \tag{4・9}$$

ラゲールの陪多項式 $R_{n\ell}$ の具体的な多項式を次に示す．ここで，$\rho = 2Zr/(na_0)$，a_0：ボーア半径である．

$$R_{10} = 2\left(\frac{Z}{a_0}\right)^{3/2} e^{-\rho/2} \qquad R_{20} = \frac{1}{2\sqrt{2}}\left(\frac{Z}{a_0}\right)^{3/2}(2-\rho)e^{-\rho/2} \tag{4・10}$$

$$R_{21} = \frac{1}{2\sqrt{6}}\left(\frac{Z}{a_0}\right)^{3/2} \rho e^{-\rho/2} \qquad R_{30} = \frac{2}{81\sqrt{3}}\left(\frac{Z}{a_0}\right)^{3/2}(27 - 18\rho + 2\rho^2)e^{-\rho/2} \tag{4・11}$$

$$R_{31} = \frac{4}{81\sqrt{6}}\left(\frac{Z}{a_0}\right)^{3/2}(6\rho - \rho^2)e^{-\rho/2} \qquad R_{32} = \frac{4}{81\sqrt{30}}\left(\frac{Z}{a_0}\right)^{3/2}\rho^2 e^{-\rho/2} \tag{4・12}$$

以上の解法により得られる結果をまとめると次のようになる．

固有関数

$$\Psi(r,\theta,\phi) = R_{n\ell}(r) Y_{\ell m}(\theta,\phi) \tag{4・13}$$

固有エネルギー

$$E_n = -\frac{Z^2 \mu e^4}{8\epsilon_0^2 h^2}\frac{1}{n^2} \tag{4・14}$$

主量子数　　$n = 1, 2, 3, \cdots$
方位量子数　$\ell = 0, 1, 2, \cdots, n-1$
磁気量子数　$m = -\ell, -\ell+1, \cdots, \ell-1, \ell$ ($2\ell+1$個)

三つの量子数の一組の組み合わせに対して原子軌道の名称が与えられる．まず，方位量子数 (azimuthal angular quantum number) ℓ の値に対して軌道の記号が付けられる．$\ell = 0, 1, 2, 3, 4, \cdots$ に対して記号は，s, p, d, f, g, $\cdots$ となっている（最初の 4 つの記号 s, p, d, f は，原子スペクトル線の特徴を表わす sharp, principal, diffuse, fundamental という用語の頭文字になっている．f 以降はアルファベット順に記号がつけられている．ただし，j は使用しない）．この記号の前に，主量子数 (principal quantum number) n の値を書き，さらに記号の右下に磁気量子数 (magnetic quantum number) m の値を付ける．ただし，$\ell = 0$(s) の場合には，$m = 0$ しかないので m の値は省略する．

主量子数 n の値に対して，殻の名称が付けられている．$n = 1, 2, 3, 4$ に対してそれぞれ K 殻，L 殻，M 殻，N 殻となっている．それぞれの殻を占めることができる電子の数は，与えられた主量子数 n に対して可能なすべての方位量子数 ℓ と磁気量子数 m の組み合わせの数，つまり可能な原子軌道の数の 2 倍（各原子軌道には，最大 2 個の電子が占めることができる）である．主量子数 n に対して，可能な組み合わせの総数は

$$\sum_{\ell=0}^{n-1}(2\ell+1) = 2\sum_{\ell=0}^{n-1}\ell + \sum_{\ell=0}^{n-1}1 = 2\sum_{\ell=1}^{n-1}\ell + n = 2\frac{(n-1)n}{2} + n = n^2$$

となる．したがって，それぞれの殻に入りえる電子の最大数は，$2n^2$ である．

第4章 水素原子と多電子原子

水素類似原子の固有関数 $\Psi(r,\theta,\phi) = R_{n\ell}(r)\,Y_{\ell m}(\theta,\phi)$ で，動径部分の $R_{n\ell}(r)$ は実関数である．しかし，角度部分の $Y_{\ell m}(\theta,\phi)$ は $m=0$ のとき実関数であるが，$m\neq 0$ の場合虚数部分を含んでいる．$m\neq 0$ に対しては，角度部分を実数化した次の関数が用いられることが多い．

$$\frac{1}{\sqrt{2}}(Y_{\ell,m}+Y_{\ell,-m}),\qquad \frac{1}{\sqrt{2}\,i}(Y_{\ell,m}-Y_{\ell,-m})$$

これらの実数化された関数を表示するのに，m の値の代わりに角度部分を極座標と直交座標の関係

$$\begin{cases} x = r\sin\theta\cos\phi & \Rightarrow \sin\theta\cos\phi = x/r \\ y = r\sin\theta\sin\phi & \Rightarrow \sin\theta\sin\phi = y/r \\ z = r\cos\theta & \Rightarrow \cos\theta = z/r \end{cases}$$

を利用して，直交座標 x,y,z を用いて原子軌道を表す記号が使用される（$m=0$ の場合も含めて）．次に，球面調和関数 $Y_{\ell,m}$ で，いくつかの例を示す．ここでは，係数部分は単に A_i で表している．

$$Y_{1,0} = A_1\cos\theta = A_1\frac{z}{r} = Y_{\mathrm{p}z} \tag{4・15}$$

$$\frac{1}{\sqrt{2}}(Y_{1,1}+Y_{1,-1}) = A_2\sin\theta\cos\phi = A_2\frac{x}{r} = Y_{\mathrm{p}x} \tag{4・16}$$

$$\frac{1}{\sqrt{2}\,i}(Y_{1,1}-Y_{1,-1}) = A_3\sin\theta\sin\phi = A_3\frac{y}{r} = Y_{\mathrm{p}y} \tag{4・17}$$

$$Y_{2,0} = A_4(3\cos^2\theta-1) = A_4\left(\frac{3z^2}{r^2}-1\right) = Y_{\mathrm{d}z^2} \tag{4・18}$$

$$\frac{1}{\sqrt{2}}(Y_{2,1}+Y_{2,-1}) = A_5\sin 2\theta\cos\phi = A_5\frac{2zx}{r^2} = Y_{\mathrm{d}zx} \tag{4・19}$$

$$\frac{1}{\sqrt{2}\,i}(Y_{2,1}-Y_{2,-1}) = A_6\sin 2\theta\sin\phi = A_6\frac{2yz}{r^2} = Y_{\mathrm{d}yz} \tag{4・20}$$

$$\frac{1}{\sqrt{2}}(Y_{2,2}+Y_{2,-2}) = A_7\sin^2\theta\cos 2\phi = A_7\frac{x^2-y^2}{r^2} = Y_{\mathrm{d}x^2-y^2} \tag{4・21}$$

$$\frac{1}{\sqrt{2}\,i}(Y_{2,2}-Y_{2,-2}) = A_8\sin^2\theta\sin 2\phi = A_8\frac{2xy}{r^2} = Y_{\mathrm{d}xy} \tag{4・22}$$

次に，表4・1に三つの量子数の組と対応する原子軌道の名称を，主量子数 n が 1, 2, 3 の場合について示す．

表 4・1 量子数の組合せと原子軌道の名称

主量子数 n	1	2				3								
方位量子数 ℓ	0	0	1			0	1			2				
磁気量子数 m	0	0	-1	0	1	0	-1	0	1	-2	-1	0	1	2
軌道の名称	1s	2s	$2\mathrm{p}_{-1}$	$2\mathrm{p}_0$	$2\mathrm{p}_1$	3s	$3\mathrm{p}_{-1}$	$3\mathrm{p}_0$	$3\mathrm{p}_1$	$3\mathrm{d}_{-2}$	$3\mathrm{d}_{-1}$	$3\mathrm{d}_0$	$3\mathrm{d}_1$	$3\mathrm{d}_2$

最後に，三つの量子数の組に対応した実数化された原子軌道の名称，および軌道関数を示す．ここで，$\rho = 2Zr/(na_0)$，a_0：ボーア半径とする．

n	ℓ	m	原子軌道	波動関数
1	0	0	1s	$\dfrac{1}{\sqrt{\pi}}\left(\dfrac{Z}{a_0}\right)^{3/2} e^{-\rho/2}$
2	0	0	2s	$\dfrac{1}{4\sqrt{2\pi}}\left(\dfrac{Z}{a_0}\right)^{3/2} (2-\rho) e^{-\rho/2}$
2	1	0	$2\mathrm{p}_z (2\mathrm{p}_0)$	$\dfrac{1}{4\sqrt{2\pi}}\left(\dfrac{Z}{a_0}\right)^{3/2} \rho e^{-\rho/2} \cos\theta$
2	1	±1	$2\mathrm{p}_x$	$\dfrac{1}{4\sqrt{2\pi}}\left(\dfrac{Z}{a_0}\right)^{3/2} \rho e^{-\rho/2} \sin\theta \cos\phi$
			$2\mathrm{p}_y$	$\dfrac{1}{4\sqrt{2\pi}}\left(\dfrac{Z}{a_0}\right)^{3/2} \rho e^{-\rho/2} \sin\theta \sin\phi$
3	0	0	3s	$\dfrac{1}{18\sqrt{3\pi}}\left(\dfrac{Z}{a_0}\right)^{3/2} (6 - 6\rho + \rho^2) e^{-\rho/2}$
3	1	0	$3\mathrm{p}_z (3\mathrm{p}_0)$	$\dfrac{1}{18\sqrt{2\pi}}\left(\dfrac{Z}{a_0}\right)^{3/2} (4\rho - \rho^2) e^{-\rho/2} \cos\theta$
3	1	±1	$3\mathrm{p}_x$	$\dfrac{1}{18\sqrt{2\pi}}\left(\dfrac{Z}{a_0}\right)^{3/2} (4\rho - \rho^2) e^{-\rho/2} \sin\theta \cos\phi$
			$3\mathrm{p}_y$	$\dfrac{1}{18\sqrt{2\pi}}\left(\dfrac{Z}{a_0}\right)^{3/2} (4\rho - \rho^2) e^{-\rho/2} \sin\theta \sin\phi$
3	2	0	$3\mathrm{d}_{z^2} (3\mathrm{d}_0)$	$\dfrac{1}{36\sqrt{2\pi}}\left(\dfrac{Z}{a_0}\right)^{3/2} \rho^2 e^{-\rho/2} \dfrac{1}{\sqrt{3}} (3\cos^2\theta - 1)$
3	2	±1	$3\mathrm{d}_{zx}$	$\dfrac{1}{36\sqrt{2\pi}}\left(\dfrac{Z}{a_0}\right)^{3/2} \rho^2 e^{-\rho/2} \sin 2\theta \cos\phi$
			$3\mathrm{d}_{yz}$	$\dfrac{1}{36\sqrt{2\pi}}\left(\dfrac{Z}{a_0}\right)^{3/2} \rho^2 e^{-\rho/2} \sin 2\theta \sin\phi$
3	2	±2	$3\mathrm{d}_{x^2-y^2}$	$\dfrac{1}{36\sqrt{2\pi}}\left(\dfrac{Z}{a_0}\right)^{3/2} \rho^2 e^{-\rho/2} \sin^2\theta \cos 2\phi$
			$3\mathrm{d}_{xy}$	$\dfrac{1}{36\sqrt{2\pi}}\left(\dfrac{Z}{a_0}\right)^{3/2} \rho^2 e^{-\rho/2} \sin^2\theta \sin 2\phi$

4-1-2 原子軌道の表示

水素類似原子の原子軌道は，三つの変数 r, θ, ϕ の関数になっている．一般に，三変数の関数を表示するには，種々の工夫が必要となる．したがって，原子軌道を図示するのは大変面倒である．一つの表示で完璧に描けるわけではなく種々の表示を用いて原子軌道を把握する必要がある．代表的な方法を簡単に説明する．詳しくは文献を参照のこと．

(1) 動径分布関数

よく用いられる方法で，核から r の距離で電子を見出す確率密度（確率分布関数）を表示する方法．**動径分布関数**（radial distribution function） $P(r)$ は，次式で与えられる．

$$P(r) = r^2 R_{n\ell}^2(r)$$

図 4·1 に代表的な例を示す．1s 軌道の動径分布関数を少し調べてみよう．1s 軌道は，$Z = 1$, $n = 1$ とすれば

$$R_{10} = 2\left(\dfrac{1}{a_0}\right)^{3/2} e^{-\frac{r}{a_0}} = A e^{-\frac{r}{a_0}} \tag{4·23}$$

となる．したがって，動径分布関数は

$$P(r) = A^2 r^2 e^{-\frac{2r}{a_0}} \tag{4・24}$$

である．r で微分すると

$$\frac{dP(r)}{dr} = 2A^2 r\left(1 - \frac{r}{a_0}\right) e^{-\frac{2r}{a_0}} \tag{4・25}$$

となり，$r = a_0$ で極値をもつ．関数の増減を調べて，最終的に，$r = a_0$ で動径分布関数は最大値をとることがわかる．つまり，核からの距離がボーア半径の位置で電子を見つける確率が最大になることを意味している．このことは，ボーアの水素原子モデルでエネルギーが一番低い状態の円軌道の半径がボーア半径であることに対応している．

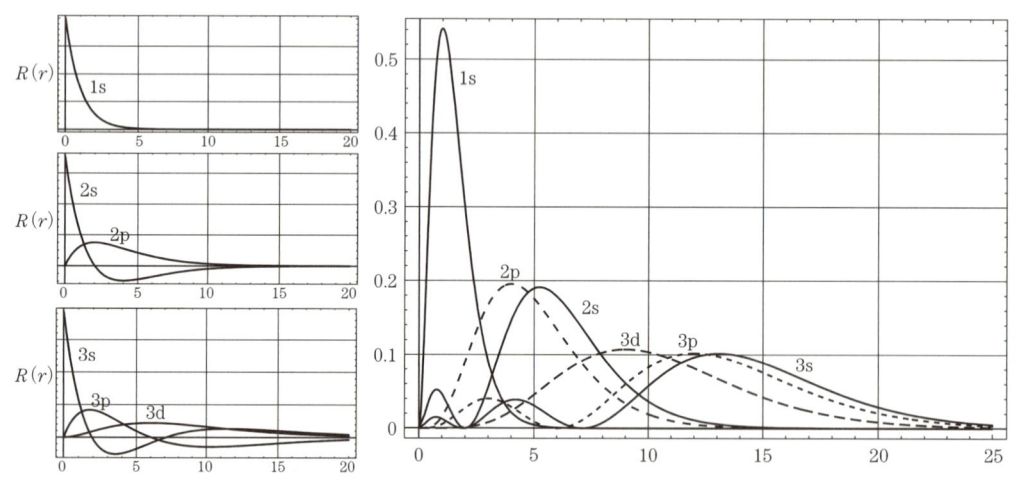

図 4・1 動径関数と動径分布関数（横軸はボーア半径（a_0）単位）

(2) 電子雲表示

確率密度を点の数の濃淡で表示する方法．直感的に原子の電子を理解するのには適している．例を図 4・2 に示す．

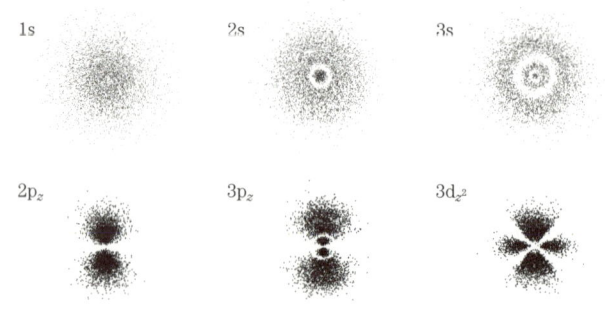

図 4・2 電子雲表示

(3) 角度依存性表示（球面調和関数の表示）

原子軌道を表示するのに一番よく使われる方法．文字通り原子軌道の角度部分（球面調和関数）を表示する方法で，θ, ϕ 方向で原点からの距離が $|Y(\theta, \phi)|$ となる点の曲面を表示している．図 4・3 に例を示す．くれぐれも電子がこれらの形の内部に存在すると考えないように，これはあくまでも軌道の方向性を示している．また，この表示では角度部分だけを表示しているの

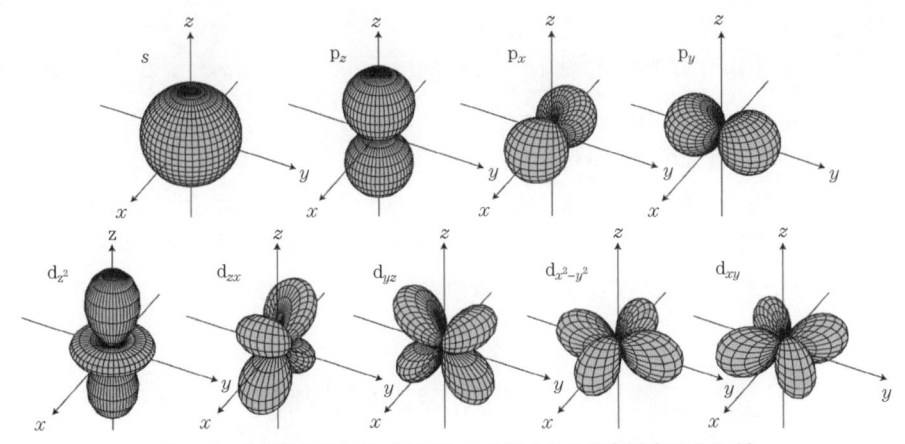

図 4・3 角度依存性表示（56頁にf軌道の角度依存性表示を示す）

で，例えば，1s, 2s, 3s や 2p, 3p の区別はつけられない．

(4) 等高線表示と等値曲面表示

原子軌道のある面上での確率密度を等高線で表示する方法(図 4・4)．同じ確率密度の値をもつ面を表示する等値曲面表示も同様の方法としてある．

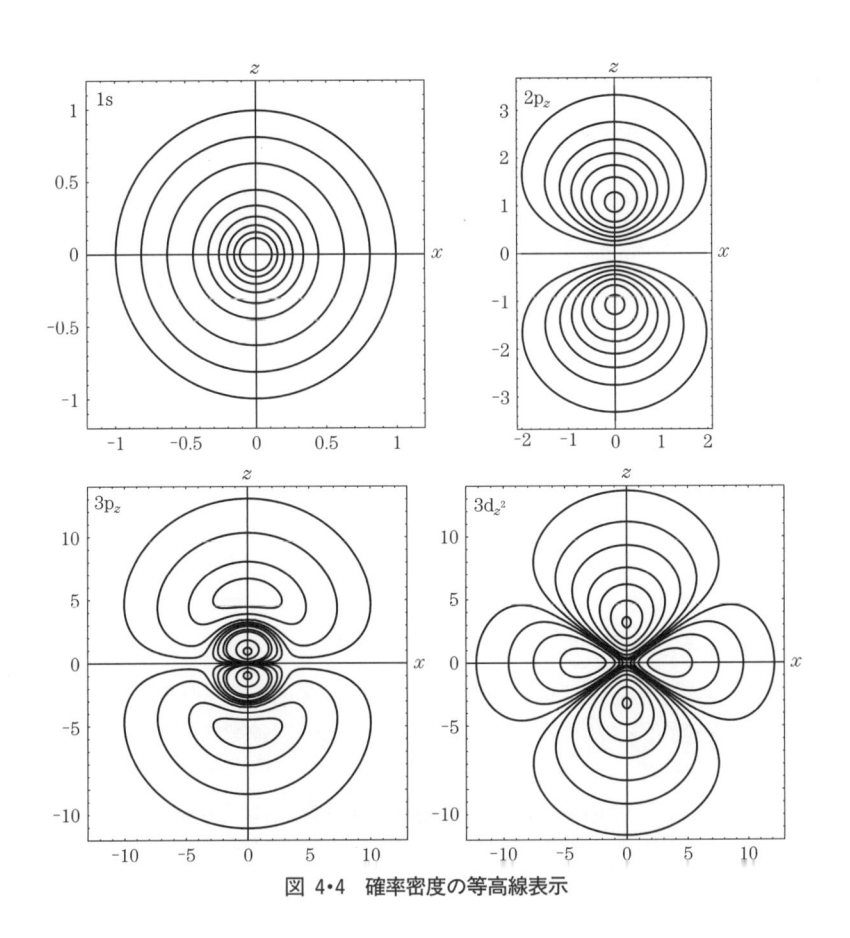

図 4・4 確率密度の等高線表示

(5) 関数値表示

ある平面，例えば xy 平面上の点における実数化した軌道関数の値の二乗を z 方向にとり，その点がつくる曲面を表示する方法．（図 4·5）

一般に，固有関数の符号が変わる場合として，一次元系では節（node）が，二次元系では節線（nodal line）が存在した．三次元系では，対応するものとして節面（nodal plane）がある．水素類似原子の固有関数には主量子数 $n-1$ の節面が存在している．表示法によって節面の現れ方が違っているが，その点に注目してそれぞれの表示法を見直してみると興味深い．

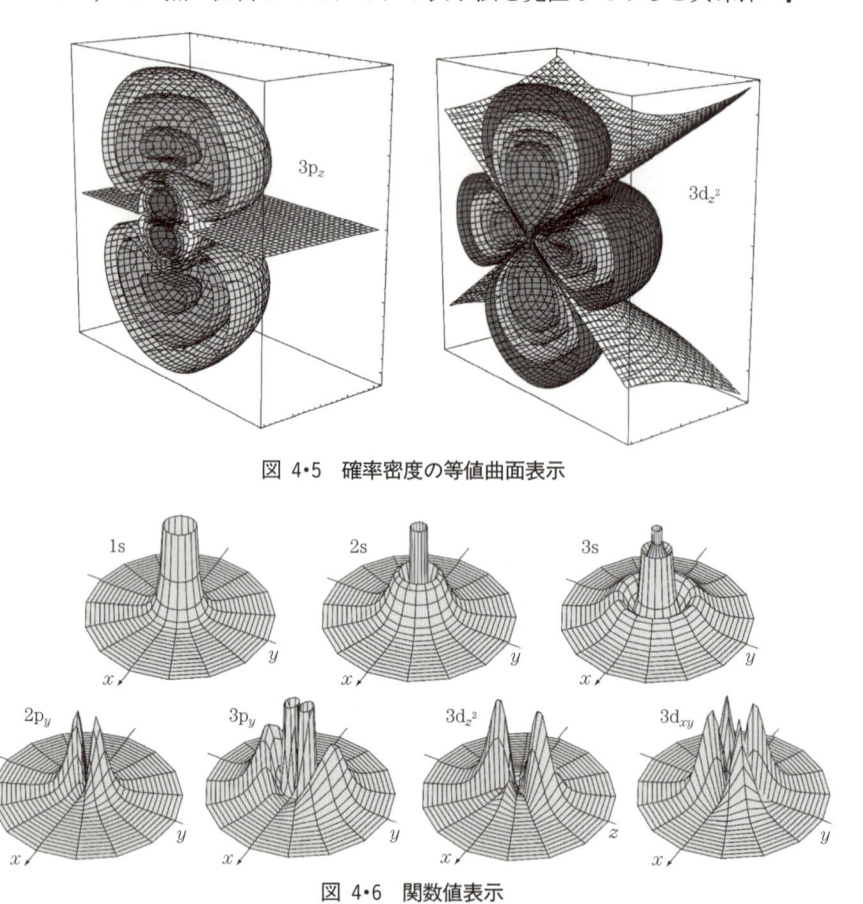

図 4·5 確率密度の等値曲面表示

図 4·6 関数値表示

4-2 多電子原子

4-2-1 構成原理

水素類似原子以外の多電子原子では，電子間の相互作用があるために Schrödinger 方程式を，もはや解析的に解くことはできず，近似的方法を用いて解を求めなければならない．ただし，多電子原子の電子構造を定性的に理解するためには，水素類似原子で得られた軌道をもとにして取り扱うことが可能である．

水素類似原子に電子を次々に加えていくと，電子の入る軌道は，内側の電子の遮蔽とその軌道の内側への浸透の度合の効果により，もとの軌道から変化する．これらの二つの効果を実際に核から受ける有効核電荷という量を考えて取り扱うことができる．軌道のエネルギー準位の順序は

有効核電荷を考慮して次のようになる．図 4・7 にエネルギー準位の変化を模式的に示す．
$$1s < 2s < 2p < 3s < 3p < 4s < 3d < 4p < \cdots$$

多電子原子の基底状態の電子状態を定性的に考える場合には，上の軌道のエネルギー準位を用いる．さらに，電子には，電子の自転に対応すると考えられるスピンが存在し，向きの異なる α スピン（記号では，↑）と β スピン（↓）の二つの状態が存在することが知られている．原子の軌道に電子を配置するには，次の原理にしたがって軌道に電子をつめていけばほぼよいことが知られている．この原理は構成原理（Aufbau principle）とよばれている．

> (1) 電子はできるだけ低いエネルギー準位の軌道に入る．
> (2) 2 個より多くの電子が軌道を占めることはできず，もし 2 個の電子が占める場合にはそのスピンの向きは反対（↑↓）でなければならない．（パウリ（Pauli）の原理）
> (3) 電子が同じ ℓ 準位の軌道に入る場合には，許される限り m の異なる準位にスピンを平行（↑↑）にして入る．（フント（Hund）の規則）

多電子原子の種々の原子軌道のエネルギーが原子番号の増加に伴ってどのように変化するかということは，異なる原子から構成される二原子分子（異核二原子分子）などを扱う際に重要となる．図 4・8 に 1s，2s，2p，3s，3p，4s，3d，4p 軌道の軌道エネルギーの原子番号依存性を示す．

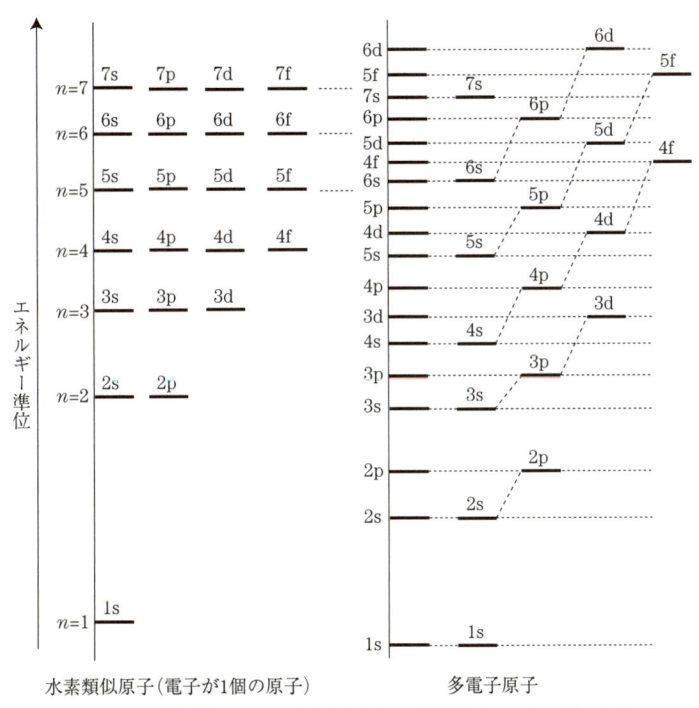

図 4・7　水素類似原子と多電子原子の模式的なエネルギー準位

4-2-2　周 期 律

元素の基底状態の電子配置（electronic configuration）を表 4・2 に示す．一部構成原理から外れる配置が存在するが，それは，主量子数 n が大きくなりエネルギー準位が接近してくることにより，電子配置によっては微妙にエネルギー差が生じ，構成原理にしたがわないよりエネル

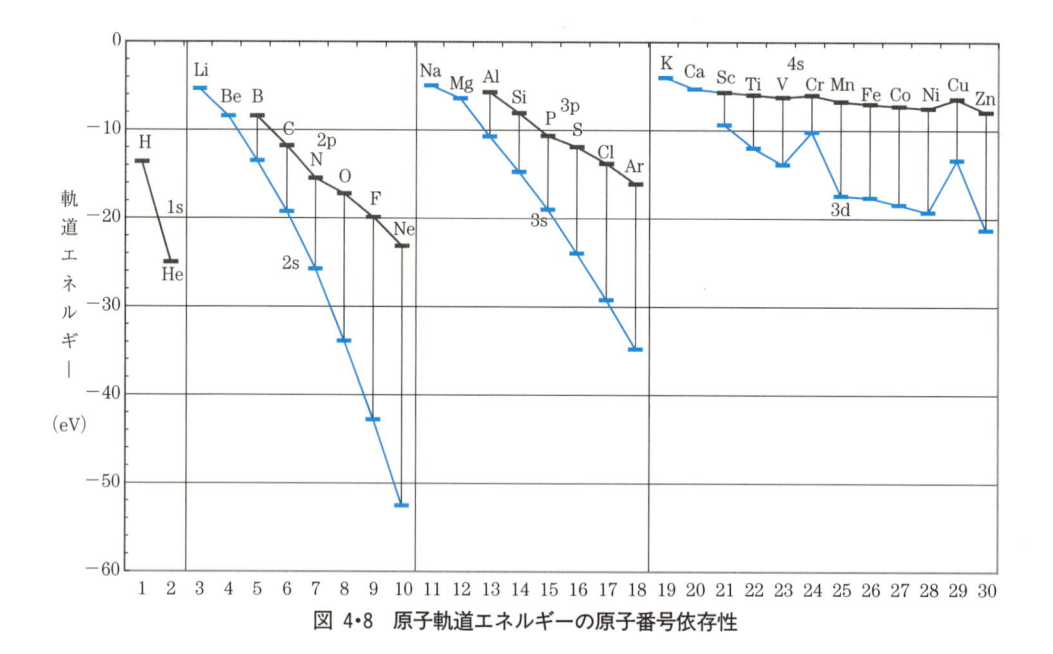

図 4・8 原子軌道エネルギーの原子番号依存性

ギーが低い配置が存在するからと考えられる．原子の外側の電子配置が原子番号と共に周期的に変化していることがわかる．化学結合にあずかる電子は外側の電子（最外殻の電子（価電子））であるから，元素の性質も周期的に変化する．これが元素の周期律（periodic law）である．元素は次の典型元素（main group element）と遷移元素（transition element）にわけられる．

○ 典型元素

典型的な周期性を示す元素という意味．最外殻の電子（価電子）の数が原子番号の増加とともに次第に増すので，はっきりした周期性を示す．周期表（periodic table）の両側にある．（第1, 2, 12〜18族の元素）

○ 遷移元素

典型元素以外の元素．遷移元素では内側の軌道に電子が入るので最外殻の電子（価電子）の数は1個か2個で変化しない．そのために周期性がはっきりしない．周期表の中央部にある．（第3〜11族の元素）

次に元素の周期表を簡単に説明する．元素記号の左下の数字は原子番号である．

第1周期（$_1$H − $_2$He）

$_1$H では 1s 軌道に 1 個の電子が入り，$_2$He で $1s^2$ となり $n = 1$ の K 殻が満たされる．

第2周期（$_3$Li − $_{10}$Ne）

始めに 2s 軌道に，次に 2p 軌道に電子が入っていく．$_{10}$Ne で $2s^22p^6$ となり $n = 2$ の L 殻がすべて満たされる．

第3周期（$_{11}$Na − $_{18}$Ar）

3s, 3p 軌道を電子が占める．電子配置は第2周期と同様．

第4周期（$_{19}$K − $_{36}$Kr）

$_{20}$Ca でまず 4s 軌道が満たされた後，$_{21}$Sc から $_{23}$V まで 3d 軌道を 1 個ずつ電子が占め $4s^23d^3$ となる．次の $_{24}$Cr の電子配置は $4s^23d^4$ ではなく $4s^13d^5$ である．これは 4s 軌道と 3d 軌道のエネ

ギーが近いため順序が逆になる例で，$_{29}$Cu でも見られる．$_{30}$Zn，$4s^2 3d^{10}$ で 4s 軌道および 3d 軌道が満員となった後で，4p 軌道を電子が順次占め $_{36}$Kr でこの周期が終わる．$_{21}$Sc － $_{29}$Cu の各元素を第一遷移元素という．

第 5 周期（$_{37}$Rb － $_{54}$Xe）

第 4 周期と同様に 5s，4d，5p 軌道に電子が入る．$_{39}$Y から $_{47}$Ag までが第二遷移元素である．

第 6 周期（$_{55}$Cs － $_{86}$Rn）

$_{58}$Ce から 4f 軌道に電子が入る．$_{57}$La から $_{71}$Lu までの元素は化学的性質がよく似ており，ランタノイドまたは希土類元素とよばれる．これは 4f 軌道が 6s 軌道や 5d 軌道より内部にあるため，4f 軌道を満たしていく過程で外側の電子の存在確率分布がほとんど変化しないためである．$_{57}$La － $_{79}$Au の各元素が第三遷移元素である．

第 7 周期（$_{87}$Fr － $_{112}$Cn）

$_{91}$Pa から 5f 軌道を電子が占める．$_{89}$Ac － $_{103}$Lr がアクチノイドである．$_{93}$Np から $_{112}$Cn までの元素は超ウラン元素とよばれる．これらの元素は寿命が短いため天然には存在せず，重い原子核に中性子を衝突させることにより得られる．

元素の性質が周期性を示す例として，次のイオン化エネルギー（ionization energy）と電子親和力（electron affinity）を調べてみる．

◎ イオン化エネルギー（イオン化ポテンシャル）

原子から最外殻にある電子を一個取り除くのに必要なエネルギー．最初の電子を取り去るのに必要なエネルギーを第一イオン化エネルギー，二つ目の電子を取り去るのに必要なエネルギーを第二イオン化エネルギーという．イオン化エネルギーの大きさは，電子がどれほど堅くその軌道に束縛されているかを測る目安になる．

第一イオン化エネルギーには周期性があり，同一周期内では原子番号とともに増加し，第 18 族の希ガス元素で極大値となる．一部電子配置によって減少することもある．典型元素では，周期ごとに同じパターンを繰り返す．また，周期の増加とともに値は減少する傾向にある．一方，遷移元素では典型元素のような同一パターンの繰り返しではなく，原子番号によらずほぼ一定でなだらかな変化になっている．第 18 族の元素（希ガス，不活性ガス）のイオン化エネルギーが特に大きく，ヘリウムの電子配置 $2s^2$ とその他の元素の電子配置 $ns^2 np^6$ が安定な電子配置であることを示している．したがって，他の元素もこの第 18 族の電子配置をとろうとする傾向があ

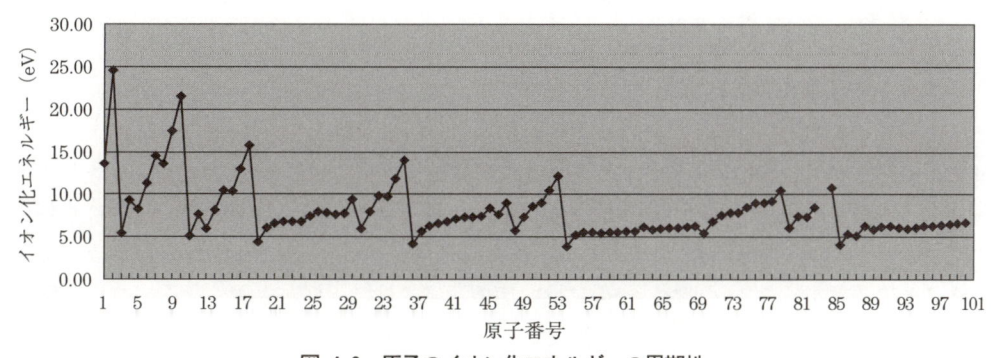

図 4・9 原子のイオン化エネルギーの周期性

第4章 水素原子と多電子原子

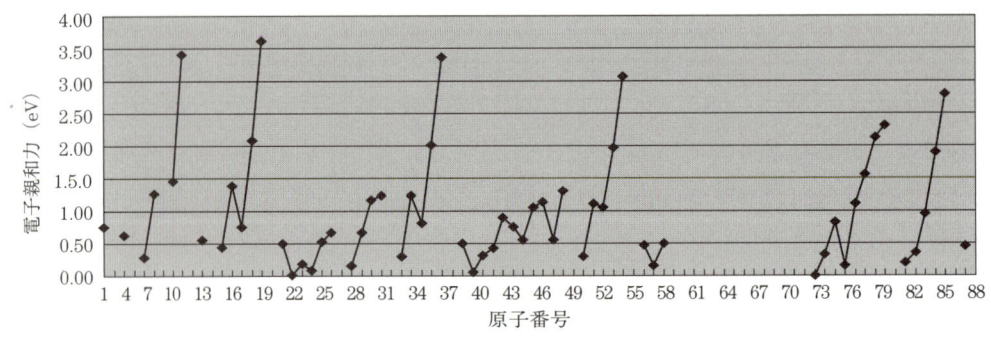

図 4·10 原子の電子親和力の周期性

る．(例 Na → Na$^+$，Cl → Cl$^-$)

◎ **電子親和力**

原子に電子1個を加える際に生じるエネルギー．電子親和力にもイオン化エネルギーの場合のように第一，第二，… 電子親和力がある．

電子親和力にも周期性があり，同一周期内では原子番号とともに増加し，第17族のハロゲン元素で極大となり，第18族の希ガス元素で極小となる．

[補足説明]

◎ **軌道 (orbital)**：電子が入る一電子波動関数を軌道とよんでいる．

◎ **電子配置 (electronic configuration)**：軌道に電子が何個入っているかを示したもの．電子の個数だけを示す方式，電子のスピンの向きも示す方式などがある．

◎ **殻 (shell)**：主量子数 n が一定の軌道をまとめて殻とよび，$n = 1, 2, 3, 4, \cdots$に対応して K，L，M，N，…殻という．

◎ **副殻 (sub shell)**：主量子数 n と方位量子数 ℓ で指定される $n\ell$ 準位を副殻という．

◎ **閉殻 (closed shell)**：$n\ell$ で指定される副殻が完全に電子で満たされている場合に，これを閉殻という．

◎ **開殻 (open shell)**：副殻が部分的に電子で占有されている場合．

◎ **最外殻 (outer shell)**：電子を収容している殻で，主量子数 n が最大の殻．

◎ **価電子 (valence electron)**：最外殻に入っている電子．ただし，第18族元素については，価電子の数は 0 とする．価電子が原子の化学的性質を左右する．

◎ **イオン (ion)**：中性の原子または原子団が1個または数個の電子を失うか，あるいは得て生じる粒子のことをイオンという．電子を失って生じるイオンを**陽イオン** (cation) といい，電子を得て生じるイオンを**陰イオン** (anion) という．

◎ **原子軌道の広がり**

原子軌道の広がりを，原子核からの距離 r の原子軌道関数による期待値 $\langle r \rangle$ で表すことにする．一電子原子の水素原子では，$\langle r_{2p} \rangle < \langle r_{2s} \rangle$ になるが（図4·1参照），多電子原子である B から Ne までの第2周期元素では，精密な計算によると $\langle r_{2s} \rangle < \langle r_{2p} \rangle$ の順になっていることに注意すること．また，一般に同じ族の元素では，周期が大きくなるにつれて軌道の広がりの差が大きくなる．例えば，C では $\langle r_{2s} \rangle = 1.589$ Å，$\langle r_{2p} \rangle = 1.714$ Å であるのに対

表 4·2　多電子原子の電子配置

Z	元素	電子配置	Z	元素	電子配置
1	H	$1s^1$	53	I	$[Kr]5s^24d^{10}5p^5$
2	He	$1s^2=[He]$	54	Xe	$[Kr]5s^24d^{10}5p^6=[Xe]$
3	Li	$[He]2s^1$	55	Cs	$[Xe]6s^1$
4	Be	$[He]2s^2$	56	Ba	$[Xe]6s^2$
5	B	$[He]2s^22p^1$	57	La	$[Xe]6s^25d^1$
6	C	$[He]2s^22p^2$	58	Ce	$[Xe]6s^24f^15d^1$
7	N	$[He]2s^22p^3$	59	Pr	$[Xe]6s^24f^3$
8	O	$[He]2s^22p^4$	60	Nd	$[Xe]6s^24f^4$
9	F	$[He]2s^22p^5$	61	Pm	$[Xe]6s^24f^5$
10	Ne	$[He]2s^22p^6=[Ne]$	62	Sm	$[Xe]6s^24f^6$
11	Na	$[Ne]3s^1$	63	Eu	$[Xe]6s^24f^7$
12	Mg	$[Ne]3s^2$	64	Gd	$[Xe]6s^24f^75d^1$
13	Al	$[Ne]3s^23p^1$	65	Tb	$[Xe]6s^24f^9$
14	Si	$[Ne]3s^23p^2$	66	Dy	$[Xe]6s^24f^{10}$
15	P	$[Ne]3s^23p^3$	67	Ho	$[Xe]6s^24f^{11}$
16	S	$[Ne]3s^23p^4$	68	Er	$[Xe]6s^24f^{12}$
17	Cl	$[Ne]3s^23p^5$	69	Tm	$[Xe]6s^24f^{13}$
18	Ar	$[Ne]3s^23p^6=[Ar]$	70	Yb	$[Xe]6s^24f^{14}$
19	K	$[Ar]4s^1$	71	Lu	$[Xe]6s^24f^{14}5d^1$
20	Ca	$[Ar]4s^2$	72	Hf	$[Xe]6s^24f^{14}5d^2$
21	Sc	$[Ar]4s^23d^1$	73	Ta	$[Xe]6s^24f^{14}5d^3$
22	Ti	$[Ar]4s^23d^2$	74	W	$[Xe]6s^24f^{14}5d^4$
23	V	$[Ar]4s^23d^3$	75	Re	$[Xe]6s^24f^{14}5d^5$
24	Cr	$[Ar]4s^13d^5$	76	Os	$[Xe]6s^24f^{14}5d^6$
25	Mn	$[Ar]4s^23d^5$	77	Ir	$[Xe]6s^24f^{14}5d^7$
26	Fe	$[Ar]4s^23d^6$	78	Pt	$[Xe]6s^14f^{14}5d^9$
27	Co	$[Ar]4s^23d^7$	79	Au	$[Xe]6s^14f^{14}5d^{10}$
28	Ni	$[Ar]4s^23d^8$	80	Hg	$[Xe]6s^24f^{14}5d^{10}$
29	Cu	$[Ar]4s^13d^{10}$	81	Tl	$[Xe]6s^24f^{14}5d^{10}6p^1$
30	Zn	$[Ar]4s^23d^{10}$	82	Pb	$[Xe]6s^24f^{14}5d^{10}6p^2$
31	Ga	$[Ar]4s^23d^{10}4p^1$	83	Bi	$[Xe]6s^24f^{14}5d^{10}6p^3$
32	Ge	$[Ar]4s^23d^{10}4p^2$	84	Po	$[Xe]6s^24f^{14}5d^{10}6p^4$
33	As	$[Ar]4s^23d^{10}4p^3$	85	At	$[Xe]6s^24f^{14}5d^{10}6p^5$
34	Se	$[Ar]4s^23d^{10}4p^4$	86	Rn	$[Xe]6s^24f^{14}5d^{10}6p^6=[Rn]$
35	Br	$[Ar]4s^23d^{10}4p^5$	87	Fr	$[Rn]7s^1$
36	Kr	$[Ar]4s^23d^{10}4p^6=[Kr]$	88	Ra	$[Rn]7s^2$
37	Rb	$[Kr]5s^1$	89	Ac	$[Rn]7s^26d^1$
38	Sr	$[Kr]5s^2$	90	Th	$[Rn]7s^26d^2$
39	Y	$[Kr]5s^24d^1$	91	Pa	$[Rn]7s^25f^26d^1$
40	Zr	$[Kr]5s^24d^2$	92	U	$[Rn]7s^25f^36d^1$
41	Nb	$[Kr]5s^14d^4$	93	Np	$[Rn]7s^25f^46d^1$
42	Mo	$[Kr]5s^14d^5$	94	Pu	$[Rn]7s^25f^6$
43	Tc	$[Kr]5s^14d^6$	95	Am	$[Rn]7s^25f^7$
44	Ru	$[Kr]5s^14d^7$	96	Cm	$[Rn]7s^25f^76d^1$
45	Rh	$[Kr]5s^14d^8$	97	Bk	$[Rn]7s^25f^86d^1$
46	Pd	$[Kr]4d^{10}$	98	Cf	$[Rn]7s^25f^96d^1$
47	Ag	$[Kr]5s^14d^{10}$	99	Es	$[Rn]7s^25f^{11}$
48	Cd	$[Kr]5s^24d^{10}$	100	Fm	$[Rn]7s^25f^{12}$
49	In	$[Kr]5s^24d^{10}5p^1$	101	Md	$[Rn]7s^25f^{13}$
50	Sn	$[Kr]5s^24d^{10}5p^2$	102	No	$[Rn]7s^25f^{14}$
51	Sb	$[Kr]5s^24d^{10}5p^3$	103	Lr	$[Rn]7s^25f^{14}6d^1$
52	Te	$[Kr]5s^24d^{10}5p^4$			

し，Sn では $\langle r_{5s}\rangle = 2.586$ Å，$\langle r_{5p}\rangle = 3.248$ Å となる．この結果から，第5章3節の混成軌道で，周期が大きくなるにつれて s 軌道と p 軌道の混成がしにくくなるという傾向が理解できる．(C. F. Fischer, *The Hartree-Fock Method for Atoms-A Numerical Approach*, Wiley 1977)

◎ f 軌道の角度依存性表示

図 4・11 に f 軌道の角度依存性表示を示す．座標軸の方向は，p.49 の図 4・3 と同じ．f 軌道の記号は，p.117 の第4章の演習問題の(2)を参照のこと．

$f_{5z^3-3zr^2}$ $f_{5xz^2-xr^2}$ $f_{5yz^2-yr^2}$

$f_{zx^2-zy^2}$ f_{xyz}

$f_{x^3-3xy^2}$ $f_{y^3-3yx^2}$

図 4・11　f 軌道の角度部分表示

第 5 章
分子の電子構造

　この章では，簡単な二原子分子，数個の原子を含む分子および簡単な炭化水素の電子の状態について説明する．方法としては，分子軌道法とよばれる方法を用いる．この考え方はドイツの物理学者フント（F.Hund, 1926），アメリカの化学者・物理学者マリケン（R.S.Mulliken, 1927）らによって導入された．この方法では，分子を構成している原子の原子軌道から分子全体に広がる分子軌道（molecular orbital）を作る．その軌道に電子をつめて分子全体の波動関数を組み立てる．最も簡単な水素分子イオンで分子軌道を概観した後で，二原子分子の定性的な性質について，分子軌道法を用いて解説する（定量的な解説は 8 章で行う）．後半では，多原子分子の形を定性的に考える際によく用いられる混成軌道を説明し，いくつかの分子の形と分子中での原子の結合様式についても触れる．最後に，分子軌道法と別の分子の計算方法である原子価結合法を比較しながら分子軌道法の特徴を説明する．

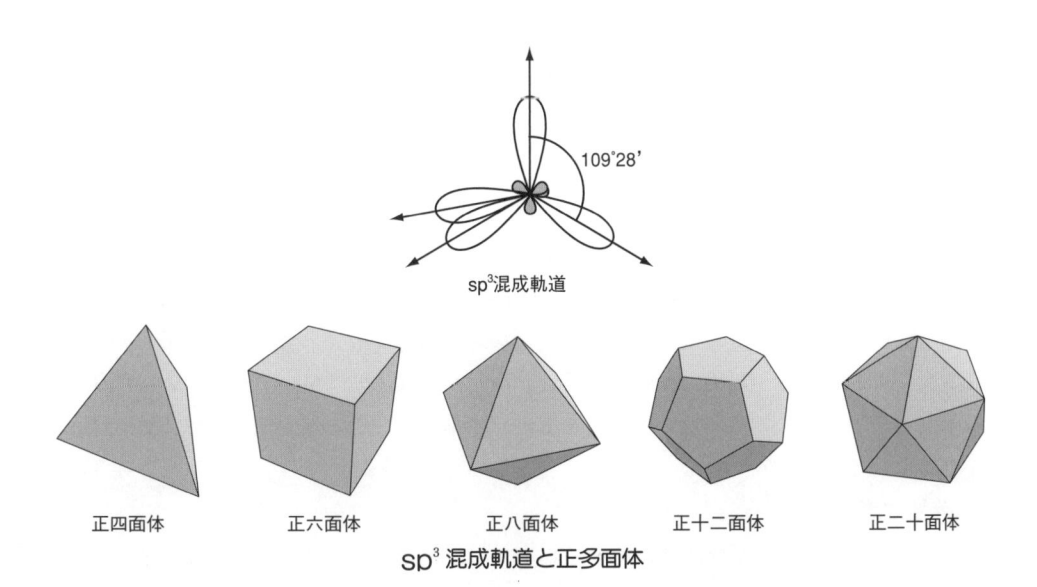

109°28′

sp^{3}混成軌道

正四面体　　正六面体　　正八面体　　正十二面体　　正二十面体

sp^3 混成軌道と正多面体

5-1 水素分子イオン

最も簡単な1電子系である水素分子イオン(H_2^+)について考えてみよう．水素分子イオンは2個の水素原子A，Bと電子1で構成されているとする．図5・1に示すような分子全体に広がった軌道ϕに電子1が属していると考える．この軌道をどのような形で表示するかが課題である．電子1が水素原子Aの近くに存在している場合には，水素原子の一番エネルギーの低い原子軌道χ_Aに属していると考えるのが妥当だといえる．また，電子1が水素原子Bの近くにある場合には同様に水素原子Bの原子軌道χ_Bに属していると考えることができる．したがって，電子1が占める軌道は，原子軌道χ_Aとχ_Bから形成されていると考えて，軌道ϕとしてχ_Aとχ_Bの線形（一次）結合

$$\phi = C_A\chi_A + C_B\chi_B$$

を考える．この軌道が分子軌道とよばれている．また，分子軌道を原子軌道の線形結合で近似する方法を線形結合近似（linear combination of atomic orbitals（LCAO））近似という．

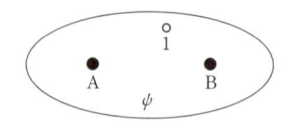

図 5・1 水素分子イオンの分子軌道

この分子軌道を用いて，変分法により分子軌道の軌道エネルギーと対応する分子軌道を決定することができる．計算の結果，元の水素原子の原子軌道のエネルギーよりも低いエネルギーをもった分子軌道とより高いエネルギーをもった分子軌道の二つの分子軌道が生成する．水素分子イオンの一番エネルギーの低い状態では，エネルギーの低い安定な分子軌道に電子が1個入った電子配置をとる．変分法については第7章で説明する．

水素分子イオンは，水素分子の放電中に存在することが知られている．水素分子との相違については，次の二原子分子の水素原子の説明の際に述べる．

5-2 二原子分子

分子軌道法を用いて二原子分子の電子状態を取り扱った結果を定性的に議論する．まず最初に，周期表の第1周期と第2周期の同じ原子から構成される等核二原子分子（homonuclear diatomic molecule）に関して，実際に二原子分子が形成されるかどうか，分子を形成する場合には，その結合は，単結合か二重結合か三重結合か等を議論する．その後で異なる二原子から構成される異核二原子分子（heteronuclear diatomic molecule）について議論する．電子の偏りによる極性や一つの原子で二つの原子軌道を提供して他の原子との結合を議論する際の混成軌道の考え方についても触れる．

5-2-1 等核二原子分子

同じ原子から二原子分子が構成されている場合には，同じエネルギーをもつ原子軌道同士で分子軌道を構成すると考えられる．実際には，近似を高めて分子軌道法で計算すると，異なる原子軌道からの寄与も含まれる．しかし定性的に分子の電子状態を議論する場合には同じ原子軌道だけから分子軌道が作られると考えてよい．微妙なエネルギー関係が必要な場合にだけ異なる原子

軌道の寄与を考えることにすればよい．

　分子軌道を構成する場合に，原子軌道の重ね合わせで分子軌道を作る方法（LCAO 近似）がよく用いられる．一般的に，原子間で原子軌道の重なりが大きい（同じ符号で重なる（同位相という）．例えば，1s 軌道（χ_{1s}^A と χ_{1s}^B）同士の場合には，$C(\chi_{1s}^A + \chi_{1s}^B)$ のように＋の結合を取った場合）程エネルギー的に安定な分子軌道が形成される．一方，重なりが小さい（異符号で重なる（逆位相という）．例えば，1s 軌道同士の場合には，$C(\chi_{1s}^A - \chi_{1s}^B) = C(\chi_{1s}^A + [-\chi_{1s}^B])$ のように－の結合を取った場合）と，高いエネルギーをもった分子軌道ができる．

　まず，1s 原子軌道から作られる分子軌道を図 5・2，図 5・3 に示した．結合軸上で＋の符号同士が重なってできる（同位相で重なる）エネルギー的に安定な結合性分子軌道（bonding MO）とよばれる分子軌道と結合軸上で＋と－の符号が重なってできる（逆位相で重なる）エネルギー的

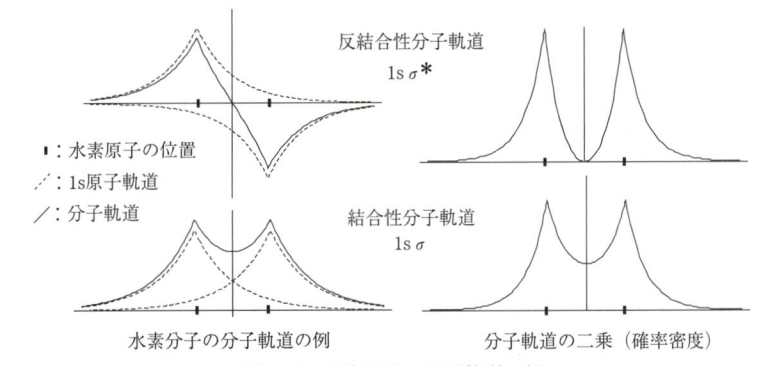

図 5・2　水素分子の分子軌道の例

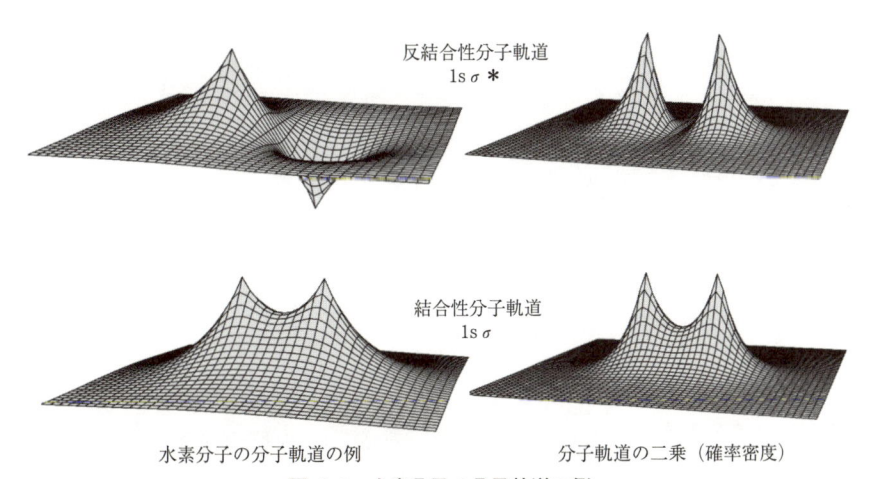

図 5・3　水素分子の分子軌道の例

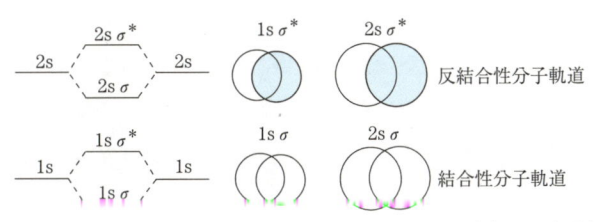

図 5・4　等核二原子分子の分子軌道（白：＋部分，青色：－部分）

に不安定な反結合性分子軌道（antibonding MO）とよばれる分子軌道が形成される．図5・4では模式的に1sと2s原子軌道から作られる結合性分子軌道の1sσと2sσおよび反結合性分子軌道の1sσ*と2sσ*を示した．反結合性であることを示すのに＊印を用いている．

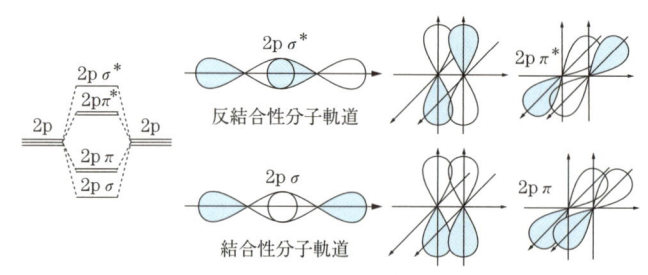

図 5・5 等核二原子分子の分子軌道（白：＋部分，青色：－部分）

次に，2p原子軌道から作られる分子軌道を図5・5に模式的に示した．2p軌道がエネルギー的に三重に縮重しており軌道の方向も異なるので，s軌道とは違った種類の分子軌道が作られる．まず，結合軸上で二つの2p軌道が向きを反対にして＋の符号部分同士が結合して結合性の2pσ軌道が作られる．これに対して，同じ向きで＋と－の符号部分が重なってできる反結合性の2pσ*軌道ができる．次に，結合軸に垂直方向を向いた2p原子軌道同士で同じ向きに重なってできる結合性の分子軌道が2pπ分子軌道である．また反対向きに重なってできる反結合性軌道が2pπ*軌道である．これら二つの軌道には，向きが直角方向でエネルギー的に二重に縮重した分子軌道が存在する．

以上の分子軌道で，σとかπ軌道の名称は，結合軸に関する軸対称性の性質から付けられている．ギリシャ文字のσとπは，アルファベットのsとpに対応している．これらは，角運動量の方位量子数ℓの0と1に対応する記号になっている．

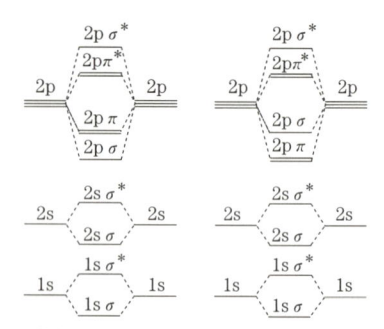

図 5・6 等核二原子分子の分子軌道のエネルギー準位

1s軌道，2s軌道，2p軌道から作られる分子軌道の大まかなエネルギー準位を図5・6に示す．2p軌道からできる4種類の分子軌道の中でエネルギーの低い二つの準位2pσ軌道と2pπ軌道は，軌道間の相互作用の違いにより原子によって準位が入れ替わる．第2周期の原子では，窒素分子までは，二つの準位2pσ軌道と2pπ軌道の逆転が起こっている．酸素分子からは逆転は起こらない．（以下のB_2分子，C_2分子，N_2分子，O_2分子，F_2分子の電子配置の図を参照）

次に，上で説明した分子軌道を用いて具体的な等核二原子分子の電子状態を調べることにする．その際に，次式で定義される結合次数（bond order）が，実際に二原子分子を形成するの

か，するとすれば結合は，単結合か二重結合か三重結合なのかを判断するための指標になる．

結合次数 ＝ (結合性軌道を占有する総電子数 － 反結合性軌道を占有する総電子数)/2

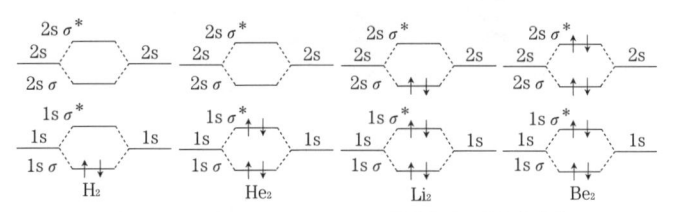

図 5・7 水素-ベリリウムの二原子分子の電子配置

最初に，水素，ヘリウム，リチウム，ベリリウムで形成される分子軌道に電子を形式的に配分した電子配置を図5・7に示す．この電子配置をもとに各原子で二原子分子を形成するかどうか，結合が σ 結合か π 結合なのかなどの議論を進めてみる．

(1) 水素分子 H_2

電子配置：$(1s\sigma)^2$：結合次数 ＝ 1

水素原子2個でできる水素分子では，1s軌道から作られる結合性の $1s\sigma$ 軌道に2個の電子がスピンの向きを逆にして入り，この状態でエネルギーが一番低い．水素原子の一番エネルギーの低い1s準位のエネルギーの2倍より低く，分子を形成した方が形成しない場合よりエネルギーが低く安定となる．結合は，$1s\sigma$ 軌道による σ 結合の単結合と考えられる．

前節で説明した水素分子イオンとの結合エネルギーと結合距離を比較してみよう．H・・Hの結合エネルギーは，水素分子の $432.1 \, kJmol^{-1}$ に対して，水素分子イオンでは $255.8 \, kJmol^{-1}$ であり，結合距離は，水素分子の $0.741 \, Å$ に対して，$1.052 \, Å$ となっている．水素分子の方がより結合が強く安定の度合いも大きいことがわかる．より安定な $1s\sigma$ 分子軌道に水素分子では，電子が2個入っているので，水素分子イオンより強く結合し安定化していると分子軌道法では説明できる．

(2) ヘリウム分子 He_2

電子配置：$(1s\sigma)^2(1s\sigma^*)^2$：結合次数 ＝ 0

ヘリウム原子が二原子分子を作るとして4個の電子を分子軌道につめてみると，結合性軌道の $1s\sigma$ に2個，反結合性軌道の $1s\sigma^*$ に2個入る．2個の1s原子軌道だけから分子軌道を作ると，結合性軌道の安定化したエネルギーは，反結合性軌道の不安定化したエネルギーと同じになる．つまり，ヘリウム原子から作られる二原子分子では，分子を形成しても形成しない場合と比較してエネルギー的に安定化しない．1s軌道だけでなく2s軌道も含めたより近似を高めた分子軌道法による計算では，エネルギー的に安定化しないばかりかえって不安定となってしまう．したがって，ヘリウムの二原子分子はエネルギーの一番低い状態では存在しないことになる．

(3) リチウム分子 Li_2

電子配置：$(1s\sigma)^2(1s\sigma^*)^2(2s\sigma)^2$：結合次数 ＝ 1

この分子は気相で存在し，熱力学的に安定な状態は金属であることが知られている．

(4) ベリリウム分子 Be_2

電子配置：$(1s\sigma)^2(1s\sigma^*)^2(2s\sigma)^2(2s\sigma^*)^2$：結合次数 ＝ 0

ヘリウムと同様に，結合性に寄与する効果は，反結合性に寄与する効果によって打ち消され，

結合次数は 0 となる．分子は形成しない．

図 5・8 B₂, C₂ 分子の電子配置

次に，ホウ素と炭素について電子配置を図 5・8 に示す．2p 原子軌道から作られる分子軌道に電子が配置され始める．

(5) ホウ素分子 B₂

電子配置：$(1s\sigma)^2(1s\sigma^*)^2(2s\sigma)^2(2s\sigma^*)^2(2p\pi)^1(2p\pi)^1$：結合次数 = 1

この分子はホウ素の気体中に短時間存在することと常磁性 (para-magnetic) をもつことが実験的に確認されている．常磁性は，不対電子に関連する物性で，ホウ素分子の電子配置ではフントの規則により二重に縮重している 2pπ 軌道に電子が 1 個づつスピンを平行にして入っている．

(6) 炭素分子 C₂

電子配置：$(1s\sigma)^2(1s\sigma^*)^2(2s\sigma)^2(2s\sigma^*)^2(2p\pi)^2(2p\pi)^2$：結合次数 = 2

この分子は炭化水素を燃やした際の炎の中に短時間存在することが知られている．σ 軌道の寄与が打ち消されており，π 軌道による π 結合の二重結合という特異な例になっている．

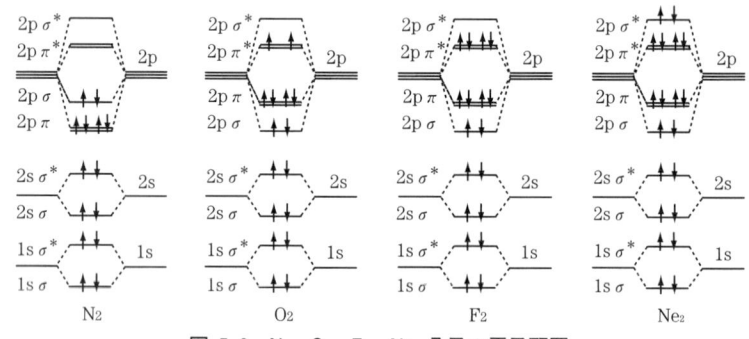

図 5・9 N₂, O₂, F₂, Ne₂ 分子の電子配置

最後に，窒素，酸素，フッ素，ネオンの二原子分子の電子配置を図 5・9 に示す．具体的には，原子 N, O, F, Ne から形成される分子軌道に，それぞれ電子 14, 16, 18, 20 個を低いエネルギー準位から順番に 2 個ずつつめていけばよい．それぞれの分子で 1s, 2s 原子軌道から作られる結合性軌道と反結合性軌道に 2 個ずつの電子が入っているので，エネルギー的に分子の形成には寄与しないと考えてよい．後は，2p 軌道から作られる 4 種類の分子軌道への電子の配置によって結合の性質を考えればよいことになる．

(7) 窒素分子 N₂

電子配置：$(1s\sigma)^2(1s\sigma^*)^2(2s\sigma)^2(2s\sigma^*)^2(2p\pi)^2(2p\pi)^2(2p\sigma)^2$：結合次数 = 3

まず，N_2 分子では，二つの結合性軌道の $2p\pi$ に 2 個づつの電子と，$2p\sigma$ 軌道に 2 個の電子がつまっているので，結合としては，$2p\sigma$ 結合 1 本，$2p\pi$ 結合 2 本の三重結合であると考えられる．

(8) 酸素分子 O_2

電子配置：$(1s\sigma)^2(1s\sigma^*)^2(2s\sigma)^2(2s\sigma^*)^2(2p\sigma)^2(2p\pi)^2(2p\pi)^2(2p\pi^*)^1(2p\pi^*)^1$：結合次数 = 2

O_2 分子では，さらに 2 個の電子が反結合性軌道の $2p\pi^*$ に追加される．エネルギー的に考えると追加されるエネルギーの結合に関する不安定化のエネルギーは，結合性軌道の $2p\pi$ 軌道 1 個分の安定化エネルギーと打ち消し合うと考えられる．したがって，O_2 分子では，結合としては，$2p\sigma$ 結合 1 本，$2p\pi$ 結合 1 本の二重結合となる．酸素分子では，エネルギー的に二重に縮重している $2p\pi^*$ 軌道に最後の 2 個の電子をつめることになるが，ここでフントの規則を適応してそれぞれの軌道に 1 個ずつスピンを平行にしてつめればよい．このように酸素分子は，エネルギーの一番低い状態で，不対電子を 2 個持ち，スピンが平行状態になっている．この状態は，三重項状態 (triplet state) とよばれ，不対電子が存在するので常磁性をもつ．実験的には，液体酸素が磁石に吸い寄せられることで磁性をもつことがわかっている．

酸素分子と酸素分子から電子 1 個を失って生ずる酸素分子イオン O_2^+ を，水素分子と水素分子イオンの場合と同じように比較してみよう．結合エネルギーは，酸素分子では $403.6\,\mathrm{kJmol^{-1}}$ で，酸素分子イオンでは $643.0\,\mathrm{kJmol^{-1}}$ である．結合距離は，酸素分子で $1.207\,\mathrm{Å}$，酸素分子イオンでは $1.116\,\mathrm{Å}$ である．酸素分子の電子配置からわかるように，酸素分子イオンでは，反結合性軌道の $2p\pi^*$ 軌道の電子を 1 個失うことになり，反結合性軌道による不安定化の度合いが少なくなったと考えられる．結合エネルギーと結合距離における両者の違いは，まさにそのことを反映している．

(9) フッ素分子 F_2

電子配置：$(1s\sigma)^2(1s\sigma^*)^2(2s\sigma)^2(2s\sigma^*)^2(2p\sigma)^2(2p\pi)^2(2p\pi)^2(2p\pi^*)^2(2p\pi^*)^2$：結合次数 = 1

次の F_2 分子では，さらに 2 個の電子が反結合性軌道の $2p\pi^*$ に追加される．エネルギー的に考えるとさらに結合性軌道の $2p\pi$ 軌道の安定化エネルギーを打ち消すことになり，結果として，結合としては，$2p\sigma$ 結合 1 の単結合となる．

(10) ネオン分子 Ne_2

電子配置：$(1s\sigma)^2(1s\sigma^*)^2(2s\sigma)^2(2s\sigma^*)^2(2p\sigma)^2(2p\pi)^2(2p\pi)^2(2p\pi^*)^2(2p\pi^*)^2(2p\sigma^*)^2$：結合次数 = 0

最後の，Ne_2 分子では，反結合性軌道の $2p\sigma^*$ 結合にも 2 個の電子がつまり，$2p\sigma$ 軌道の安定化エネルギーも打ち消されてしまう．したがって，He 原子の場合と同様に Ne 原子でもエネルギーの一番低い状態では，二原子分子を形成しないことになる．

まとめると，N_2 分子では三重結合，O_2 分子では二重結合，F_2 分子では単結合，Ne_2 分子は形成されないということになる．

5-2-2 異核二原子分子

異核二原子分子では，二つの異なるエネルギー準位をもつ原子が分子を形成するので一般的に等核二原子分子のような図 5・6 に示される標準的な分子軌道を考えるわけにはいかない．個々の分子で結合に直接寄与する原子軌道が異なってくるのである．ここでは，その話は後に回して最初に，異核二原子分子の特徴を説明することとする．

異核二原子分子では，等核二原子分子と違って電子分布が対称的でない．電子分布の対称性の程度により結合は，極性結合とイオン結合に分類することができる．異核二原子分子を AB と表すとき，極性結合を有する分子を，$A^{\delta+}B^{\delta-}$ のように電子分布の偏りにより示すことがある．これは原子 A の電子が原子 B に少し偏っていることを示している．イオン結合の分子では，原子 A の電子が原子 B に完全に移っており，A^+B^- と書かれる．これらの状態は，分子軌道法で次のように簡潔に説明することができる．まず，原子 A，B の結合に寄与する原子軌道をそれぞれ，χ_A，χ_B とする．異核二原子分子の結合性分子軌道は原子軌道の重ね合わせ（LCAO 近似）を用いて

$$\phi = C_A\chi_A + C_B\chi_B$$

と表すことができる．$A^{\delta+}B^{\delta-}$ では，係数に

$$|C_A|^2 < |C_B|^2$$

の関係がある．A^+B^- では

$$|C_A|^2 = 0,\ |C_B|^2 = 1$$

となる．次に，具体的な極性結合をもつ分子の例をあげる．議論を簡潔にするために，HCl，HF のハロゲン原子の p 軌道だけが結合に関与すると仮定する．より詳細な議論については第 8 章を参照のこと．

HCl　　$\phi = 0.57\chi_{1sH} + 0.73\chi_{3pCl}$　　　$H^{\delta+}Cl^{\delta-}$

HF　　$\phi = 0.45\chi_{1sH} + 0.82\chi_{2pF}$　　　$H^{\delta+}F^{\delta-}$

ここで，χ_{1sH} は，水素原子の 1s 軌道，χ_{3pCl} は，Cl 原子の 3p 軌道，χ_{2pF} は，F 原子の 2p 軌道を表している．

近似的な極性 (polarity) は，分子軌道法による計算を実行しなくても，電気陰性度 (electronegativity) の値を用いて予測できる．

電気陰性度は，原子が電子を引き付ける能力を示す値で，ポーリング（L. Pauling）やマリケン（R.S.Mulliken）によって定義されている．

ポーリングは，異核二原子分子の結合エネルギーと等核二原子分子の共有結合エネルギーを用いて，相対的な電気陰性度を定義している．異核二原子分子 AB の結合エネルギー D_{AB} は，原子 A と B の等核二原子分子の結合エネルギー D_A と D_B の平均値（$(D_A + D_B)/2$ または $\sqrt{D_A \times D_B}$）よりも大きいことに気づいた．さらに，これらの結合エネルギーの差 Δ が，原子 A と原子 B の電子に対する親和性の差に依存するとして，それぞれの原子の親和性を電気陰性度 x_A と x_B とした．結合エネルギーの差 Δ が，$(x_A - x_B)^2$ に比例すると仮定して，多くの分子の結合エネルギーを予測できることを示した．しかし，この方法では電気陰性度の絶対値は決められず，比例定数を調整する必要がある．表 5・1 にポーリングの電気陰性度の値を示す．ポーリングの電気陰

性度は実験値にもとづいた値を用いているので，適用できる原子が多く，現在でも最も多く用いられている．

一方，マリケンは，イオン化エネルギーと電子親和力を用いて原子の電気陰性度を定義している．異核二原子分子 AB で原子 A と原子 B の結合が完全にイオン結合となり，(1) A$^+$B$^-$，あるいは (2) A$^-$B$^+$ となっている場合を考える．電荷に偏りがない AB から (1) になるためには，A のイオン化エネルギー I_A と B の電子親和力 E_B の差のエネルギー $I_A - E_B$ が必要であり，(2) になるためには，エネルギー $I_B - E_A$ が必要になる．ところで，極性が (1) になっている，つまり，A より B の方が電子を引き付けやすいとすると，(1) で必要なエネルギーの方が (2) で必要なエネルギーより小さいはずである．したがって，$I_A - E_B < I_B - E_A$ となる．これを変形すると，$I_A + E_A < I_B + E_B$ となる．このように，電子を引き付けやすい原子ほど $I + E$ が大きいことになる．マリケンは，原子 A の電気陰性度 x_A として

$$x_A = \frac{1}{2}(I_A + E_A)$$

を定義した．マリケンのこの定義は，ポーリングの定義に比べてより理論的であり，実測可能な量を用いているので合理的と考えられるが，電子親和力が測定されていない原子も存在することが，欠点といえる．

分子や結合の極性の大きさを比較する場合に重要な指標として使用される双極子モーメントについて簡単に説明する．正の電荷 $\delta+$ と負の電荷 $\delta-$ とが距離 ℓ だけはなれて存在しているとき，この電荷の配置を電気双極子といい，$\mu = \delta \cdot \ell$ で与えられる双極子モーメントをもつ．いくつかの電荷の集まりによってできる双極子モーメントは $\vec{\mu} = -\sum q_i \vec{r_i}$ によって与えられる．ここで，q_i と $\vec{r_i}$ は i 番目の電荷の電荷量と位置ベクトルである．

双極子モーメントの単位は，Cm，または D (デバイ：Debye) が用いられる (1 D $= 3.33564 \times 10^{-30}$ Cm)．例えば，$\ell = 0.1$ nm $= 1$ Å，$\delta = e = 1.6 \times 10^{-19}$ C とすると，$\mu = 1.6 \times 10^{-29}$ Cm $= 4.8$ D となる．多原子分子の双極子モーメントは，各結合の双極子モーメントのベクトル和となる．CH_4 や CO_2 の双極子モーメントが 0 であることなどが示される．

異核二原子分子の分子軌道の話に戻る．おおまかに議論する場合には，それぞれの原子で結合に関与する原子軌道として 1 個だけ考えればよいが，より精密に取り扱う場合には，それぞれの原子のエネルギー準位の値に応じて複数の原子軌道を含めて扱う必要がある．次に，例として LiH 分子を考えてみる．水素原子では，結合に関与するのはエネルギー的に考えて 1s 軌道だけ

表 5・1　ポーリングの電気陰性度の値

H 2.1																	He
Li 1.0	Be 1.5											B 2.0	C 2.5	N 3.0	O 3.5	F 4.0	Ne
Na 0.9	Mg 1.2											Al 1.5	Si 1.8	P 2.1	S 2.5	Cl 3.0	Ar
K 0.8	Ca 1.0	Sc 1.3	Ti 1.5	V 1.6	Cr 1.6	Mn 1.5	Fe 1.8	Co 1.8	Ni 1.8	Cu 1.9	Zn 1.6	Ga 1.6	Ge 1.8	As 2.0	Se 2.4	Br 2.8	Kr
Rb 0.8	Sr 1.0	Y 1.2	Zr 1.4	Nb 1.6	Mo 1.8	Tc 1.9	Ru 2.2	Rh 2.2	Pd 2.2	Ag 1.9	Cd 1.7	In 1.7	Sn 1.8	Sb 1.9	Te 2.1	I 2.5	Xe
Cs 0.7	Ba 0.9	La 1.1	Hf 1.3	Ta 1.5	W 1.7	Re 1.9	Os 2.2	Ir 2.2	Pt 2.2	Au 2.4	Hg 1.9	Tl 1.8	Pb 1.8	Bi 1.9	Po 2.0	At 2.2	Rn

で十分である．一方，Li 原子では，水素原子の 1s 軌道と結合を形成する原子軌道として，1s 軌道ではエネルギーが低すぎる．結合に関与するのは 2s および，2s とエネルギー的に近い 2p 軌道となる．実際に，分子軌道を

$$\phi = C_1\chi_{Li2s} + C_2\chi_{Li2p} + C_3\chi_{H1s} \tag{5・1}$$

と仮定して変分法で係数 C_1，C_2，C_3 を計算すると次式のように結合性分子軌道が求められる．

$$\phi = 0.307\chi_{Li2s} - 0.338\chi_{Li2p} + 0.889\chi_{H1s} \tag{5・2}$$

化学的な直感で結合を理解する場合には，それぞれの原子の 1 個の原子軌道と別の原子の 1 個の原子軌道が重なって分子の結合を形成していると考える方が自然である．LiH 分子では，Li 原子の 2s と 2p 軌道がそれぞれかなりの寄与をしており，どちらか一つだけ結合に関与しているとは考えられない．そこで，Li 原子の 2s と 2p 軌道を混ぜ合わせて一つの Li 原子の軌道を作ればよいという考え方が生じる．実は，この考え方を発展させた概念が混成軌道の概念である（混成軌道については，次の 5 章 3 節で詳しく述べる）．LiH 分子で具体的に混成軌道を用いると LiH 分子の分子軌道は，次式で表示される．

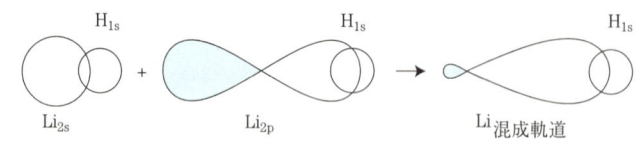

$$\phi = 0.458\phi_{Li混成軌道} + 0.889\chi_{H1s} \tag{5・3}$$

$$\phi_{Li混成軌道} = 0.670\chi_{Li2s} - 0.738\chi_{Li2p} \tag{5・4}$$

図 5・10　LiH 分子の混成軌道

　図 5・10 に LiH 分子の混成軌道の概念図を示す．混成の考え方は，より簡潔な結合の表し方を見出したいという願望から生じた考え方で，分子軌道法の考え方では，必ずしも混成軌道を用いる必要性はない．しかし異核二原子分子の電子配置や結合の性質，また多原子分子の形や結合の性質を定性的に予測・説明する簡潔な手段を提供してくれる．次に，よく使用される混成のいくつかを簡単に説明する．

5-3　混成軌道

　混成軌道（hybrid orbital）の概念は，化学の広い分野で用いられるが，ここでは，一般的な説明はせずに，よく用いられるいくつかの混成軌道を簡単に説明し，それらの混成軌道を用いて，次節で代表的な多原子分子の形や結合の性質を説明することにする．

　有機化合物を扱う際に，非常によく出てくる混成軌道が sp，sp^2，sp^3 混成軌道である．これらは，主に炭素原子 C の混成軌道であるが，酸素原子 O や窒素原子 N でも用いられる．炭素原子の電子数は 6 で，基底状態での電子配置は，$1s^2 2s^2 2p^2$ である．この電子配置では，不対電子の数は 2 個で，例えば，メタン CH_4 のように炭素原子が四つの原子と結合するには不対電子が 4 個必要である．したがって，メタン中の炭素原子は，不対電子を 4 個もつようにならなければならない．そこで，2s 軌道の 1 個の電子をまだ空いている 2p 軌道に移すと不対電子は 4 個になってくれる．ところが，そうするためには 2p 軌道の方が 2s 軌道よりもエネルギーが高いので，エネルギーを必要とする．このエネルギーは**昇位エネルギー**（promotion energy）とよばれてい

る．昇位エネルギーは，結合を形成して得られる安定化エネルギーによって十分に補われると考えられている．例えば，炭素の 2s → 2p の昇位エネルギーは，714 kJ/mol（理論値）であり，メタンの C–H の結合エネルギー 410 kJ/mol の結合の 4 本分による安定化の方が大きい．ところがこれらの 4 個の不対電子は，2s 軌道に 1 個，2p 軌道に 3 個あることになり，メタン分子の対称的で等価な結合を説明できない．そこで，ポーリングは，等価な軌道を作り出すために混成軌道を考えた．

次に，簡単に炭素原子でよく用いられる次の sp, sp^2, sp^3 混成軌道を説明する．ここでは，単に s 軌道，p 軌道としているが，例えば，第 2 周期の炭素原子，窒素原子，酸素原子では，2s 軌道，2p 軌道が実際には使われ，第 3 周期のケイ素原子，リン原子，硫黄原子では，3s 軌道，3p 軌道が使われる．遷移元素では，d 軌道が混成に使われると考えることができる．

これらの混成軌道を直感的に理解するために，それぞれの混成の個々の混成軌道の模式的な図とそれらを単純に重ね合わせた図を示す．

(1) sp 混成軌道

s 軌道と p 軌道 1 個から作られる混成軌道で，直線上にある向きの異なる二つの等価な軌道（混成に参加しない p 軌道が 2 個あることに注意）

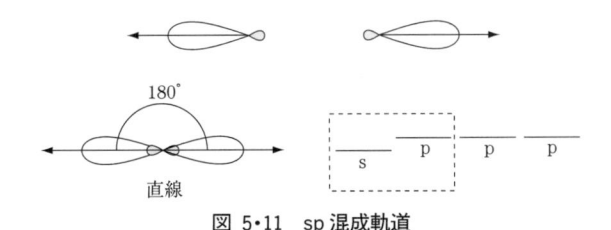

図 5・11　sp 混成軌道

(2) sp^2 混成軌道

s 軌道と p 軌道 2 個から作られる混成軌道で，正三角形の頂点方向を向く三つの等価な軌道（混成に参加しない p 軌道が 1 個あることに注意）

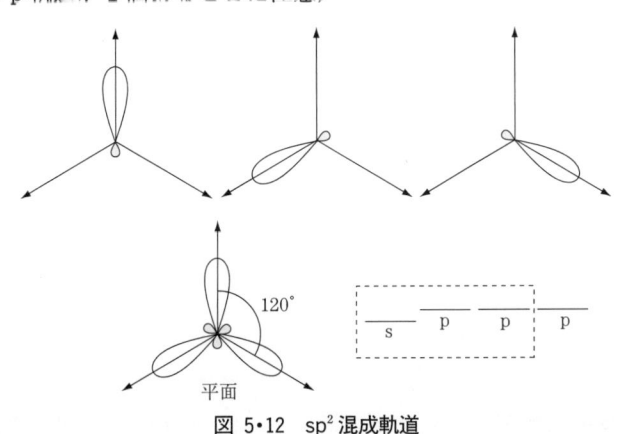

図 5・12　sp^2 混成軌道

(3) sp^3 混成軌道

s 軌道と p 軌道 3 個から作られる混成軌道で，正四面体の頂点方向を向く四つの等価な軌道（すべての p 軌道が混成に参加していることに注意）

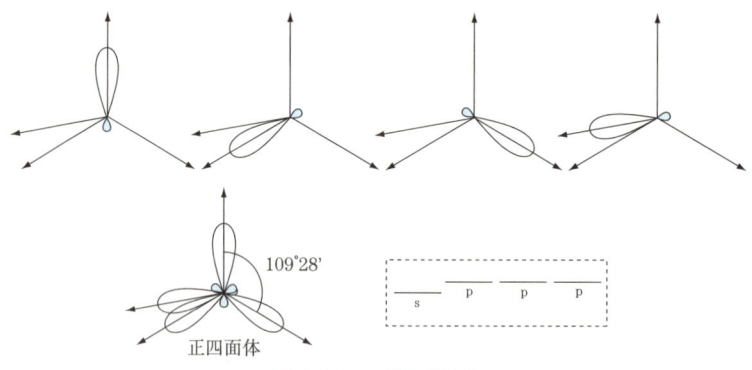

図 5・13　sp³ 混成軌道

5-4　多原子分子

　混成軌道を用いて代表的な分子の形を説明してみよう．その際に，電子対間の反発の大きさが問題になってくる．電子対間の反発は，次の順に小さくなる．非共有電子対間の反発＞非共有電子対と共有結合対間の反発＞共有電子対間の反発．このような考え方を **原子価殻電子対反発則** (VSEPR: valence shell electron pair repulsion) という．

　まず最初に，水分子とアンモニア分子を考えてみる．酸素原子，窒素原子の電子数は，それぞれ 8 個，7 個であるから，基底状態の電子配置は，$1s^2 2s^2 2p^4$，$1s^2 2s^2 2p^3$ で不対電子はそれぞれ 2 個，3 個となっている．不対電子は，2p 軌道にあるので，単純に考えると水分子 H_2O では，2 個の水素原子の 1s 軌道の不対電子と結合を作る．2 個の 2p 軌道は互いに直交しているので，HOH 角は，当然 90 度になる．同様にして，アンモニア分子 NH_3 では，3 個の水素原子の 1s 軌道の不対電子と窒素原子の 3 個の 2p 軌道の不対電子が結合を作る．したがって，HNH 角も 90 度になる．この考え方でも，水分子の折れ線型，アンモニア分子のピラミッド型を説明できるが，実測の HOH 角の約 104 度，HNH 角の約 107 度を説明するには不十分である．

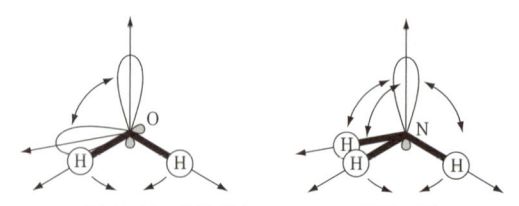

図 5・14　水分子とアンモニア分子の形

　今度は，酸素原子，窒素原子の sp³ 混成軌道を用いて分子の形を考えてみよう（図 5・14 参照）．水分子では，酸素原子の 4 個の等価な sp³ 混成軌道に 6 個の電子が入っている．まず，2 個の混成軌道に 2 個ずつの電子が入り 2 個の非共有電子対ができる．残りの 2 個の電子が 1 個ずつ混成軌道に入り 2 個の水素原子の 1s 軌道の電子と σ 結合（O–H 結合）を作る．2 個の非共有電子対と 2 個の C–H 結合は互いに反発するが，2 個の非共有電子対の互いの強い反発により，非共有電子対間の角度は広がる．その分 O–H 結合間の角度は少し狭まる．したがって，HOH 角は，純粋の sp³ 混成軌道であれば，約 109 度であるが，109 度から少し狭まり，ほぼ 104 度になっていると解釈できる．一方，アンモニア分子では，同様にして，1 個の非共有電子対と 3 個

のN-H結合ができる．非共有電子対とN-H結合の少し弱い反発により，非共有電子対とN-H結合の角度は少し広がる．その分N-H間の角度は少し狭まる．したがって，HNH角は，純粋なsp³混成軌道のなす角約109度から，107度に狭まると考えられる．このようにして，定性的に混成軌道を用いることにより分子の形を説明できる．

次に，有機化合物の代表的ないくつかの分子の形を考えてみよう．

まず最初に，メタン分子CH_4では，炭素原子が4個の等価なsp³混成軌道をもつと考えると，メタン分子の4個の等価なC-H結合を説明できる．この場合には，純粋なsp³混成軌道なのでHCH角は，109度28分になる．

次に，エチレン分子を考える（図5・15参照）．二つの炭素原子は，ともにsp²混成を形成していると考えると，HCH角の実測値約120度を説明できる．また，炭素原子どうし1個のsp²混成軌道でσ結合をし，残りの二つのsp²混成軌道で2個の水素原子とσ結合を形成する．2個の炭素原子のsp²混成軌道に関与しなかった残りの2p軌道でπ結合が形成される．したがって，炭素-炭素間はσ結合とπ結合の二重結合となる．π結合があると，ねじれの変形に対する抵抗が大きくなり，C＝C結合の自由回転は規制されるが，比較的弱いπ結合により反応性は高い．

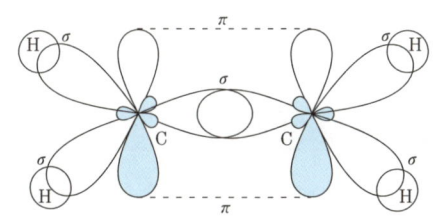

図5・15　エチレンの結合（炭素：sp²混成）

次に，アセチレン分子C_2H_2を考える（図5・16参照）．二つの炭素原子は，ともにsp混成をしており，分子は，直線状となる．一つのsp混成軌道で炭素間のσ結合，もう一つのsp混成軌道が水素原子とσ結合をしている．混成軌道に関与していない残りの二つの2p軌道で二つのπ結合を形成する．したがって，炭素-炭素間は，σ結合と2個のπ結合の三重結合となる．アセチレンは，エチレンよりさらに不飽和度が高く反応性に富んでいる．

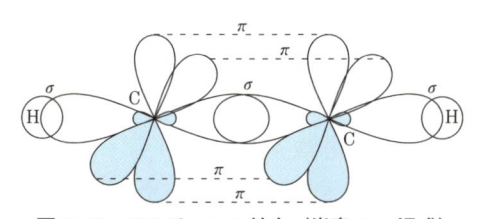

図5・16　アセチレンの結合（炭素：sp混成）

最後に，ベンゼン分子C_6H_6を考えてみる（図5・17参照）．炭素原子は，sp²混成をしており，6個の炭素が正六角形の頂点に位置し，隣の炭素原子のsp²混成軌道とσ結合を形成する．残りのsp²混成軌道と水素原子の1s軌道でC-H結合を作っている．炭素原子の残りの2p軌道でπ結合を形成する．ベンゼンの六つの炭素原子が等価であるため，ベンゼン分子は正六角形である．また，6個のπ電子がすべて結合性軌道を占めているのでエネルギー的にも安定である．

最後に，炭素-炭素結合の結合距離と結合エネルギー（結合を切り離して原子の状態にするのに要するエネルギー）の値を表5・2に示す．

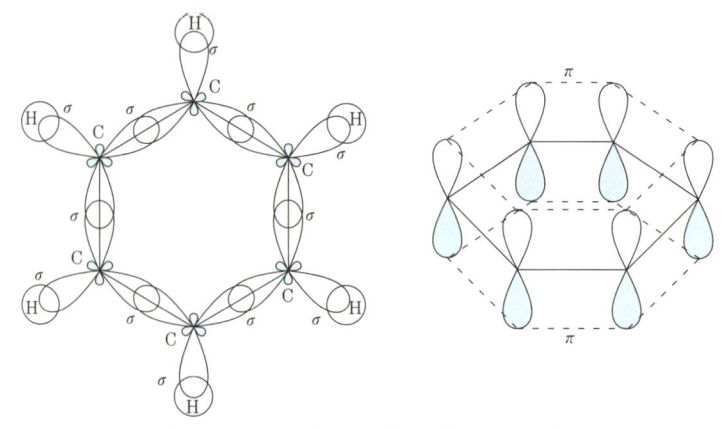

図 5・17　ベンゼンの結合（炭素：sp² 混成）

表 5・2　炭素―炭素結合の結合距離と結合エネルギー

化合物	炭素―炭素結合	結合距離(nm)	結合エネルギー(kJ/mol)
エタン	$C-C$	0.1534	368
エチレン	$C=C$	0.1337	682
アセチレン	$C\equiv C$	0.1203	962

5-5　分子軌道法と原子価結合法の違い

　分子の波動関数を組み立てる代表的な方法として，前の水素分子イオンで説明した分子軌道法 (molecular orbital method) と原子価結合法 (valence-bond method) とがある．分子軌道法では，まず，分子全体に広がった分子軌道を分子を構成する原子の軌道から形成する．その形成された分子軌道に電子をつめて分子全体の波動関数を組み立てる．一方，原子価結合法では，分子を構成している原子の状態（原子価状態）に対応して，原子軌道に直接電子をつめて分子全体の波動関数を組み立てる．

　具体的な例として，水素分子を考えてみよう．構成原子は，二つの水素原子であるから用いる原子の軌道は 2 個の 1s 軌道で，それぞれ χ_A, χ_B と書くことにする．一方，電子も 2 個あり，それぞれ 1, 2 で表す．次にそれぞれの方法での波動関数と特徴および改良法を説明する．

5-5-1　分子軌道法

　分子全体に広がった分子軌道を二つの原子軌道 χ_A と χ_B から作る．分子軌道として原子軌道 χ_A と χ_B の線形結合をとり，$\psi = C_A\chi_A + C_B\chi_B$ とする．分子全体の波動関数 $\Psi(1,2)$ として，分子軌道に電子 1 と電子 2 をそれぞれつめた $\phi(1)$ と $\phi(2)$ の積をとる．積にするのは，電子 1, 2 が完全に独立に運動していれば積で表すことができるので，近似的に独立と見なしているからである．ここで，さらに原子軌道まで展開すると

$$\Psi(1,2) = \phi(1)\phi(2) \tag{5・5}$$

$$= (C_A\chi_A(1) + C_B\chi_B(1))(C_A\chi_A(2) + C_B\chi_B(2))$$

$$= \{C_AC_B(\chi_A(1)\chi_B(2) + \chi_A(2)\chi_B(1)) + (C_A{}^2\chi_A(1)\chi_A(2) + C_B{}^2\chi_B(1)\chi_B(2))\} \tag{5・6}$$

となる．最後の式の右辺の中括弧の第 1 項

$$\chi_A(1)\chi_B(2) + \chi_A(2)\chi_B(1)$$

のそれぞれの項は，1，2の電子が別々の水素原子に属しており共有結合構造に対応していると考えることができる．一方，第2項

$$C_A^2 \chi_A(1) \chi_A(2) + C_B^2 \chi_B(1) \chi_B(2)$$

のそれぞれの項は，1，2の電子が同じ水素原子に属しておりイオン構造に対応していると考えられる．（図5・2参照）

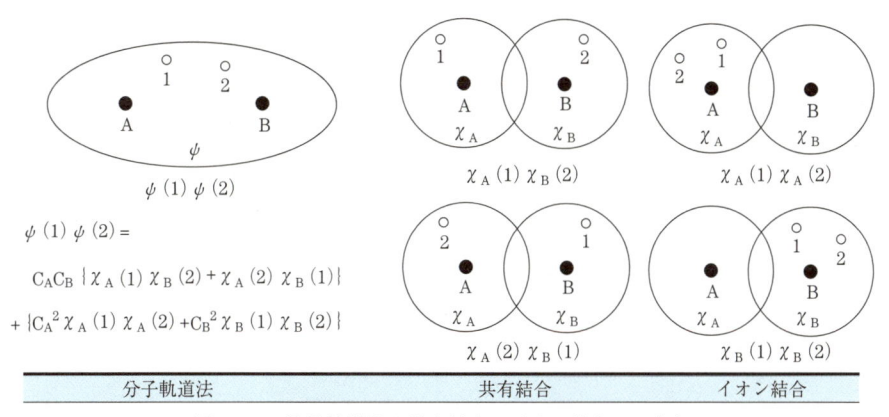

図 5・18　分子軌道法と共有結合とイオン結合への寄与

このように分子軌道法では，原子軌道に分解してみると共有構造とイオン構造の両方がとり込まれていることがわかる．しかしながら水素分子の対称性から $C_A = C_B$ とすると，それぞれの項の係数は等しくなり，波動関数のレベルでのそれぞれの寄与が同等になっていることがわかる．水素分子では明らかにイオン構造の寄与が大きすぎると考えられる．特に，水素原子核間の距離 R を大きくしていく解離極限では，分子軌道法での取り扱いは困難になる．したがって，分子軌道法での改良は，このイオン構造の寄与を減少させるようにすればよい．改良法には種々の方法があるが，分子軌道法でよく用いられる近似を高めるための方法の一つである CI 法（Configuration Interaction Method，配置間相互作用法）は，結果としてイオン構造の寄与を減少させていることが知られている．

次章で説明する Hückel 分子軌道法では，一度だけ方程式を解くことにより軌道エネルギーと分子軌道が求められる．より近似を高めた分子軌道法では，電子間の反発の項を含めたより精度を高めた計算を行うために，繰り返しの計算が収束条件を満たすまで行われる（SCF 法：self consistent field method）．この計算によりエネルギーの低い基底配置の固有関数が得られ，この基底配置に多数の励起配置を混ぜて，よりエネルギーの低い基底配置と励起配置を計算する CI 計算が行われる．さらに近似を高めた方法に，MCSCF 法（多配置参照 SCF 法）がある．この方法では，SCF 計算を行う出発の配置として，基底配置一つではなく，特定の励起配置を最初から混合させた多配置に対して行う．計算はより複雑となるが，より精度の高い結果が得られる．

5-5-2　原子価結合法

水素分子の基底状態で水素原子（H・　・H）に解離していく段階では，1，2の電子が別々の水素原子に属した共有構造に対応した状態であると考えられる．そこで，原子価結合法では，分子全体の波動関数 $\varPhi(1,2)$ として，原子軌道 χ_A に1の電子が属した $\chi_A(1)$ と χ_B に2の電子が

属した $\chi_B(2)$ の積をとる．1, 2 の電子をとり替えても区別は付かないのでその寄与も等価と考えると全波動関数は次式となる．

$$\Phi(1,2) = D(\chi_A(1)\chi_B(2) + \chi_A(2)\chi_B(1)) \tag{5・7}$$

つまり，原子価結合法では，共有結合構造のみでイオン構造の寄与がないことがわかる．したがって，改良法としては，含まれていないイオン構造の寄与を全波動関数にとり込み，試行関数を次式で表すことができる．

$$\Phi(1,2) = D(\chi_A(1)\chi_B(2) + \chi_A(2)\chi_B(1)) + D'(\chi_A(1)\chi_A(2) + \chi_B(1)\chi_B(2)) \tag{5・8}$$

イオン構造の寄与をエネルギーが極値（最小値）をもつように係数 D と D' を変分法で計算すればよい．

　分子軌道法と原子価結合法は，それぞれ近似を高めていくと最終的には同じ結果になることが知られている．現在では，ほとんどコンピュータで計算を行うので，プログラミングにより適した分子軌道法の方がよく用いられるが，原子価結合法による計算化学も発展している（GVB (Generalized Valence-Bond) 法など）．また，分子軌道の解析で原子価結合法に類似した方法も発展している．（natural bond orbital 解析など）

第6章
Hückel 分子軌道法

　この章では，分子軌道法の中でも最も簡単な Hückel 分子軌道法（Hückel molecular orbital method）により π 電子化合物を扱う．この方法の特徴は，近似はあまりよくないが，取り扱いが簡単であり，大きい分子も容易に計算できることにある．得られた結果は定量性を欠くことがあるが，定性的には分子の物性を十分に説明することができ，その有用性は高いものである．より近似を高めた分子軌道法による計算の出発点としても用いられる．この方法は，その名の示すようにヒュッケル（Hückel）によって，1930 年に公表され，共役化合物の π 電子の性質の議論に多く用いられてきた．

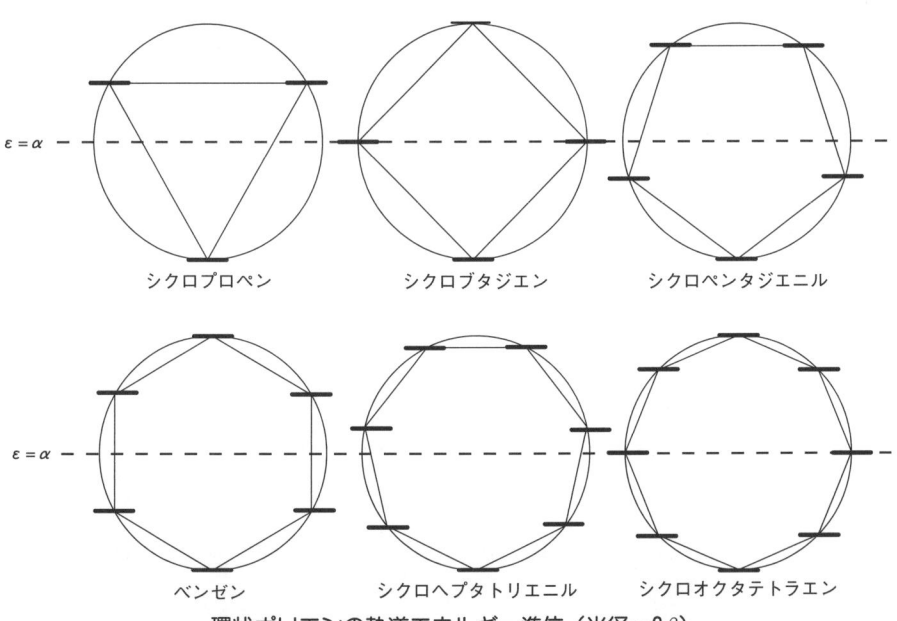

環状ポリエンの軌道エネルギー準位（半径＝2β）

6-1 Hückel 分子軌道法

この近似の背景を詳細に述べることは本書ではせずに，計算方法と応用を中心に説明する．結局のところ，π電子系で，一電子に対する方程式

$$\hat{h}\phi = \epsilon\phi \tag{6・1}$$

を解くことになる．式(6・1)の $\hat{h}$ は一電子ハミルトニアン，ϵ は軌道エネルギーである．全π電子ハミルトニアン $\hat{H}$ は，I 番目の電子の一電子ハミルトニアンの和として近似的に書ける．

$$\hat{H} = \sum_I \hat{h}(I) \tag{6・2}$$

π電子の分子軌道 ϕ は，m 個の 2p 原子軌道 χ の一次結合，すなわち，LCAO (Linear Combination of Atomic Orbitals) 近似により，次式で表される．

$$\phi = \sum_{r=1}^{m} C_r \chi_r \tag{6・3}$$

これ以降，分子軌道は実関数であるとして扱うことにする．式(6・3)を軌道エネルギーの期待値の式(第2章，式(2・22))に代入すると

$$\epsilon = \frac{\int \phi \hat{h} \phi dv}{\int \phi \phi dv} = \frac{\sum_r \sum_s C_r C_s \int \chi_r \hat{h} \chi_s dv}{\sum_r \sum_s C_r C_s \int \chi_r \chi_s dv}$$

$$= \frac{\sum_r \sum_s C_r C_s h_{rs}}{\sum_r \sum_s C_r C_s S_{rs}} \tag{6・4}$$

となる．ここで，$S_{rs} = \int \chi_r \chi_s dv$ (重なり積分：overlap integral)，$h_{rs} = \int \chi_r \hat{h} \chi_s dv$ と置いた．
次に，次の章で説明する変分法を用いて分子軌道と軌道エネルギーを求める．軌道エネルギーの期待値は，係数 C_1, C_2, …の関数になっているので係数の値をいろいろ変化させて，軌道エネルギーを最小にする（極値をもつ）ための条件

$$\frac{\partial \epsilon}{\partial C_t} = 0, \quad t = 1, 2, \cdots, m \tag{6・5}$$

から次の係数 C に関する連立方程式が得られる．

$$\begin{aligned}
C_1(h_{11} - \epsilon S_{11}) + C_2(h_{12} - \epsilon S_{12}) + \cdots + C_m(h_{1m} - \epsilon S_{1m}) &= 0 \\
C_1(h_{21} - \epsilon S_{21}) + C_2(h_{22} - \epsilon S_{22}) + \cdots + C_m(h_{2m} - \epsilon S_{2m}) &= 0 \\
\cdots \quad \cdots \quad \cdots \quad \cdots & \\
C_1(h_{m1} - \epsilon S_{m1}) + C_2(h_{m2} - \epsilon S_{m2}) + \cdots + C_m(h_{mm} - \epsilon S_{mm}) &= 0
\end{aligned} \tag{6・6}$$

また，分子軌道は規格化されていなければならないので，係数は次式を満たす必要がある．

$$\int \phi \phi dv = \sum_r \sum_s C_r C_s \int \chi_r \chi_s dv = \sum_{r,s} C_r C_s S_{rs} = 1 \tag{6・7}$$

ここで，C_1, C_2, …がすべて 0 である解（意味がない）以外の解をもつ条件は，次式で与えられる．

$$\begin{vmatrix}
h_{11} - \epsilon S_{11} & h_{12} - \epsilon S_{12} & \cdots & h_{1m} - \epsilon S_{1m} \\
h_{21} - \epsilon S_{21} & h_{22} - \epsilon S_{22} & \cdots & h_{2m} - \epsilon S_{2m} \\
\cdots & \cdots & \cdots & \cdots \\
h_{m1} - \epsilon S_{m1} & h_{m2} - \epsilon S_{m2} & \cdots & h_{mm} - \epsilon S_{mm}
\end{vmatrix} = 0 \tag{6・8}$$

この方程式は，**永年方程式**（secular equation）とよばれている．

ここで，共役炭化水素に対する Hückel 近似として，次の仮定をする．

(1) **重なり積分** S_{rs} は，$r = s$ のとき 1，$r \neq s$ のとき 0 とする．つまり r と s が等しくない場合には，すべて無視する．クロネッカのデルタ記号 δ_{ij} を用いて，$S_{rs} = \delta_{rs}$ となる．

(2) $h_{rs}(r \neq s)$ は r と s とが結合していればすべて β とし，結合していない場合は 0 とする．β は，**共鳴積分**（resonance integral）とよばれる．

(3) h_{rr} をすべて α で表す．α は**クーロン積分**（Coulomb integral）とよばれる．

上の仮定により，永年方程式，係数の連立方程式，規格化の条件式は，それぞれ簡潔に書くと次のようになる．

$$|h_{rs} - \epsilon \delta_{rs}| = 0 \tag{6・9}$$

$$\sum_{s=1}^{m} C_s(h_{rs} - \epsilon \delta_{rs}) = 0 \quad r = 1, 2, \cdots, m \tag{6・10}$$

$$\int \phi \phi dv = \sum_{r,s} C_r C_s \delta_{rs} = \sum_r C_r^2 = 1 \tag{6・11}$$

Hückel 法の具体的な計算手順は，以下のようになる．まず最初に，永年方程式(6・9)を解き軌道エネルギー ϵ を求める．得られた m 個の軌道エネルギーに対して，係数を決定する連立方程式(6・10)と規格化の条件(6・11)を組み合わせて係数を計算し分子軌道を求める．

エチレンの場合を考えてみる．分子軌道は，$\phi = C_1 \chi_1 + C_2 \chi_2$ であり，永年方程式は

$$\begin{vmatrix} \alpha - \epsilon & \beta \\ \beta & \alpha - \epsilon \end{vmatrix} = 0 \tag{6・12}$$

となる．この行列式から，2 個の軌道エネルギーを求めると

$$\begin{cases} \epsilon_1 = \alpha + \beta \\ \epsilon_2 = \alpha - \beta \end{cases} \tag{6・13}$$

となる．係数を決める連立方程式は

$$C_1(\alpha - \epsilon) + C_2 \beta = 0 \tag{6・14}$$
$$C_1 \beta + C_2(\alpha - \epsilon) = 0$$

であり，規格化の条件は

$$C_1^2 + C_2^2 = 1 \tag{6・15}$$

である．軌道エネルギーが $\epsilon_1 = \alpha + \beta$ の場合には，式(6・14)の連立方程式から，$-C_1 + C_2 = 0$ の関係が得られる．式(6・15)の規格化の条件式に代入すると，C_1 を正として $C_1 = C_2 = 1/\sqrt{2}$ を得る．同様にして $\epsilon_2 = \alpha - \beta$ の場合には，$C_1 = -C_2 = 1/\sqrt{2}$ を得る．まとめると，エチレンの軌道エネルギーと分子軌道は，次のようになる．

$$\epsilon_2 = \alpha - \beta \quad \phi_2 = \frac{1}{\sqrt{2}}(\chi_1 - \chi_2) \tag{6・16}$$

$$\epsilon_1 = \alpha + \beta \quad \phi_1 = \frac{1}{\sqrt{2}}(\chi_1 + \chi_2) \tag{6・17}$$

一般に，$\alpha, \beta < 0$ であるから，軌道エネルギー ϵ_1 の方が ϵ_2 より低く，分子軌道 ϕ_1 が結合性軌道，ϕ_2 が反結合性軌道となる．このことは，分子軌道の原子軌道の係数を調べてもわかる．一

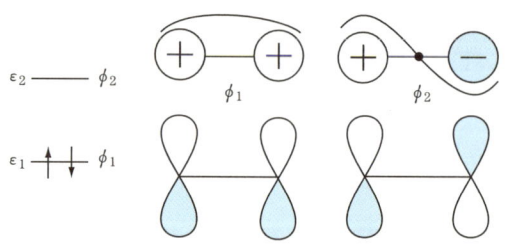

図 6・1　エチレンの基底電子配置と分子軌道の模式図（●：節）

次元の箱の中の粒子の運動でわかったように，一般に，一次元系のエネルギーが高くなるにしたがって波動関数の節(node)の数が増加する．分子軌道では，原子軌道の係数の符号から節の数を知ることができる．エチレンの分子軌道 ϕ_1 では，係数が同符号であるから節の数は 0，ϕ_2 では，異符号であるから節の数は 1 であることがわかる．つまり，節の数から ϕ_1 の方が ϕ_2 よりエネルギーが低いことがわかる．

ここで，次の分子を計算する前に，エチレンでの計算を参考にして，計算手順を整理してみよう．永年方程式を組み立ててわかるように，r と s が等しい対角項は，すべて $\alpha - \epsilon$ となり，それ以外の項（非対角項）は，互いに結合している項だけが β でそれ以外は 0 である．そこで，行列式の性質を使い，すべての行を β で割っても永年方程式の右辺の値は 0 である．そこで，対角項を $-\lambda$ とおく．つまり，$-\lambda = (\alpha - \epsilon)/\beta$ で λ が求まれば，軌道エネルギー ϵ は，$\epsilon = \alpha + \lambda\beta$ で与えられる．非対角項は，結合している項は 1 でそれ以外は 0 である．したがって，永年方程式を組み立てる場合には，最初から，対角項を $-\lambda$，結合している非対角項を 1 それ以外を 0 とすればよいことになる．係数の連立方程式も同様の置き換えでより簡単な式になる．

次に 1, 3-ブタジエン $CH_2 = CH - CH = CH_2$ について考えてみることにする．分子軌道は

$$\phi = C_1\chi_1 + C_2\chi_2 + C_3\chi_3 + C_4\chi_4 \tag{6・18}$$

である．永年方程式は，次式の 4×4 の行列式となる．各成分は上の説明に従えば，対角項はすべて $-\lambda$ で，非対角項は結合している 1-2(2-1)，2-3(3-2)，3-4(4-3) で 1，その他は 0 となる．

$$\begin{vmatrix} -\lambda & 1 & 0 & 0 \\ 1 & -\lambda & 1 & 0 \\ 0 & 1 & -\lambda & 1 \\ 0 & 0 & 1 & -\lambda \end{vmatrix} = \lambda^4 - 3\lambda^2 + 1 = 0 \tag{6・19}$$

これを解くと，四つの解が得られる．

$$\lambda = (1 \pm \sqrt{5})/2 = 1.618, -0.618$$
$$\lambda = (-1 \pm \sqrt{5})/2 = +0.618, -1.618$$

したがって，軌道エネルギーは

$$\epsilon = \alpha \pm 1.618\beta,\ \alpha \pm 0.618\beta$$

となる．係数の連立方程式と規格化の条件から分子軌道の係数を求めると，以下の四つの分子軌道が得られる．

$$\begin{aligned}
\epsilon_4 &= \alpha - 1.618\beta & \phi_4 &= 0.372\chi_1 - 0.602\chi_2 + 0.602\chi_3 - 0.372\chi_4 \\
\epsilon_3 &= \alpha - 0.618\beta & \phi_3 &= 0.602\chi_1 - 0.372\chi_2 - 0.372\chi_3 + 0.602\chi_4 \\
\epsilon_2 &= \alpha + 0.618\beta & \phi_2 &= 0.602\chi_1 + 0.372\chi_2 - 0.372\chi_3 - 0.602\chi_4
\end{aligned} \tag{6・20}$$

$$\epsilon_1 = \alpha + 1.6180\beta \quad \phi_1 = 0.372\chi_1 + 0.602\chi_2 + 0.602\chi_3 + 0.372\chi_4$$

ϕ_1 と ϕ_2 が結合性軌道，ϕ_3 と ϕ_4 が反結合性軌道である．分子軌道の模式図を図 6·2 に示す．係数の符号とエネルギーの関係を，第 3 章の一次元の箱の中の粒子の固有関数(図 3·2)と比較してみると興味深い．

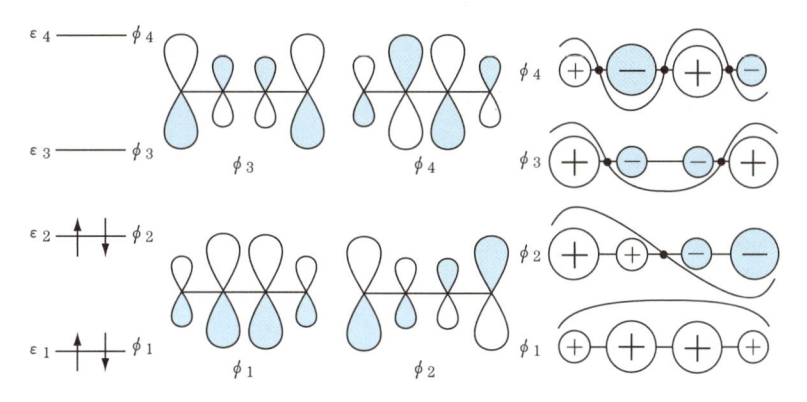

図 6·2 ブタジエンの基底電子配置と分子軌道の模式図（●：節）

次に，アリルラジカル $CH_2 = CH - CH_2\cdot$ を扱ってみよう．分子軌道は

$$\phi = C_1\chi_1 + C_2\chi_2 + C_3\chi_3 \tag{6·21}$$

で，奇数個の π 電子を有する系である．永年方程式は

$$\begin{vmatrix} -\lambda & 1 & 0 \\ 1 & -\lambda & 1 \\ 0 & 1 & -\lambda \end{vmatrix} = -\lambda^3 + 2\lambda = 0 \tag{6·22}$$

で，この方程式の解は $\lambda = 0, \pm\sqrt{2}$ である．軌道エネルギーと分子軌道は

$$\begin{aligned}
\epsilon_3 &= \alpha - \sqrt{2}\beta & \phi_3 &= \frac{1}{2}\chi_1 - \frac{1}{\sqrt{2}}\chi_2 + \frac{1}{2}\chi_3 \\
\epsilon_2 &= \alpha & \phi_2 &= \frac{1}{\sqrt{2}}\chi_1 - \frac{1}{\sqrt{2}}\chi_3 \\
\epsilon_1 &= \alpha + \sqrt{2}\beta & \phi_1 &= \frac{1}{2}\chi_1 + \frac{1}{\sqrt{2}}\chi_2 + \frac{1}{2}\chi_3
\end{aligned} \tag{6·23}$$

となり，中央の軌道 ϕ_2 が非結合性軌道，ϕ_1 が結合性軌道，ϕ_3 が反結合性軌道である．分子軌道の模式図を図 6·3 に示す．アリルラジカルには，エチレンにもブタジエンにもなかった $\epsilon = \alpha$ の軌道エネルギーをもち結合には直接寄与しない非結合性軌道 ϕ_2 がある．

環状 π 電子系であるベンゼンの分子軌道を求めると以下のようになる．

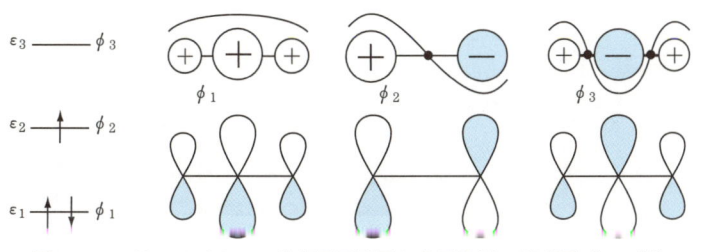

図 6·3 アリルラジカルの基底電子配置と分子軌道の模式図（●：節）

$$\epsilon_6 = \alpha - 2\beta \quad \phi_6 = \frac{1}{\sqrt{6}}(\chi_1 - \chi_2 + \chi_3 - \chi_4 + \chi_5 - \chi_6)$$

$$\epsilon_5 = \alpha - \beta \quad \phi_5 = \frac{1}{\sqrt{12}}(2\chi_1 - \chi_2 - \chi_3 + 2\chi_4 - \chi_5 - \chi_6)$$

$$\epsilon_4 = \alpha - \beta \quad \phi_4 = \frac{1}{\sqrt{4}}(\chi_2 - \chi_3 + \chi_5 - \chi_6)$$

$$\epsilon_3 = \alpha + \beta \quad \phi_3 = \frac{1}{\sqrt{12}}(2\chi_1 + \chi_2 - \chi_3 - 2\chi_4 - \chi_5 + \chi_6) \quad (6\cdot24)$$

$$\epsilon_2 = \alpha + \beta \quad \phi_2 = \frac{1}{\sqrt{4}}(\chi_2 + \chi_3 - \chi_5 - \chi_6)$$

$$\epsilon_1 = \alpha + 2\beta \quad \phi_1 = \frac{1}{\sqrt{6}}(\chi_1 + \chi_2 + \chi_3 + \chi_4 + \chi_5 + \chi_6)$$

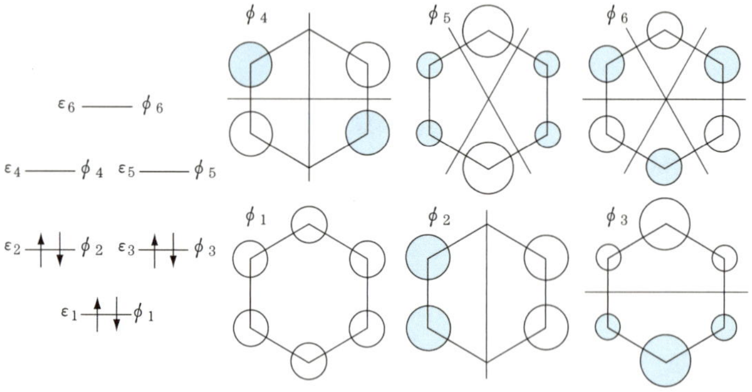

図 6・4 ベンゼンの基底電子配置と分子軌道の模式図（直線：節線）

ベンゼンの分子軌道を求める計算は決して楽なものではない．ベンゼンの対称性を利用すると比較的簡単に求められる．最近では，パソコンで簡単に軌道エネルギーと分子軌道を計算できるソフト，あるいは，計算可能なウェブサイトも存在する．ベンゼンの基底状態での電子配置と分子軌道を図 6・4 に示す．ベンゼンの分子軌道では，二次元の箱の中の粒子の運動や二次元の回転運動の固有関数に見られた節線（nodal line）が存在することがわかる．

π電子共役系では，二重結合の非局在化による安定化エネルギー，つまり非局在化エネルギーを計算することができる．非局在化エネルギーは，二重結合が分子で局在化していると考えた場合のエネルギーから分子軌道法により得られる全π電子エネルギーを引いた値として定義される．ベンゼンでは，図 6・4 からもわかるように全π電子エネルギー E_π は，$E_\pi = 2\epsilon_1 + 2\epsilon_2 + 2\epsilon_3 = 2(\alpha + 2\beta) + 4(\alpha + \beta) = 6\alpha + 8\beta$ となる．二重結合が局在化しているときのπ電子エネルギー E_{loc} は，$E_{loc} = 3(2\alpha + 2\beta) = 6\alpha + 6\beta$ になる．したがって，ベンゼンの非局在化エネルギー E_{deloc} は，$E_{deloc} = E_{loc} - E_\pi = -2\beta$ となる．

6-2 電子密度

Hückel法で求められたj番目の分子軌道ϕ_jは，$\phi_j = \sum_r C_{jr}\chi_r$で表される．$\phi_j$が規格化されていれば，次式が成り立っている．

$$\int \phi_j^2 dv = \sum_{r,s} C_{jr}C_{js} \int \chi_r \chi_s dv$$

$$= \sum_{r\neq s} C_{jr}C_{js} \int \chi_r \chi_s dv + \sum_r C_{jr}^2 \int \chi_r \chi_r dv \qquad (6\cdot 25)$$

$$= \sum_r C_{jr}^2 = 1 \qquad (6\cdot 26)$$

ここで，原子rの近傍での上の積分を考えると近似的に次式が成り立つ．

$$\int_{\text{原子}r\text{の近傍}} \phi_j^2 dv \sim C_{jr}^2 \int_{\text{原子}r\text{の近傍}} \chi_r \chi_r dv \sim C_{jr}^2 \qquad (6\cdot 27)$$

したがって，j番目の分子軌道にある電子が原子rの上に存在する（確率）密度を表す量がC_{jr}^2であると考えることができる．j番目の分子軌道を占めている電子の数をn_jとすると，j番目の分子軌道で，原子r上のπ電子密度は$n_j C_{jr}^2$となる．すべてのπ電子についての原子r上のπ電子密度q_rは，すべての軌道についての和をとり，次式で与えられる．

$$q_r = \sum_{j=1}^{\text{all}} n_j C_{jr}^2 \qquad (6\cdot 28)$$

すべての被占軌道に2個の電子が入っている場合には，次式で計算すればよい．電子が入っている最高の軌道の番号をocc（occupy）とする．

$$q_r = 2\sum_{j=1}^{\text{occ}} C_{jr}^2 \qquad (6\cdot 29)$$

6-3 結合次数

クールソン（Coulson）は，共役系の$r-s$結合の結合次数（bond order）p_{rs}を次のように定義した．

$$p_{rs} = \sum_{j=1}^{\text{all}} n_j C_{jr} C_{js} \qquad (6\cdot 30)$$

すべての被占軌道に2個の電子が入っている場合には，次式で計算すればよい．

$$p_{rs} = 2\sum_{j=1}^{\text{occ}} C_{jr} C_{js} \qquad (6\cdot 31)$$

ここで，結合次数の意味を少し考えてみることにする．軌道エネルギーϵ_iとπ電子全エネルギーE_πをクーロン積分α，共鳴積分β，π電子密度q_rと結合次数p_{rs}で表すと次式のようになる．

$$\epsilon_i = \int \phi_i \hat{h} \phi_i dv = \sum_r \sum_s C_{ir} C_{is} \int \chi_r \hat{h} \chi_s dv$$

$$= \sum_r C_{ir}^2 \alpha_r + \sum_{r(r\neq s)} \sum_s C_{ir} C_{is} \beta_{rs} \qquad (6\cdot 32)$$

$$E_\pi = \sum_i n_i \epsilon_i = \sum_r \left(\sum_i n_i C_{ir}^2\right) \alpha_r + \sum_{r(r\neq s)} \sum_s \left(\sum_i n_i C_{ir} C_{is}\right) \beta_{rs}$$

$$= \sum_r q_r \alpha_r + 2\sum_{r>s} \sum_s p_{rs} \beta_{rs} \qquad (6\cdot 33)$$

上の式から結合次数p_{rs}は，π結合の生成による安定化に対する$r-s$結合の寄与に関係してい

ることがわかる．

次に，シクロブタジエンの場合についてπ電子密度と結合次数を計算してみよう．永年方程式は，次式のようになる．炭素 1 と炭素 4 が結合していることを忘れずに！ 行列式の計算は付録 C-6 を参照．

$$\begin{vmatrix} -\lambda & 1 & 0 & 1 \\ 1 & -\lambda & 1 & 0 \\ 0 & 1 & -\lambda & 1 \\ 1 & 0 & 1 & -\lambda \end{vmatrix} = \lambda^4 - 4\lambda^2 = 0 \tag{6・34}$$

軌道エネルギーと分子軌道は次のように求められる．

$$\begin{aligned}
&\epsilon_4 = \alpha - 2\beta \quad &\phi_4 = 0.5\chi_1 - 0.5\chi_2 + 0.5\chi_3 - 0.5\chi_4 \\
&\epsilon_3 = \alpha \quad &\phi_3 = 0.5\chi_1 + 0.5\chi_2 - 0.5\chi_3 - 0.5\chi_4 \\
&\epsilon_2 = \alpha \quad &\phi_2 = 0.5\chi_1 - 0.5\chi_2 - 0.5\chi_3 + 0.5\chi_4 \\
&\epsilon_1 = \alpha + 2\beta \quad &\phi_1 = 0.5\chi_1 + 0.5\chi_2 + 0.5\chi_3 + 0.5\chi_4
\end{aligned} \tag{6・35}$$

ϕ_2 と ϕ_3 は同じエネルギーをもつので，二重に縮重している．**フント（Hund）の規則**により，基底状態では，ϕ_1 に電子が 2 個スピンを違えて入り，ϕ_2 と ϕ_3 に電子が 1 個ずつスピンを同じ向きにして入った配置をとる．π 電子密度と結合次数を計算すると

$$q_1 = q_2 = q_3 = q_4 = 1, \quad p_{12} = p_{23} = p_{34} = p_{41} = 0.5 \tag{6・36}$$

となる．

ヘキサトリエンの場合には次の結果が得られる．

$$\begin{aligned}
&\epsilon_6 = \alpha - 1.802\beta \\
&\quad \phi_6 = 0.232\chi_1 - 0.418\chi_2 + 0.521\chi_3 - 0.521\chi_4 + 0.418\chi_5 - 0.232\chi_6 \\
&\epsilon_5 = \alpha - 1.247\beta \\
&\quad \phi_5 = 0.418\chi_1 - 0.521\chi_2 + 0.232\chi_3 + 0.232\chi_4 - 0.521\chi_5 + 0.418\chi_6 \\
&\epsilon_4 = \alpha - 0.445\beta \\
&\quad \phi_4 = 0.521\chi_1 - 0.232\chi_2 - 0.418\chi_3 + 0.418\chi_4 + 0.232\chi_5 - 0.521\chi_6 \\
&\epsilon_3 = \alpha + 0.445\beta \\
&\quad \phi_3 = 0.521\chi_1 + 0.232\chi_2 - 0.418\chi_3 - 0.418\chi_4 + 0.232\chi_5 + 0.521\chi_6 \\
&\epsilon_2 = \alpha + 1.247\beta \\
&\quad \phi_2 = 0.418\chi_1 + 0.521\chi_2 + 0.232\chi_3 - 0.232\chi_4 - 0.521\chi_5 - 0.418\chi_6 \\
&\epsilon_1 = \alpha + 1.802\beta \\
&\quad \phi_1 = 0.232\chi_1 + 0.418\chi_2 + 0.521\chi_3 + 0.521\chi_4 + 0.418\chi_5 + 0.232\chi_6
\end{aligned} \tag{6・37}$$

π 電子密度は，炭素の位置によらずすべて $q_r = 1 (r = 1, 2, 3, \cdots, 6)$ となり，結合次数は $p_{12} = p_{56} = 0.871$，$p_{23} = p_{45} = 0.483$，$p_{34} = 0.785$ となる．

6-4　Hückel 分子軌道法におけるヘテロ原子の取扱い

フランやアクロレインなど多くの共役分子は炭素以外の原子を含んでいる．このような分子にも Hückel 分子軌道法の取り扱いができるように，多くのパラメータが用意されている．ヘテロ原子のクーロン積分は $\alpha + h\beta$ の形式で与えられ，h は原子の電気陰性度などから決められる．同じ種類の原子でも共役系に供給する π 電子の数によって h の値は変わる．例えば，アクロレインの酸素とフランの酸素とでは，π 電子数がアクロレインは 1，フランは 2 である．一方，ヘテロ原子と炭素原子の間の共鳴積分は一般に $k\beta$ の形で与えられる．パラメータの代表的な値を表 6・1 に示す．（　）の数値は，別のとり方をした場合の値である．

表 6・1　ヘテロ原子のパラメータ

原子	h の値	結合	k の値
$-\ddot{\mathrm{N}}-$	0.5(0.6)	C=N	1.0(1.0)
$-\ddot{\mathrm{N}}<$	1.5(1.0)	C–N	0.8(1.0)
$=\dot{\mathrm{O}}$	1.0(2.0)	C=O	$1.0(\sqrt{2})$
$-\ddot{\mathrm{O}}-$	2.0	C–O	0.8(0.6)
$-\ddot{\mathrm{F}}$	3.0(2.1)	C–F	0.7(1.25)
$-\ddot{\mathrm{Cl}}$	2.0(1.8)	C–Cl	0.4(0.8)
$-\ddot{\mathrm{Br}}$	1.5(1.4)	C–Br	0.3(0.7)
$-\ddot{\mathrm{C}}\mathrm{H}_3$	2.0(3.0)	C–CH$_3$	0.7(1.0)

a) A.Streitwiser, "Molecular Orbital Theory for Organic Chemists" p.117〜136, John Wiley(1961).；b) 米澤貞次郎，永田親義，加藤博史，今村詮，諸熊奎治『三訂　量子化学入門(上)』, p.61〜66, 化学同人(1983).
注）‥は原子または原子団が供給する π 電子の数を示す．

ホルムアルデヒドを例にとると

$$\begin{vmatrix} -\lambda & 1.0 \\ 1.0 & -\lambda + 1.0 \end{vmatrix} = 0 \tag{6・38}$$

これを解くと，$\lambda = 1.6180, -0.6180$ となる．分子軌道はそれぞれ次のようになる．

$$\epsilon_2 = \alpha - 0.6180\beta \quad \phi_2 = 0.8507\chi_1 - 0.5257\chi_2 \tag{6・39}$$
$$\epsilon_1 = \alpha + 1.6180\beta \quad \phi_1 = 0.5257\chi_1 + 0.8507\chi_2 \tag{6・40}$$

ここで，χ_1 は炭素原子の $2\mathrm{p}_z$ 原子軌道，χ_2 は酸素の $2\mathrm{p}_z$ 原子軌道である．π 電子密度と結合次数はそれぞれ

$$q_1 = 0.5528, \quad q_2 = 1.4472, \quad p_{12} = 0.8944$$

となる．エチレン分子の場合と比較すると，π 電子密度が炭素から酸素に移動し $\mathrm{C}^{\delta+} - \mathrm{O}^{\delta-}$ となっていること，結合次数が 1 より小さく，極性結合の性質を帯びていることなどが示される．ϕ_2 軌道は ϕ_1 軌道とは逆に，炭素原子上に大きな分布をもつ反結合性の軌道であり，電子の豊富な求核剤は酸素原子よりも炭素原子を攻撃しやすいことがわかる．

[補足説明]
◎　拡張 Hückel 法

Hückel 法では，π 電子のみを取り扱ったが，拡張 Hückel 法 (extended Hückel

method）では原子価電子のすべて（例えば，炭素では 2s, $2p_x$, $2p_y$, $2p_z$ の四つの原子軌道）を考慮した方法であり，金属を含む化合物の構造の議論に有益な方法として確立した．重なり積分 S については，Hückel 法と異なりすべての積分を 0 としない．

第7章
近 似 法

　Schrödinger 方程式が正確に解析的に解けるのは，原子や分子では水素類似原子か水素分子イオンのみである．それ以外の原子や分子では近似法（approximation method）を用いてエネルギーや波動関数を求めなければならない．ここでは近似法の代表的な二つの方法，摂動論（perturbation method）と変分法（variation method）を簡単に説明する．

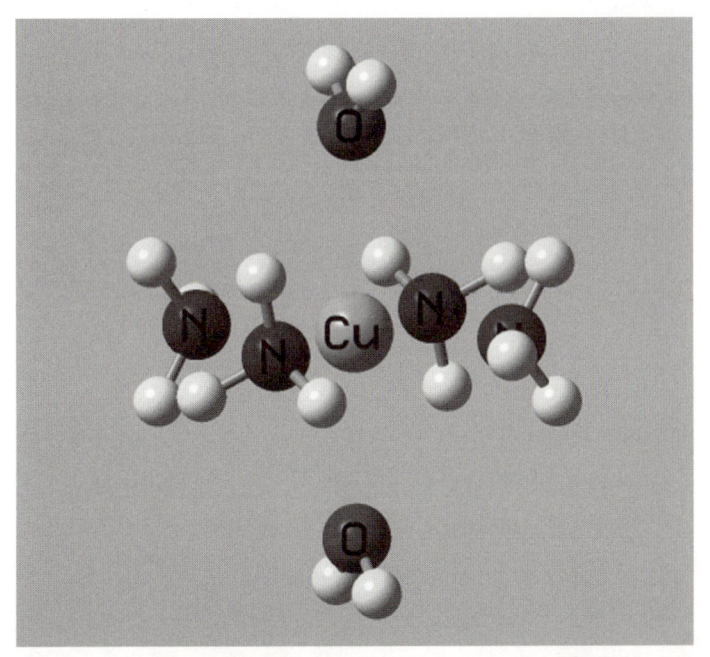

摂動法により，溶媒の極性効果，NMR スペクトルなどが現在計算できるようになっている．図は密度汎関数法で求めた〔$Cu(NH_3)_4(H_2O)_2$〕$^{+2}$ の構造

第7章 近似法

7-1 摂動論

7-1-1 縮重のない場合

固有値と固有関数がわかっているハミルトン演算子 $\hat{H}_0$ に $\hat{H}_0$ より小さい項が加えられたハミルトン演算子 $\hat{H}$ で系が表される場合に，その系の固有値，固有関数を計算するのが摂動論である．

計算の都合で，加えられた小さい項（摂動項とよばれる）を $\lambda \hat{H}'$ で表す．すなわち系のハミルトン演算子は次式で与えられるとする．

$$\hat{H} = \hat{H}_0 + \lambda \hat{H}' \tag{7・1}$$

このハミルトン演算子に対する n 番目の固有値と固有関数を E_n と ψ_n とすると Schrödinger 方程式は

$$\hat{H}\psi_n = E_n \psi_n \tag{7・2}$$

となり，E_n と ψ_n を $\hat{H}_0$ の固有値と固有関数（0次の固有値と固有関数）を用いて近似的に求めるのが摂動論である．ここでは簡単に縮重のない $\hat{H}_0$ の系での摂動論を説明する．

まず，$\hat{H}_0$ の i 番目の固有値を $E_i{}^0$，固有関数を $\psi_i{}^0$ とすると次式が成り立つ．

$$\hat{H}_0 \psi_i{}^0 = E_i{}^0 \psi_i{}^0 \tag{7・3}$$

縮重がないと仮定しているので，$E_i{}^0 \neq E_j{}^0 (i \neq j)$．$\lambda \hat{H}'$ は H_0 より小さいので，式(7・2)の n 番目の固有値と固有関数は λ のべき級数で次のように展開できる．

$$E_n = E_n{}^0 + \lambda E_n{}^1 + \lambda^2 E_n{}^2 + \cdots \tag{7・4}$$

$$\psi_n = \psi_n{}^0 + \lambda \psi_n{}^1 + \lambda^2 \psi_n{}^2 + \cdots \tag{7・5}$$

ここで，$E_n{}^1$，$\psi_n{}^1$ などは，それぞれ一次の補正エネルギー，補正関数である．
式(7・4)と式(7・5)を式(7・2)に代入し，さらに展開して両辺を λ のべきごとに（λ^0, λ^1, λ^2, $\cdots$）整理すると次の関係が得られる．

$$\hat{H}_0 \psi_n{}^0 = E_n{}^0 \psi_n{}^0 \tag{7・6}$$

$$\hat{H}' \psi_n{}^0 + \hat{H}_0 \psi_n{}^1 = E_n{}^1 \psi_n{}^0 + E_n{}^0 \psi_n{}^1 \tag{7・7}$$

$$\hat{H}' \psi_n{}^1 + \hat{H}_0 \psi_n{}^2 = E_n{}^2 \psi_n{}^0 + E_n{}^1 \psi_n{}^1 + E_n{}^0 \psi_n{}^2 \tag{7・8}$$

$$\cdots \quad \cdots \quad \cdots$$

式(7・6)は成立している．次の式(7・7)から一次の補正エネルギー，補正関数である $E_n{}^1$，$\psi_n{}^1$ を $E_n{}^0$，$\psi_n{}^0$ を用いて求めることができる．以下同様にして次々に高次の補正エネルギーと補正関数を計算することができる．ここでは一次の項を計算してみよう．（一次の摂動論）

一次の補正関数 $\psi_n{}^1$ は次式のように $\hat{H}_0$ の固有関数系 $\{\psi_i{}^0\}$ で展開できる．

$$\psi_n{}^1 = \sum_i a_i \psi_i{}^0 \tag{7・9}$$

ここで，a_i は展開係数である．式(7・9)を式(7・7)に代入し式(7・3)を用いて次式を得る．

$$\hat{H}' \psi_n{}^0 + \sum_i a_i E_i{}^0 \psi_i{}^0 = E_n{}^1 \psi_n{}^0 + E_n{}^0 \sum_i a_i \psi_i{}^0 \tag{7・10}$$

上式の両辺に左から $\psi_j{}^{0*}$ をかけて積分すると

$$\int \psi_j{}^{0*} \hat{H}' \psi_n{}^0 dv + \sum_i a_i E_i{}^0 \int \psi_j{}^{0*} \psi_i{}^0 dv =$$

$$E_n{}^1 \int \phi_j{}^{0*}\phi_n{}^0 dv + E_n{}^0 \sum_i a_i \int \phi_j{}^{0*}\phi_i{}^0 dv \tag{7・11}$$

が得られる．ここで，0次の固有関数の規格直交性（$\int \phi_k{}^{0*}\phi_\ell{}^0 dv = \delta_{k\ell}$）と $\hat{H}'$ の行列要素の表示 $H'_{k\ell} = \int \phi_k{}^{0*}\hat{H}'\phi_\ell{}^0 dv$ を用いると式(7・11)は次のように書ける．

$$H'_{jn} + a_j E_j{}^0 = E_n{}^1 \delta_{jn} + E_n{}^0 a_j \tag{7・12}$$

式(7・12)で，$j = n$ とすると，一次の補正エネルギーが求まる．

$$E_n{}^1 = H'_{nn} \tag{7・13}$$

さらに，式(7・12)で，$j \neq n$ の場合には，式(7・9)の展開係数 a_j が次式のように求まる．

$$a_j = \frac{H'_{jn}}{E_n{}^0 - E_j{}^0} \quad (j \neq n) \tag{7・14}$$

a_n は ϕ_n の規格化から0としてよいことがわかる．以上で一次の補正エネルギーと補正関数が求められた．一次の摂動論の結果をまとめると以下のようになる．

$$\phi_n = \phi_n{}^0 + \sum_{i(\neq n)} \frac{H'_{in}}{E_n{}^0 - E_i{}^0} \phi_i{}^0 \tag{7・15}$$

$$E_n = E_n{}^0 + H'_{nn} \tag{7・16}$$

二次の補正エネルギーと補正関数は同様の方法で求めることができる．ここでは，二次の補正エネルギーを加えた E_n だけを示す．

$$E_n = E_n{}^0 + H'_{nn} + \sum_{i(\neq n)} \frac{|H'_{in}|^2}{E_n{}^0 - E_i{}^0} \tag{7・17}$$

7-1-2 縮重のある場合

一般に無摂動系の波動関数が縮重している場合，摂動が加わると固有値（エネルギー）が分裂し，分裂した各固有値（一次の補正エネルギー）にもとの波動関数の一次結合から作られた波動関数が対応する．これが0次の固有関数になる．ここでは，簡単に取り扱い方と一次の補正エネルギーの結果だけを示すことにする．

無摂動系において n 番目の固有値 $E_n{}^0$ が f 重に縮重し，f 個の固有関数 $\phi_{n1}{}^0, \phi_{n2}{}^0, \cdots, \phi_{nf}{}^0$ が対応する固有関数であるとする．摂動が加わり，0次の固有関数が次のように一次結合で表すことができるとする．

$$\phi_n{}^0 = \sum_{j=1}^f c_j \phi_{nj}{}^0$$

縮重がない場合と同様に固有値と固有関数を λ のべきで展開して扱うと，上の式の展開係数 c_j を決定する連立一次方程式として次式が得られる．

$$\sum_{j=1}^f (H'_{ij} - E_n{}^1 \delta_{ij}) c_j = 0, \quad (i = 1, 2, \cdots, f) \tag{7・18}$$

ここで，$H'_{ij} = \int \phi_{ni}{}^{0*} \hat{H}' \phi_{nj}{}^0 dv$ であり係数 c_j がすべて0以外の解をもつ条件として

$$|H'_{ij} - E_n{}^1 \delta_{ij}| = 0 \tag{7・19}$$

が成り立たなければならない．この永年方程式から得られる f 個の $E_n{}^1$ を $E_{n1}{}^1, E_{n2}{}^1, \cdots, E_{nf}{}^1$ とすると，一次の摂動エネルギーは

$$E_{nj} = E_n{}^0 + E_{nj}{}^1 \tag{7・20}$$

で与えられる．さらに，係数の連立方程式(7・18)と規格化条件から係数が求まり，0次の波動関数が得られる．一次の補正関数は，縮重していない場合と同様の方針で求められる．

7-2 摂動論の応用

7-2-1 ヘリウム原子

摂動論の例として，ヘリウム原子の基底状態のエネルギーを計算してみる．ヘリウム原子の電子を1，2とし，電子間の距離を r_{12}，核からの距離をそれぞれ r_1，r_2 とするとハミルトン演算子は次式で与えられる．Z は原子番号である．ここで，$e' = e/(4\pi\varepsilon_0)^{1/2}$ とする．

$$\hat{H} = \left(-\frac{\hbar^2}{2m}\Delta_1 - \frac{Ze'^2}{r_1}\right) + \left(-\frac{\hbar^2}{2m}\Delta_2 - \frac{Ze'^2}{r_2}\right) + \frac{e'^2}{r_{12}} \tag{7・21}$$

ここで，第1項と第2項の和を $\hat{H}_0$ とし，第3項を摂動項 $\hat{H}'$ とする．$\hat{H}_0$ は電子1と電子2のみに依存する項の和であるから，全体の固有関数 $\Psi_0(1,2)$ はそれぞれの固有関数の積として表すことができる．ところで，電子1および電子2の部分は水素類似原子のハミルトン演算子にほかならない．したがって，個々の固有関数としてエネルギーの最も低い 1s 軌道 ψ_{1s} を用いると，全体の固有関数 $\Psi_0(1,2)$ と全体のエネルギー E_0 は，次式となる．

$$\Psi_0(1,2) = \phi_{1s}(1)\phi_{1s}(2) = \frac{1}{\sqrt{\pi}}\left(\frac{Z}{a_0}\right)^{3/2} e^{-(Zr_1/a_0)} \frac{1}{\sqrt{\pi}}\left(\frac{Z}{a_0}\right)^{3/2} e^{-(Zr_2/a_0)}$$

$$= \frac{1}{\pi}\left(\frac{Z}{a_0}\right)^3 e^{-(Z/a_0)(r_1+r_2)} \tag{7・22}$$

$$E_0 = Z^2 E_1 + Z^2 E_2 = 2Z^2 E_{1s} \tag{7・23}$$

上の0次の波動関数を用いて一次の摂動エネルギー E を計算すると

$$E = E_0 + H'_{00} = 2Z^2 E_{1s} + \iint \Psi_0^*(1,2) \frac{e^2}{r_{12}} \Psi_0(1,2)\, dv_1 dv_2 \tag{7・24}$$

となる．さらに，第2項の積分を計算すると最終的に，一次の摂動エネルギーは次式となる．

$$E = 2Z^2 E_{1s} - \frac{5}{4} Z E_{1s} = \left(2Z - \frac{5}{4}\right) Z E_{1s} \tag{7・25}$$

ここで，ヘリウム原子では $Z=2$ であり，$E_{1s} = -13.606\,\mathrm{eV}$ とすると，ヘリウムの基底状態の一次の摂動エネルギーは，$-74.83\,\mathrm{eV}$ となる．ヘリウム原子の基底状態のエネルギーの実測値は $-79.006\,\mathrm{eV}$ であるから，この精度はよくない．これは，一次の補正項($-5Z/4 E_{1s}$)が無摂動系のエネルギー($2Z^2 E_{1s}$)に比べて大きいためであると考えられる．

7-2-2 分子軌道法での応用

ある化合物の分子軌道がわかっている，すなわち次式が解けているとする．

$$\hat{h}\phi_i = \epsilon_i \phi_i \tag{7・26}$$

ここで，分子軌道 ϕ_i は

$$\phi_i = \sum_s C_{is}\chi_s \tag{7・27}$$

のように LCAO 近似で与えられるとする．

いま，この系の r 番目の原子のクーロン積分(6章)が α_r から $\alpha_r + \delta\alpha_r$ に変化した場合の ϵ_i の変化を摂動論で求めてみる．ϵ_i の変化 $\delta\epsilon_i$ は式(7・17)から

であるが，式(7・27)から

$$\delta\epsilon_i = H'_{ii} + \sum_{k\neq i}^{all}\frac{H'_{ik}H'_{ki}}{\epsilon_i - \epsilon_k} + \cdots \tag{7・28}$$

$$H'_{ij} = \int \phi_i \hat{H}' \phi_j dv = \sum_s \sum_t C_{is}C_{jt} \int \chi_s \hat{H}' \chi_t dv \tag{7・29}$$

となる．この式で，$\int \chi_s \hat{H}' \chi_t dv = \delta\alpha_r \delta_{sr} \delta_{tr}$ とすれば

$$H'_{ij} = C_{ir}C_{jr}\delta\alpha_r \tag{7・30}$$

となる．この式を式(7・28)に代入すれば次式が得られる．

$$\delta\epsilon_i = (C_{ir})^2 \delta\alpha_r + \sum_{k\neq i}^{all}\frac{(C_{ir}C_{kr})^2}{\epsilon_i - \epsilon_k}(\delta\alpha_r)^2 \tag{7・31}$$

これを被占軌道について2倍して加算すれば，クーロン積分の変化による全電子エネルギーの変化 δE が得られる．（しかし，適用できるのは，Hückel法と拡張Hückel法のみである）

$$\delta E = 2\sum_i^{occ}(C_{ir})^2 \delta\alpha_r + 2\sum_i^{occ}\sum_{k\neq i}^{all}\frac{(C_{ir}C_{kr})^2}{\epsilon_i - \epsilon_k}(\delta\alpha_r)^2 \tag{7・32}$$

7-3 変 分 法

　変分法は，変分原理にしたがって，ハミルトン演算子の最低エネルギーの近似固有値と試行関数（trial function）を求める方法である．変分原理（variational principle）とは次のような原理である．

　$\hat{H}$ の真の最低固有値と，固有関数を E_0, ψ_0 とする．また，規格化された任意の関数を ϕ とすると

$$I = <E> = \int \phi^* \hat{H} \phi dv \geq E_0 \tag{7・33}$$

である．つまり，真の最低エネルギーは，任意の関数によるエネルギー期待値 $<E>$ より常に小さいか等しいということになる．ただし等号が成り立つのは $\phi = \psi_0$ の場合である．

　次に，変分原理を証明してみよう．$\hat{H}$ の固有値を E_n, 固有関数を ψ_n とし，規格化された任意の関数を ϕ とすると，次式が成り立つ．

$$\hat{H}\psi_n = E_n\psi_n, \quad \int \psi_n^* \psi_m dv = \delta_{nm} \tag{7・34}$$

$$\int \phi^* \phi dv = 1, \quad <E> = \int \phi^* \hat{H} \phi dv, \quad \phi = \sum C_n \psi_n \tag{7・35}$$

ここで，最後の式 $\phi = \sum C_n \psi_n$ は，任意の関数は，$\hat{H}$ の固有関数で展開できるということを意味している．次に，$<E> - E_0$ を計算し，これが正か0であることを示す．

$$<E> - E_0 = \int \phi^* \hat{H} \phi dv - E_0 \int \phi^* \phi dv$$

$$= \int \phi^* (\hat{H} - E_0) \phi dv$$

$$= \int \sum_n C_n^* \psi_n^* (\hat{H} - E_0) \sum_m C_m \psi_m dv$$

$$= \sum_n \sum_m C_n^* C_m \int \psi_n^* (\hat{H} - E_0) \psi_m dv \quad (\hat{H}\psi_m = E_m\psi_m)$$

$$= \sum_n \sum_m C_n{}^* C_m (E_m - E_0) \int \psi_n{}^* \psi_m dv \quad (\int \psi_n{}^* \psi_m dv = \delta_{nm})$$

$$= \sum_n C_n{}^* C_n (E_n - E_0) \geq 0 \quad (C_n{}^* C_n \geq 0,\ E_n - E_0 \geq 0)$$

等号は，$C_n = 0 (n \neq 0)$ のとき，つまり $\phi = \sum C_n \psi_n = C_0 \psi_0 = \psi_0$ のとき成立．したがって，$<E> \geq E_0$．すなわち変分原理が成り立つ．

この変分原理を用いて，基底状態 (ground state) に対する試行関数を近似的に決定するには，通常，ϕ に適当なパラメータ C_i を含ませて，C_i を調節して式(7·33)の積分値 I が極値（最小値）をもつようにすれば，それが与えられた試行関数での最良の近似の固有関数で I の値が近似の固有値となる．

7-4 変分法の応用

7-4-1 ヘリウム原子

ヘリウム原子の基底状態の近似波動関数として摂動論のヘリウム原子で用いた 0 次の波動関数，式 (7·22) を採用することにする．ここでは，スピンを考慮しないことにすると，試行関数は次式となる．

$$\varPhi_0(1,2) = \frac{1}{\pi}\left(\frac{Z'}{a_0}\right)^3 e^{-(Z'/a_0)(r_1+r_2)} \tag{7·36}$$

ただし，$Z = 2$ としないで，変分パラメータ Z' とし

$$I = \iint \varPhi_0{}^*(1,2) \hat{H} \varPhi_0(1,2)\, dv_1 dv_2 \tag{7·37}$$

が最低（極値をもつ）になるように決める．この積分を実行すると最終的に次の結果が得られる．（付録 G）

$$I = \left(-2Z'^2 + 4ZZ' - \frac{5}{4}Z'\right) E_{1s} \tag{7·38}$$

I を極小にするための Z' は

$$\frac{\partial I}{\partial Z'} = \left(-4Z' + 4Z - \frac{5}{4}\right) E_{1s} = 0 \tag{7·39}$$

で決まり，Z' と E は

$$Z' = Z - \frac{5}{16},\ E = 2\left(Z - \frac{5}{16}\right)^2 E_{1s} \tag{7·40}$$

となる．$Z = 2$，$E_{1s} = -13.606\,\text{eV}$ とすると，ヘリウム原子の基底状態のエネルギーとして $E = -77.49\,\text{eV}$ が得られる．この結果を，測定値 $(-79.006\,\text{eV})$ と比較すると摂動論の結果 $(-74.83\,\text{eV})$ よりよい値が得られることがわかる．ここで，$Z' = 27/16 = 1.6875$ を**有効核電荷** (effective nuclear charge) という．

7-4-2 一次元調和振動子

一次元調和振動子の最低エネルギー準位の試行関数 $\phi(x)$ を変分法で計算してみよう．波動関数としては，$x = \pm \infty$ で $\phi(x) = 0$ であり，最低エネルギー準位なので節(node)をもたない関数 $\phi(x, a) = Ae^{-ax^2} (a > 0)$ を採用しよう．ここで，a は，変分パラメータで，a の値を変化させて ϕ によるエネルギー期待値が最低になる（極値をもつ）ようになるようにすればよい．A

は，規格化定数であり，次のように決めればよい．

$$\int \phi^* \phi dx = A^2 \int_{-\infty}^{\infty} e^{-2ax^2} dx = A^2 \sqrt{\frac{\pi}{2a}} = 1 \tag{7・41}$$

したがって，$A = (2a/\pi)^{1/4}$ となる．次に，$I(a) = <E>$ を計算する．詳しい計算過程は省略するが，付録の C-4 の積分公式を用いる．結果は

$$I(a) = \int \phi^* \hat{H} \phi dx = \int \phi^* \left(-\frac{\hbar^2}{2m} \frac{d^2}{dx^2} + \frac{k}{2} x^2 \right) \phi dx$$
$$= \frac{1}{8} \left(\frac{4\hbar^2 a}{m} + \frac{k}{a} \right) \tag{7・42}$$

となる．$I(a)$ を a で微分し，0 とおくと

$$\frac{dI(a)}{da} = \frac{1}{8} \left(\frac{4\hbar^2}{m} - \frac{k}{a^2} \right) = 0 \tag{7・43}$$

であり，a は正であるから，$a = \sqrt{km}/2\hbar$ が得られる．3 章の式(3・29)のパラメータ $\beta = \sqrt{mk}/\hbar$ を用いると，$a = \beta/2$ となる．この a を $I(a)$ に代入して計算すると

$$I\left(\frac{\sqrt{km}}{2\hbar}\right) = \frac{1}{8} \left(\frac{4\hbar^2}{m} \frac{\sqrt{km}}{2\hbar} + \frac{2\hbar k}{\sqrt{km}} \right)$$
$$= \frac{1}{8} 4\hbar \sqrt{\frac{k}{m}} = \frac{1}{2} h \frac{1}{2\pi} \sqrt{\frac{k}{m}} = \frac{1}{2} h\nu \tag{7・44}$$

となり，ϕ は，最終的に次式となる．

$$\phi(x) = \left(\frac{\beta}{\pi}\right)^{1/4} e^{-\frac{1}{2}\beta x^2} \tag{7・45}$$

実は，この ϕ は，正確な最低エネルギー準位の固有関数であり，正確な最低エネルギーを与えている．このように，変分法は簡単な系では試行関数の選択が正しければ，真の固有関数に一致することがある．

第 8 章
分子軌道法の詳細

　この章では，構成軌道の原子軌道から二原子分子の分子軌道をつくるときに，原子軌道のエネルギーと形がどのように変化するかを説明するとともに，現在主に使用されている分子軌道法計算の概略を説明する．

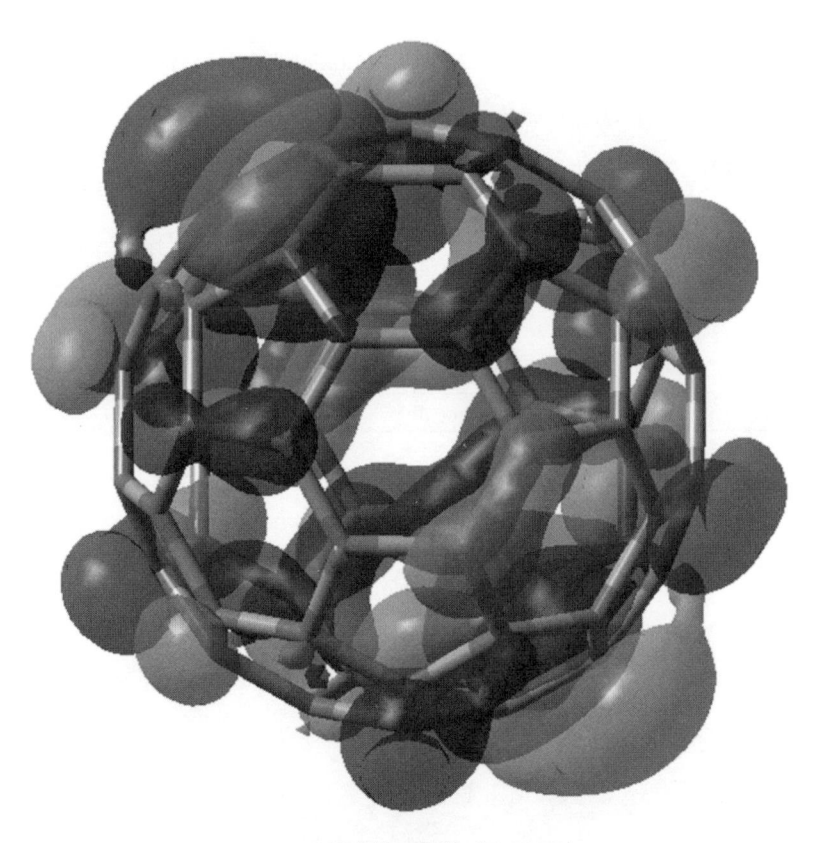

C_{60} の最高被占軌道（HOMO）

第8章 分子軌道法の詳細

構成原子の原子軌道（AO）から二原子分子の分子軌道（MO）をつくるときに，原子軌道のエネルギーがどのように変化するかを説明する．二原子分子での1電子波動関数が，原子 A，B の原子軌道の線形結合で表されるという前提（LCAO 近似, approximation of linear combination of atomic orbitals）を課す．原子 A，B の原子軌道をそれぞれ χ_A と χ_B とし，分子軌道 ψ_i が次式で与えられる最も単純な場合を考える．

$$\psi_i = C_{iA}\chi_A + C_{iB}\chi_B \tag{8・1}$$

変分法(7-3節，6-1節参照)により，ψ_i を試行波動関数としたときの係数 C_{iA}，C_{iB} を決定する連立方程式は，次式で与えられる．（式(6・6)で1を A に，2を B に変更した式）

$$(\epsilon_A - \epsilon_i)C_{iA} + (h_{AB} - \epsilon_i S_{AB})C_{iB} = 0 \tag{8・2}$$

$$(h_{AB} - \epsilon_i S_{AB})C_{iA} + (\epsilon_B - \epsilon_i)C_{iB} = 0 \tag{8・3}$$

永年方程式は

$$\begin{vmatrix} \epsilon_A - \epsilon_i & h_{AB} - \epsilon_i S_{AB} \\ h_{AB} - \epsilon_i S_{AB} & \epsilon_B - \epsilon_i \end{vmatrix} = 0 \tag{8・4}$$

で表される．ここで

$$\epsilon_A = h_{AA} = \int \chi_A{}^* \hat{H} \chi_A dv, \quad \epsilon_B = h_{BB} = \int \chi_B{}^* \hat{H} \chi_B dv \quad (\epsilon_A < 0, \ \epsilon_B < 0) \tag{8・5}$$

であり，一電子エネルギー ϵ_A，ϵ_B はクーロン積分（Coulomb integral）ともよばれる．また

$$h_{AB} = \int \chi_A{}^* \hat{H} \chi_B dv = \int \chi_B{}^* \hat{H} \chi_A dv = \beta \quad (h_{AB} = \beta < 0) \tag{8・6}$$

であり，β は共鳴積分（resonance integral）とよばれ，A と B の間の AO の重なりによるエネルギーの安定化に寄与している．また

$$S_{AB} = \int \chi_A{}^* \chi_B dv \tag{8・7}$$

は重なり積分（overlap integral）とよばれ，次元はなく $-1 \leq S_{AB} \leq 1$ である．

8-1　等核二原子分子

最初に，原子 A と B が同じ原子である等核二原子分子を扱う．

○ $h_{AA} \equiv \epsilon_A = \epsilon_B \equiv h_{BB}$，$0 \leq S_{AB}$ の場合

永年方程式(8・4)を書き直すと

$$(\epsilon_A - \epsilon_i)^2 - (h_{AB} - \epsilon_i S_{AB})^2 = 0 \tag{8・8}$$

となり，この解 ϵ_1，ϵ_2 は次式で与えられる．

$$\epsilon_1 = \frac{\epsilon_A + h_{AB}}{1 + S_{AB}} \tag{8・9}$$

$$\epsilon_2 = \frac{\epsilon_A - h_{AB}}{1 - S_{AB}} \tag{8・10}$$

ここで，$\epsilon_1 < \epsilon_2$ である．

$0 \leq S_{AB} \ll 1$ の場合，すなわち軌道の重なり積分が非常に小さいとき，次の近似式

$$1/(1 \pm x) = (1 \pm x)^{-1} \approx 1 \mp x \quad (|x| \ll 1)$$

を用いると，式(8・9)，(8・10)は，下の式で表すことができる．

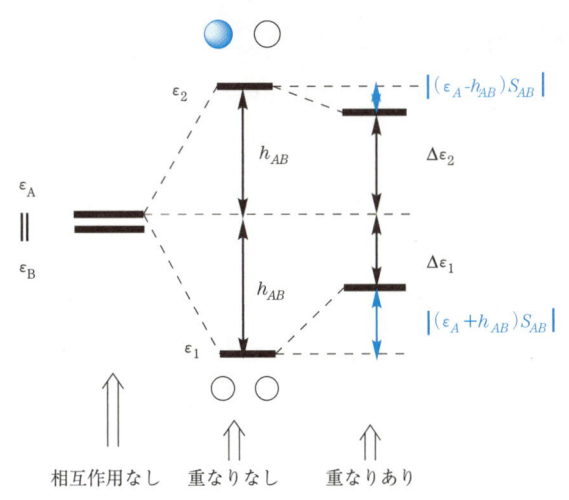

図 8·1 等核二原子分子の分子軌道

$$\epsilon_1 \simeq \epsilon_A + h_{AB} - (\epsilon_A + h_{AB})S_{AB}$$
$$\epsilon_2 \simeq \epsilon_A - h_{AB} + (\epsilon_A - h_{AB})S_{AB}$$

　軌道間に相互作用がない場合，すなわち，$h_{AB} = 0$ のときには，軌道の形は全く変化しない．また相互作用がある，すなわち，h_{AB} が 0 でないときには，軌道は混合し，軌道の形は変化する．（軌道相互作用の原理Ⅰ）

　$S_{AB}(> 0)$ が大きくなると ϵ_2 は低くなる一方，ϵ_1 は高くなる（軌道相互作用の原理Ⅱ）．これは，軌道の重なりが大きくなるにつれて電子対間の反発が大きくなることによる．

　重なりが 0 でないとき，式(8·9)および式(8·10)を用いると，軌道形成によるエネルギー変化は

$$\Delta\epsilon = \epsilon_2 + \epsilon_1 - 2\epsilon_A = \frac{2}{1 - S_{AB}^2}[-h_{AB}S_{AB} + \epsilon_A S_{AB}^2] \tag{8·11}$$

となる．$0 \leq S_{AB} \ll 1$ なので $\Delta\epsilon > 0 (h_{AB} < 0)$ となる．式(8·9)を式(8·2)に代入すると

$$\left(\epsilon_A - \frac{\epsilon_A + h_{AB}}{1 + S_{AB}}\right)C_{1A} + \left(h_{AB} - \frac{\epsilon_A + h_{AB}}{1 + S_{AB}}S_{AB}\right)C_{1B} = 0$$

を得る．$1 + S_{AB}$ を両辺にかけた後に整理すると

$$(\epsilon_A S_{AB} - h_{AB})C_{1A} + (h_{AB} - \epsilon_A S_{AB})C_{1B} = 0$$

となり，$h_{AB} \neq \epsilon_A S_{AB}$ の場合には，$C_{1A} = C_{1B}$ を得る．規格化条件

$$\int \phi_1^2 dv = \int \{C_{1A}^2(\chi_A + \chi_B)^2\} dv = C_{1A}^2 \int (\chi_A^2 + 2\chi_A\chi_B + \chi_B^2) dv = 1$$

と式(8·9)，および $\int \chi_A^2 dv = \int \chi_B^2 dv = 1$ を用いると，係数 $C_{1A} = C_{1B} = \frac{1}{\sqrt{2(1 + S_{AB})}}$ が求まり，エネルギーの低い方の軌道波動関数は

$$\phi_1 = \frac{\chi_A + \chi_B}{\sqrt{2(1 + S_{AB})}} \tag{8·12}$$

となる．同様に，式(8·10)を式(8·3)に代入すると

$$\left(h_{AB} - \frac{\epsilon_A - h_{AB}}{1 - S_{AB}}S_{AB}\right)C_{2A} + \left(\epsilon_A - \frac{\epsilon_A - h_{AB}}{1 - S_{AB}}\right)C_{2B} = 0$$

となり，整理すると
$$(h_{AB} - \epsilon_A S_{AB})C_{2A} + (h_{AB} - \epsilon_A S_{AB})C_{2B} = 0$$
となる．$h_{AB} \neq \epsilon_A S_{AB}$ の場合には，$C_{1A} = -C_{1B}$ を得る．規格化条件を用いると，エネルギーの高い方の軌道波動関数は
$$\psi_2 = \frac{\chi_A - \chi_B}{\sqrt{2(1 - S_{AB})}} \tag{8・13}$$
となる．

エネルギーが低い方の軌道波動関数 ψ_1 は，χ_A，χ_B の同じ符号の線形結合である．これを同位相（in-phase）といい，エネルギーが高い方の軌道の波動関数 ψ_2 は，χ_A，χ_B の異なる符号の線形結合で表される．このことを逆位相（out-of-phase）であるという．

結合軸方向に重なる場合は σ 軌道であり，結合軸に垂直に重なるときは，π 軌道とよばれる．s 軌道同士では，σ 軌道のみが，p 軌道同士では σ 軌道と π 軌道が生じる．（第 5 章の図 5・4 と 5・5 参照）

χ_A，χ_B が結合軸方向に同位相で重なった ψ_1 は結合性分子軌道である．σ_g あるいは π_u とも記述される．χ_A，χ_B が結合軸方向に逆位相で重なった ψ_2 は反結合性分子軌道である．$\sigma_u{}^*$ あるいは $\pi_g{}^*$ ともよばれる．ここで，添え字 g と u は，ドイツ語で偶数と奇数を意味する *gerade* と *ungerade* の頭文字である．これらの対称性の記号は，二原子分子の中心に対する反転対称性で，対称（symmetric）か反対称（anti-symmetric）かを表している．σ 軌道と π 軌道とで結合性軌道と反結合性軌道の反転対称性が異なることに注意すること．以上の g，u は等核二原子分子に適用され，次の節で述べる異核二原子分子には適用されない．

8-2 異核二原子分子

異核二原子分子では，二つの異なるエネルギー準位をもつ原子が分子を形成するので，一般的に等核二原子分子のような，第 5 章の図 5・6 に示される標準的な分子軌道を考えるわけにはいかない．異核二原子分子における分子軌道の特徴を説明することにする．

第 5 章で述べたように，異核二原子分子では，等核二原子分子と違って，電子分布が対称的ではない．異核二原子分子の二つの原子軌道 χ_A，χ_B から，二つの分子軌道をつくる系を考える．

(1) $\epsilon_A - \epsilon_B \gg |h_{AB}|$，$h_{AB} < 0$，$S_{AB} \approx 0$ の場合

この条件で永年方程式 (8・4) は
$$\begin{vmatrix} \epsilon_A - \epsilon_i & h_{AB} \\ h_{AB} & \epsilon_B - \epsilon_i \end{vmatrix} = 0 \tag{8・14}$$
となり，展開すると
$$\epsilon_i{}^2 - (\epsilon_A + \epsilon_B)\epsilon_i - (h_{AB}{}^2 - \epsilon_A \epsilon_B) = 0$$
と書き直すことができる．このとき，解は
$$\begin{aligned}\epsilon_i &= \frac{(\epsilon_A + \epsilon_B) \pm \sqrt{(\epsilon_A + \epsilon_B)^2 + 4(h_{AB}{}^2 - \epsilon_A \epsilon_B)}}{2} \\ &= \frac{(\epsilon_A + \epsilon_B) \pm \sqrt{(\epsilon_A - \epsilon_B)^2 + 4 h_{AB}{}^2}}{2}\end{aligned}$$

$$= \frac{1}{2}(\epsilon_A + \epsilon_B) \pm \frac{1}{2}(\epsilon_A - \epsilon_B)\sqrt{1 + \frac{4h_{AB}^2}{(\epsilon_A - \epsilon_B)^2}}$$

ここで，$\epsilon_A - \epsilon_B \gg |h_{AB}|$ であるから，x が非常に小さいときの近似式 $\sqrt{1+x} \approx 1 + \frac{1}{2}x$ を用いると

$$\epsilon_i \approx \frac{1}{2}(\epsilon_A + \epsilon_B) \pm \frac{1}{2}(\epsilon_A - \epsilon_B)\left(1 + \frac{1}{2}\frac{4h_{AB}^2}{(\epsilon_A - \epsilon_B)^2}\right)$$

となる．二つの解 ϵ_1 と ϵ_2 を $\epsilon_1 < \epsilon_2$ とすると，それぞれ次式で与えられる．

$$\epsilon_1 = \epsilon_A - \frac{h_{AB}^2}{\epsilon_A - \epsilon_B} \tag{8・15}$$

$$\epsilon_2 = \epsilon_B + \frac{h_{AB}^2}{\epsilon_A - \epsilon_B} \tag{8・16}$$

$\epsilon_A - \epsilon_B$ が大きくなればなるほど $h_{AB}^2/(\epsilon_A - \epsilon_B)(>0)$ は小さくなる．次に，分子波動関数を求めよう．式(8・2)で $S_{AB} = 0$ として得られる $(\epsilon_A - \epsilon_i)C_{iA} + h_{AB}C_{iB} = 0$ に式(8・15)を代入すると，係数比 γ は次式で与えられる．

$$\gamma \equiv \frac{C_{1B}}{C_{1A}} = -\frac{h_{AB}}{\epsilon_A - \epsilon_B} \tag{8・17}$$

エネルギーの低い方の軌道に対応する波動関数 ψ_1 は

$$\psi_1 = \frac{1}{\sqrt{1+\gamma^2}}(\chi_A - \gamma\chi_B)$$

と表すことができる．$h_{AB} < 0$ の場合，$\epsilon_A - \epsilon_B \gg |h_{AB}|$ なので $\gamma > 1$ である．同様に，式(8・3)で $S_{AB} = 0$ として得られる $h_{AB}C_{iA} + (\epsilon_B - \epsilon_i)C_{iB} = 0$ に式(8・16)を代入すると，係数の比として次式が得られる．

$$\frac{C_{2A}}{C_{2B}} = \frac{h_{AB}}{\epsilon_A - \epsilon_B} = -\gamma$$

このとき，エネルギーの高い方の軌道に対応する波動関数 ψ_2 は

$$\psi_2 = \frac{1}{\sqrt{1+\gamma^2}}(\chi_B - \gamma\chi_A)$$

となる．実際，S_{AB} は 0 ではないので，ϵ_1 の安定化の度合いは，ϵ_2 の安定化の度合いよりも大き

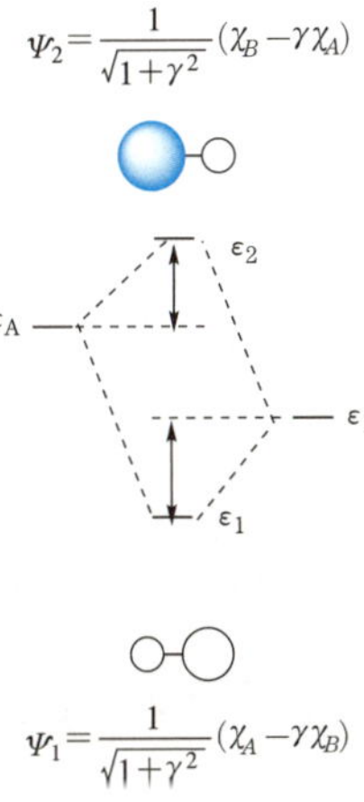

図 8・2 異核二原子分子の分子軌道

い．（図 8・2）

　基本的に，結合性分子軌道に大きな割合で同位相で混ざっているのは，エネルギーの低い方の原子軌道（以下，AO と記す）であり，エネルギーの高い方の AO は小さい割合である．反結合性分子軌道に大きな割合で逆位相で混ざっているのは，エネルギーの高い方の AO であり，エネルギーの低い方の AO の割合は小さい．図 4・8 に示す通り，原子番号が大きくなると，価電子の AO のエネルギーは低くなる．このエネルギーの図を用い，軌道の相互作用図を描くことができる．s 軌道と p 軌道の間のエネルギー差は，原子番号が大きくなるごとに広がる．

　異核二原子分子における p-p 軌道相互作用を図 8・3 に示す．軌道相互作用による安定化及び不安定化エネルギーは，式(8・15)および式(8・16)に示されるように，共鳴積分 h_{AB} に依存する．

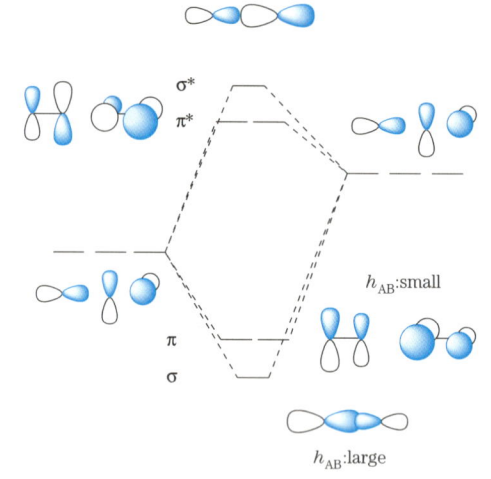

図 8・3　p-p 軌道間の重なり

　いままでは s-p 軌道間の共鳴積分 h_{s-p} を無視してきたが，実際にこの値は無視できない．σ_s と σ_p 軌道の間で混合が起きる場合，新しくできる σ'_s と σ'_p 軌道エネルギーは，式(8・15)，式(8・16)の導き方にしたがって

$$\epsilon(\sigma'_s) = \epsilon(\sigma_s) + \frac{h_{s-p}^2}{\epsilon(\sigma_s) - \epsilon(\sigma_p)} \tag{8・18}$$

$$\epsilon(\sigma'_p) = \epsilon(\sigma_p) - \frac{h_{s-p}^2}{\epsilon(\sigma_s) - \epsilon(\sigma_p)} \tag{8・19}$$

で表すことができる（ただし，σ_s と σ_p 軌道の間の重なり積分は 0 とする）．このとき，結合性軌道は σ_s と σ_p 軌道の間で混合が起きることで安定化する．2s と 2p 軌道のエネルギーが互いに近いとき，σ_s と σ_p 軌道の間のエネルギー差は小さい．

　上の議論は，異なる原子の s 軌道同士から σ_s，p 軌道同士から σ_p が生成する軌道相互作用（**一次軌道混合**，first-order orbital mixing）が起き，ついで σ_s と σ_p 軌道の混合（**二次軌道混合**，second-order orbital mixing）が起きることに基づいている．

(2)　$\epsilon_A > \epsilon_B$，$h_{AB} < 0$，$S_{AB} > 0$ の場合
式(8・4)の永年方程式を展開すると，次式となる．

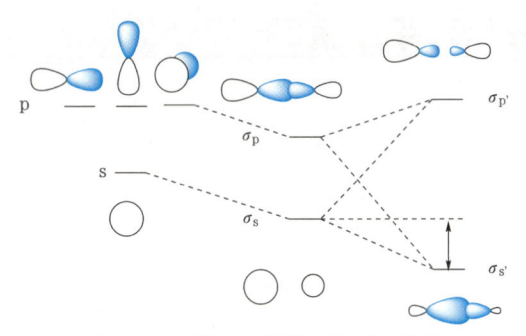

図 8・4　2種類の σ 軌道の間の相互作用

$$(1 - S_{AB}^2)\epsilon_i^2 + [2S_{AB}h_{AB} - (\epsilon_A + \epsilon_B)]\epsilon_i + \epsilon_A\epsilon_B - h_{AB}^2 = 0 \tag{8・20}$$

これは，$a\epsilon^2 + b\epsilon + c = 0$ の形の二次方程式であり，その解は一般的に

$$\epsilon_1 = \frac{-b + \sqrt{b^2 - 4ac}}{2a}$$

$$\epsilon_2 = \frac{-b - \sqrt{b^2 - 4ac}}{2a}$$

で表される．ここで，$a = 1 - S_{AB}^2$，$b = 2S_{AB}h_{AB} - (\epsilon_A + \epsilon_B)$，$c = \epsilon_A\epsilon_B - h_{AB}^2$ である．全体のエネルギーの不安定化は

$$\begin{aligned}
|\Delta\epsilon_2| - |\Delta\epsilon_1| &= \epsilon_2 + \epsilon_1 - (\epsilon_A + \epsilon_B) \\
&= -\frac{b}{a} - (\epsilon_A + \epsilon_B) \\
&= \frac{S_{AB}}{1 - S_{AB}^2}[-2h_{AB} + (\epsilon_A + \epsilon_B)S_{AB}]
\end{aligned} \tag{8・21}$$

である．

拡張 Hückel MO 法では，共鳴積分を計算するときに下の近似式が用いられる．

$$h_{AB} \simeq k\frac{S_{AB}(h_{AA} + h_{BB})}{2} \quad \text{(Wolfsberg-Helmholtz 式)} \tag{8・22}$$

$k = 1.75$ が推奨されている．前に述べたように，$h_{AA} \simeq \epsilon_A$，$h_{BB} \simeq \epsilon_B$ が用いられる場合には

$$|\Delta\epsilon_2| - |\Delta\epsilon_1| \simeq -\frac{|k'|}{1 - S_{AB}^2}(\epsilon_A + \epsilon_B)S_{AB}^2 \tag{8・23}$$

ただし，$k' = 0.75$．$\epsilon_A + \epsilon_B < 0$ なので，$|\Delta\epsilon_2| - |\Delta\epsilon_1|$ は正である．(図 8・5)

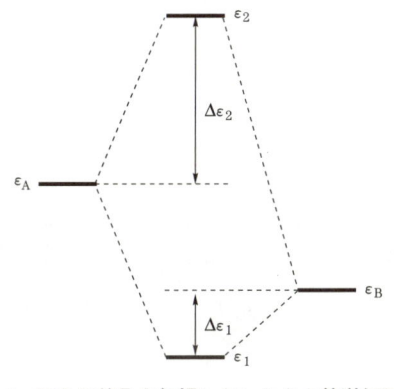

図 8・5　重なり積分を無視しないときの軌道相互作用

8-3 具体的な異核二原子分子の例

5章2節2項で二原子分子の概略について簡単に説明した．ここでは，HF，HCl の分子軌道の相互作用の詳細を示す．高精度な分子軌道法(MP2/6-311++G(d,p))を用いて求めた構造に，拡張 Hückel 法を使って分子軌道を求めた．HF 分子を H 原子と F 原子から形成するとき，H 1s 軌道と主に F の 2p 軌道から生成する σ_z 軌道（エネルギー：-1818.03 kJ/mol）では，実際に F の 2s 軌道も混ざっている．HCl 分子では，H 1s 軌道と Cl の 3p 軌道から生成する σ_z 軌道（エネルギー：-1652.59 kJ/mol）では，実際に Cl の 3s 軌道も混ざっている．Cl の 3s-3p 軌道のエネルギー差の方が，F の 2s-2p 軌道のエネルギー差に比べて縮まっており，HF の σ_z 軌道での F 軌道の 2s 軌道の混じり具合は，HCl の σ_z 軌道での Cl 軌道の 3s 軌道の混じり具合に比べて小さい．また，最もエネルギーの低い σ_s 軌道や σ_z 軌道ともに，HF に比べて，HCl の方が H 1s 軌道の寄与は大きい．

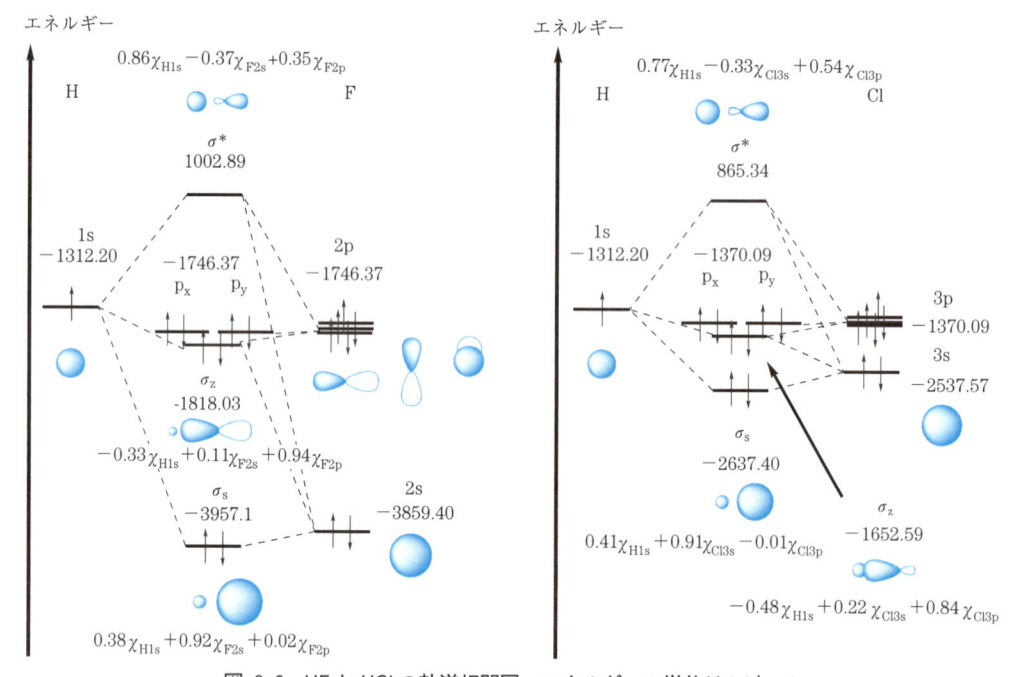

図 8・6 HF と HCl の軌道相関図．エネルギーの単位は kJ/mol

基本的には，結合する原子 A，B の電気陰性度の差が大きければ，軌道のエネルギー差が大きい傾向にある．すなわち A-B 結合のイオン性が高ければ，A，B の軌道のエネルギー差は大きい．電気的に陰性の原子の最高被占軌道のエネルギーは低い．（第 5 章）

8-4 分子軌道法の分類

分子軌道法の種類は多岐にわたるが，近似法の違い，精度の高さで分類することができる．より精度の高い分子軌道法も含め，簡単に述べる．詳しくは成書を参考にしていただきたい．

経験的分子軌道法

電子間反発項 $1/r_{ij}$（原子単位：p.129 参照）を直接的に取り扱わない方法．Hückel 法や拡張 Hückel 法など．この方法では，最小になるように全エネルギーを求めるときに波動関数の係数を繰り返し決める必要はない．計算時間は非常に短い．電子間反発項を含まないため軌道エネルギーの和が全エネルギーに等しい．そのため，軌道解析に有用である．

以下の方法では，電子間反発項（交換項，Coulomb 項）を含んでいるので，エネルギーが極小になるまで繰り返しによって波動関数の係数を求める必要がある．その方法を SCF 法という．軌道エネルギーの和は全エネルギーにはならない．

$$H(r)\Psi(r) = E\Psi(r)$$

近似 → 半経験的分子軌道法，密度汎関数法，*ab initio* Hartree-Fock 法

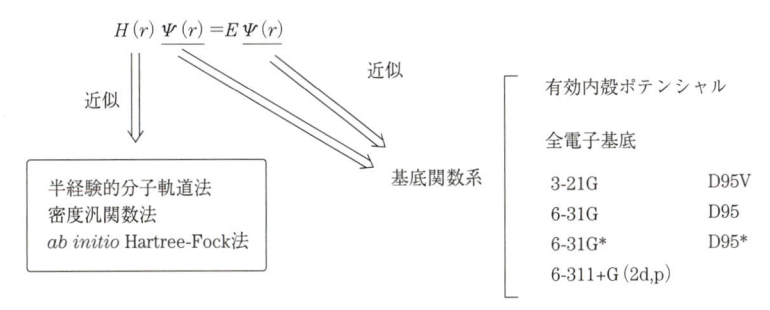

近似 → 基底関数系
- 有効内殻ポテンシャル
- 全電子基底
  - 3-21G   D95V
  - 6-31G   D95
  - 6-31G*   D95*
  - 6-311+G(2d,p)

図 8・7　Schrödinger 方程式の近似法

半経験的分子軌道法（semi-empirical method）

実験により決められたパラメータを部分的に取り入れた方法．CNDO，INDO，ZINDO，MNDO，PM3，AM1 法など．異なる中心の重なり積分を 0 にするなどの近似を用いる．かなり精度は高まっているが，とくに金属錯体の計算について汎用性は高くない．

非経験的分子軌道法（ab initio 法）

実験的パラメータを含まない方法，電子相関（electron correlation）を含まない方法として，Hartree-Fock self-consistet field（HF SCF）法がある．ここで「電子相関を含まない」とは，1 電子描像において，他の電子の振る舞いを平均の静電場とみなして近似することをいう．HF 法でエネルギーの 99.5% 以上の分を記述できるが，現実には，異なるスピンの電子同士の相互作用（電子相関）をあらわに考慮に入れなければいけない．化学反応経路，遷移金属を含む系，励起状態分子の計算には特に必要である．電子相関を考慮した方法として Moller-Plesset 法があり，摂動の次数によって，二次摂動まで含む MP2 法から，MP3，MP4，..法がある．Multi-Reference Moller-Plesset（MRMP）法，配置間相互作用（configuration interaction, CI）法，Multiconfiguration SCF（MCSCF）法，coupled cluster（CC）法，Symmetry Adapted Cluster/Configuration Interaction（SAC-CI）法などが知られている．

密度汎関数法（density functional methods, DF 法）

交換や相関の項をハミルトニアンに含めて解く方法．もともと電子密度を第一義的な変量として考える方法であるが，数学的に波動関数を変数と考える従来の方法と等価である．この方法では実験的パラメータを含むことが多い．しかしながら，場合によって結果は *ab initio* CCSD（coupled cluster single+double）法に匹敵する場合も多い．Xα，BLYP，B3LYP，mPWPW 91 法などがある．中でも B3LYP 汎関数が最もよく使われている．ただし自己相互作

用を無視できないため，不安定に見える分子が安定に見積もられる可能性がある．Van der Waals 相互作用の記述は一般によくない．最近，長距離補正した LC-BOP 汎関数，M 06 汎関数などが提唱されている．

基底関数（basis functions）

密度汎関数法，非経験的分子軌道法の多くは，全波動関数を，原子軌道の基底関数の線形結合（LCAO 近似）によって展開することが多い．基底関数として，多くは，水素原子の解である Slater 型関数（1 s 関数として，$\chi_{1s}^{STO} \sim e^{-\zeta r} \sim \chi_{1s}^{H-like}$）よりは，計算時間が節約できる Gauss 型関数（s 型関数の場合，$\chi_s^{GTO} \sim e^{-\alpha r^2}$）が用いられる．例えば，精度の低い順に，6-31 G，6-31 G(d)，6-31＋G(d)，6-311＋G(d, p)，他にも MIDI, Huzinaga-Dunning DZ, aug-cc-pVDZ などがある．相対論が重要な重い原子や電子数の多い遷移金属については，内核をポテンシャルで近似する有効内殻ポテンシャル（effective core potential, ECP）やモデルポテンシャル（model potential）が多く用いられている．

ハイブリッド量子力学（QM）/分子力学（MM）法（hybrid QM/MM method）

近年，量子力学と分子力学を組み合わせた方法が，大規模系の計算によく用いられている．反応の中心では精度の高い量子力学，反応中心の周囲は計算時間の早い分子力学（molecular mechanics）を用いる．量子化学的手法同士あるいは，量子力学と統計力学的手法（モンテカルロ法など）を組み合わせてもよい．世界で最もよく使われている量子化学計算ソフトウェアである Gaussian 09 では，ONIOM 法が使用できる．この手法の開発に対し，2013 年 Martin Karplus, Michael Levitt, および Arieh Warshel の各教授にノーベル化学賞が受賞された．

第9章
分子軌道法による化学反応性の予測

　前章までで量子化学の基礎の勉強をしてきたが，本章では，量子化学が，化学にいかに役に立っているかということについて解説する．ハイトラー（Heitler），ロンドン（London），クールソン（Coulson）やポーリング（Pauling）など，多くの先駆者たちは量子力学を化学の分野に導入し，化学結合論をつくったのは有名である．電子計算機を用いることで，量子力学を原子，分子，イオンの系に適用するときにさまざまな近似法が発展していった．最も簡単な分子軌道法であるHückel分子軌道法の章（第6章）で簡単に紹介した通りである．

　1950年代前半に福井謙一らがまずフロンティア軌道理論を構築し，その後，有機化学者ウッドワード（Robert B. Woodward）と理論化学者ホフマン（Roald Hoffmann）により，1960年代にWoodward-Hoffmannの法則が発見された．のちに，福井，ホフマンはノーベル化学賞を受賞した．

　化学反応における遷移状態理論について簡単に説明した後，最新の量子化学の計算結果も交えながら，フロンティア軌道理論で説明できるいくつかの代表的な反応について述べる．

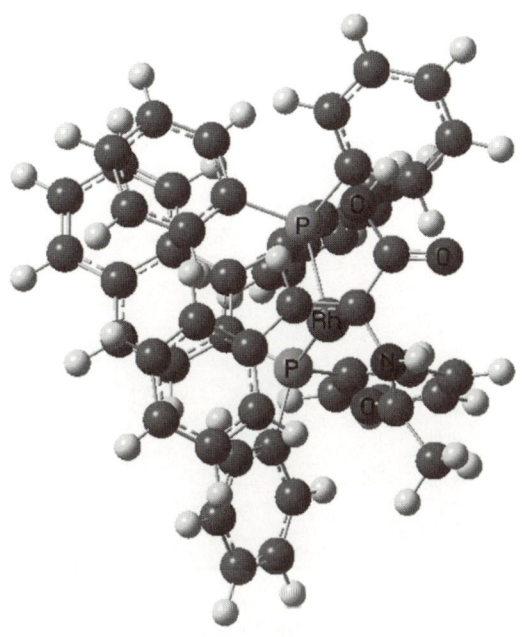

最近，著者（森）らにより量子化学計算で求めた
Rh（BINAP）触媒による不斉水素化反応の中間体

9-1　化学反応における遷移状態理論

化学反応は分子の動力学に従っているが，化学反応性を考える際に最も単純なモデルとしては，アイリング（Eyring）の遷移状態理論（transition state theory, TST）が基本となる．

AとBからCとDが生成する反応を考える．AとBからまず前駆体ABが生成する．この前駆体の錯体ABと遷移状態（transition state：TS）AB$^{\neq}$の間に平衡があると考える．すなわち，以上の化学反応の前駆体から遷移状態の間までは時間的に不変とする．

$$A + B \longrightarrow AB \rightleftharpoons AB^{\ddagger} \longrightarrow C + D \tag{9・1}$$

ポテンシャルエネルギー曲面上の反応座標（reaction coordinate）に沿って，反応はエネルギーの極大値（energy maximum）を経由する．その極大点が遷移状態にあたる．ポテンシャルエネルギーは反応座標の関数である．実際のN原子分子系では，ポテンシャルエネルギー曲面の次元は非直線分子では$3N-6$個である．

また遷移状態を経由し，いったん生成系の方向に進んだ場合，前駆体への戻りはないという仮定も置く．実験的に，反応速度vが下の一般式で決まっているとする．m+nは反応次数とよばれる．

$$v = \frac{d[C]}{dt} = \frac{d[D]}{dt} = -\frac{d[A]}{dt} = -\frac{d[B]}{dt} = k[A]^m[B]^n \tag{9・2}$$

k は反応速度定数（reaction kinetic rate constant），[ ]の値は，それぞれの化学種の濃度である．遷移状態の「濃度」を，C_{AB^*}とし，原系の濃度をC_{AB}とする．

$$C_{AB^*} = K^{\neq} C_{AB} \tag{9・3}$$

$K^{\neq}$は原系とTSの間の平衡定数であるとする．この理論によると（途中の式の導出は他の物理化学の教科書を読んで欲しい）

$$k = \frac{k_B T}{h} K^{\neq} \tag{9・4}$$

が得られる．ここで，k_Bはボルツマン定数である．活性化Gibbsエネルギーは下式

$$\Delta G^{\neq} = -RT \ln K^{\neq} \tag{9・5}$$

で表されるため，反応速度定数kは

$$k = \frac{k_B T}{h} \exp\left(-\frac{\Delta G^{\neq}}{RT}\right) \tag{9・6}$$

で求められる．

実際には，遷移状態を実験で観測することは困難である．一方，市販の量子化学計算プログラ

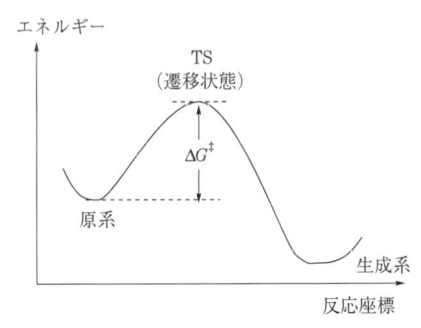

図 9・1　一次元のポテンシャルエネルギー

ムでは，安定構造だけでなく，ポテンシャル曲面上の鞍点の構造を見積もることができる．アイリングの遷移状態理論で求めた反応速度定数は，その理論の仮定の粗っぽさもあり，大きな誤差を伴う場合も多い．とくに水素転位など軽い原子核が転移する反応や励起状態分子の反応では，トンネル効果や原子核—電子間の相互作用が重要であるので，様々な補正が現在用いられている．一方，反応の活性化エネルギーは量子化学計算によりかなり高い精度で求めることができる．

近年の理論研究によると，遷移状態は「ポテンシャル曲面上の鞍点」に等しくないことが明らかになっている（参考文献(1)参照）．量子化学的に計算可能なのは，「ポテンシャル曲面上の鞍点」である．

9-2 フロンティア軌道理論

化学の分野において，フロンティア軌道理論（frontier orbital theory）が発表される前，有機電子論などの経験論が用いられ，成功を収めてきたが，有機電子論では説明できない現象が多く現れた．例えばナフタレンのニトロ化反応(式(9・7))でなぜ１位の炭素が，選択的にニトロ化されるかという問題について，議論が多く行われてきたが，後で説明する通り，フロンティア軌道理論を使うときれいに説明できる．

$$\text{ナフタレン} \xrightarrow[\text{H}_2\text{SO}_4]{\text{HNO}_3} \text{1-ニトロナフタレン} \tag{9・7}$$

また，臭化アルキルなどの求核置換反応で，炭素の立体化学がなぜ反転するかという問いは，有機化学の基本的な事項であるが，量子化学を用いないと説明できない．一般式で書くと式(9・8)となる．ここで，Nu は求核剤，Y は脱離基とした．

$$\text{Nu}^- + \text{R-Y} \longrightarrow [\text{Nu}\cdots\text{R}\cdots\text{Y}]^{\ddagger} \longrightarrow \text{Nu-R} + \text{Y}^- \tag{9・8}$$

フロンティア軌道理論では，多くの分子軌道の中で，エネルギーの最も高い被占軌道である最高被占軌道（HOMO，highest occupied molecular orbital），エネルギーの最も低い空軌道である最低空軌道（LUMO，lowest unoccupied molecular orbital）の２種類の軌道が重要な役割を果たすと考える．それらの相互作用の起こりやすさと相互作用が起きる原子の位置を予測する理論である．エチレンのような通常の分子の基底状態では，電子を偶数個もっており，一つの軌道に二つの電子が占有していると考える．LUMO の次にエネルギーが低い空軌道を next LUMO あるいは LUMO+1，その次に低い空軌道を LUMO+2，HOMO の次にエネルギーが高い被占軌道を next HOMO あるいは HOMO-1 とよぶ．ラジカルは通常奇数個の電子をもつため，ラジカル反応では，一つの軌道に一つの電子が占有する半被占軌道あるいは半占軌道（SOMO，singly occupied molecular orbital）が重要である．SOMO の次にエネルギーが低い空軌道は next LUMO あるいは LUMO+1，SOMO の次にエネルギーの高い被占軌道が next HOMO あるいは HOMO-1 である．

化学反応のフロンティア軌道理論を用いて解析するとき，原則は次の通りである．

1．求電子剤（電子密度の比較的小さい物質）が基質と作用する反応（求電子置換反応，求電

第 9 章　分子軌道法による化学反応性の予測

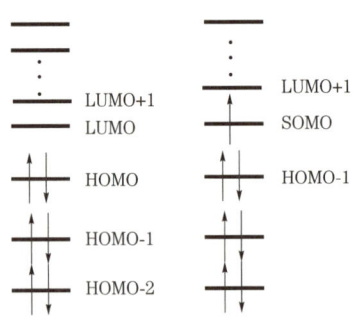

図 9・2　分子軌道のエネルギー準位

子付加反応など）では，求電子剤の LUMO，基質の HOMO を考え，基質の LUMO に 2 個の電子が配置されたと考えたとき，その電子密度が大きい位置に攻撃する．

2．求核剤（電子密度の比較的大きい物質）が基質と作用する反応（求核置換反応，求核付加反応など）では，求核剤の LUMO，基質の HOMO を考える．基質の HOMO にある 2 個の電子密度が大きい位置に攻撃する．

3．ラジカル同士の反応では，二つのラジカルの SOMO を考える．その 2 個の電子密度の和が最も大きい位置同士で反応が起きる．

軌道相互作用の最も基本的な考え方は，異なる原子上の軌道の間の相互作用に関する考え方である．同位相 (in phase) 同士の軌道の重なりにより新しく生成する軌道のエネルギーは安定化される一方，逆位相 (out of phase) 同士の軌道の重なりによって新しくできる軌道エネルギーは不安定化する．同位相あるいは位相が合うというのは，相互作用する原子に属する軌道 χ_a と χ_b の係数 C_a と C_b，重なり積分 S_{ab} ($S_{ab} = \int \chi_a \chi_b dv$) の積である $C_a C_b S_{ab} > 0$ が成立すること，逆位相あるいは位相が合わないというのは，$C_a C_b S_{ab} < 0$ が成立することである．二つの原子から二原子分子をつくるときの軌道の重なりによるエネルギー分裂の原則もこれにしたがっていることはすでに説明済みである．

フロンティア軌道間の相互作用として，HOMO と HOMO の間，HOMO と LUMO の間，SOMO と SOMO の間の相互作用などが考えられる．基質 A，B のフロンティア軌道（エネルギーをそれぞれ ϵ_A，ϵ_B，ただし $\epsilon_A \geq \epsilon_B$ とする）の間の相互作用を考える（図 9・3）．このとき A，B の分子軌道は変形し，超分子 AB の新たな分子軌道がつくられる．新しい分子軌道のそれぞれのエネルギーを ϵ_L，ϵ_U，相互作用による軌道のエネルギーの変化をそれぞれ $\Delta \epsilon_L = \epsilon_B - \epsilon_L$，$\Delta \epsilon_U = \epsilon_A - \epsilon_U$ とすると，$\Delta \epsilon_L < \Delta \epsilon_U$ となる．HOMO 同士であれば，相互作用する前のエネルギーは相互作用によって不安定化をもたらす（図 9・3(a)）．例えば，1s 軌道に 1 個電子が入っている H 同士は結合を作るが，1s 軌道に 2 個電子が入っている He 同士は結合を作らない．HOMO と LUMO の相互作用については，元の軌道の重なりによる安定化の大きさによるが，安定化が起きる．その相互作用する軌道の位相がよく合っていれば，相互作用前の HOMO と LUMO の重なりによる安定化は大きくなる（図 9・3(b)）．SOMO 同士の重なりも同様である．（図 9・3(c)）

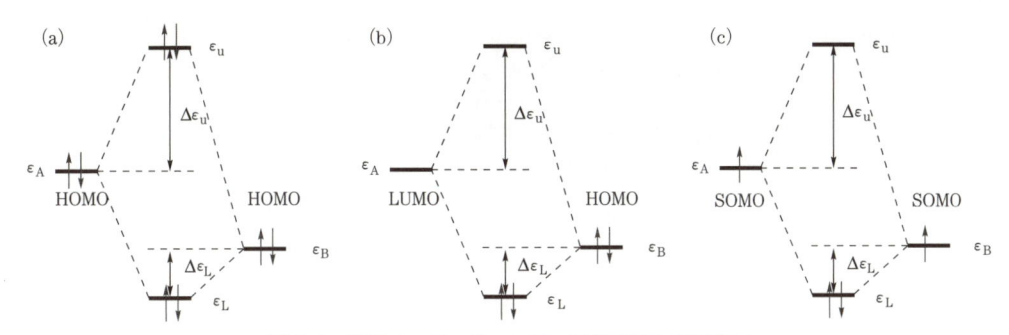

図 9・3 基質 A, B のフロンティア軌道間の相互作用

9-3 有機化学反応とフロンティア軌道理論

フロンティア軌道は，有機化学反応の基本的な原理の説明にも役に立つ．本節では，代表的な有機化学反応を例に説明していく．

9-3-1 求核置換反応

二分子求核置換反応（nucleophilic substitution bimolecular reaction），S_N2 反応は，有機化学上最も基本的な反応の一つである．

$$RX + Y^- \longrightarrow RY + X^- \tag{9・9}$$

この反応は二次反応であり，反応速度 v は次式で与えられる．

$$v = k\,[RX]\,[Y^-] \tag{9・10}$$

ここで k は反応速度定数である．下の塩化物イオンとクロロメタンとの反応は理論的にもよく検討が行われている．

$$CH_3Cl + Cl^- \longrightarrow Cl^- + CH_3Cl \tag{9・11}$$

この反応は，下の高精度量子化学計算の結果をみてわかる通り，立体反転を伴って進行する．立体反転経路の鞍点は，立体保持の経路に比べて 205.2 kJ/mol も安定である．(図 9・4)

その理由を考えてみよう．求核置換反応で，求核剤は HOMO，CH_3Cl は LUMO が関与する．CH_3Cl の LUMO は σ^* 軌道であり，軌道のローブは CH_3-Cl の結合領域よりはむしろ，CH_3 基の外側に張り出している（図 9・5）．そのため，求核置換反応が起きるときには，求核剤

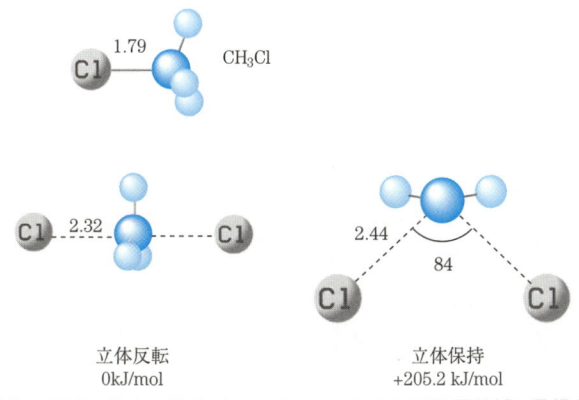

図 9・4 S_N2 反応の原系と鞍点の構造（MP 2/6-31+G(d)）(図の数値は，角度(°)と距離(Å))

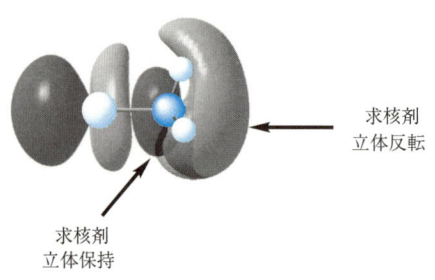

図 9・5　CH₃Cl の LUMO（HF/6-31 G(d)）

のHOMOはCH₃−Clの結合領域ではなく，CH₃Clの背面から攻撃することになる．

9-3-2　求電子付加反応

置換アルケンへのハロゲン化水素の求電子付加反応による選択性を説明するのに**マルコフニコフ**（Markovnikov）**則**が知られている．マルコフニコフ則は，HXが，水素のより多く結合しているアルケンの炭素を攻撃するという規則であり，それは，求電子剤のLUMOとアルケンのHOMOとの相互作用で説明できる．求電子剤のLUMOとアルケンのHOMOのエネルギー差は，求電子剤のHOMOとアルケンのLUMOのエネルギー差よりも狭い．イソブテン（2-メチル-1-プロペン）のHOMOにおけるπ-軌道の係数をみると，水素がより多く結合した3位の炭素でより大きい．（図9・6）

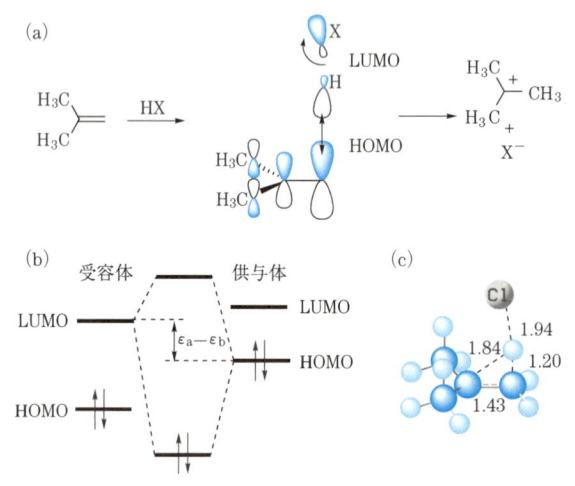

図 9・6　(a)イソブテンのプロトン化におけるマルコフニコフ則
(b)MOエネルギー図, (c)HF/6-31 G(d)レベルにおけるプロトン化の鞍点構造

9-3-3　求電子置換反応

芳香族炭化水素の**求電子置換反応**の配向性の多くはフロンティア軌道理論によって予測できる．ナフタレンのニトロ化反応は，1位で起こる．ニトロ化反応では，下の式(9・12)によって，NO_2^+ が発生し，それが求電子剤として働く．

$$HNO_3 + 2H^+ \rightleftharpoons H_3O^+ + NO_2^+ \quad (9・12)$$

ナフタレンのニトロ化反応における配向性は，ナフタレンの分子軌道を使って説明できる（図9・7）．このような置換反応では，ナフタレンのHOMOを考えればよい．炭素1位の軌道係数の絶対値0.43は2位の軌道指数の絶対値よりも大きいので，1位の方が求電子攻撃を受けやすい

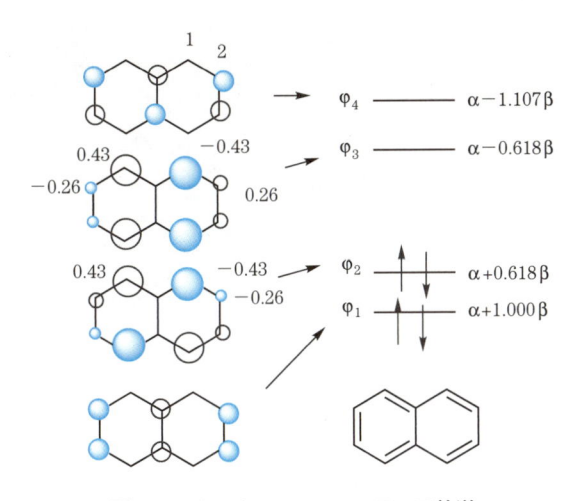

図 9・7 ナフタレンのフロンティア軌道

と考えられる．

9-3-4 付加環化反応

[2+2]-付加環化反応について考えてみよう．基底状態のアルカン同士ではいくら熱を加えても環化反応が起きない（対称禁制（symmetry forbidden）という）ことが知られている．これがなぜかは有機電子論では説明できない．これは，エチレンのHOMO（π軌道）とLUMO（π*軌道）を用いて説明できる．エチレン二分子のHOMOとLUMOをシクロブタンができるように近づけても，LUMOの一方のローブの位相はHOMOのローブの位相と合わない（図9・8）．光を照射して一方のアルケンの励起状態を作り出すことができれば，式(9・13)に示すように，新しい励起状態のアルケンの2つのSOMO，SOMO1とSOMO2，相手分子の基底状態のLUMOあるいはHOMOと相互作用させることができる．このように光照射下で反応できる状態を光化学的に対称許容（symmetry allowed）であるという．

$$\overset{=}{=} \xrightarrow{h\nu} \square \tag{9・13}$$

実際に量子化学計算を使って求めた，第一励起状態におけるエチレンの付加環化反応の鞍点構造を図9・9に示す．一方のエチレンがねじれていることがわかる．

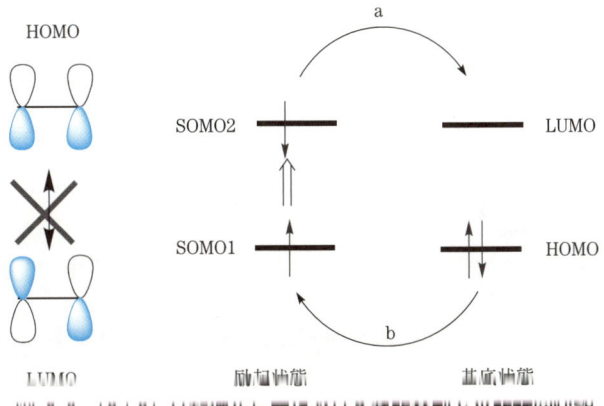

図 9・8 [2+2] 付加環化反応における熱的禁制と光的許容状態

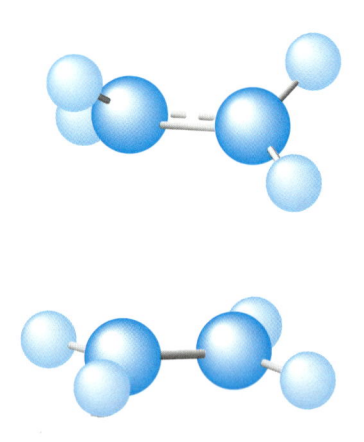

図 9・9 ［2+2］エチレン二量化の鞍点構造（第一励起状態を考慮した CIS/6-31 G(d) レベルの量子化学計算）

一方，アルケンとジエンとの ［4+2］-付加環化反応（Diels-Alder 反応）は，熱によって進行させることができる（熱的に対称許容である）．この場合，アルケン HOMO とジエン LUMO，アルケン LUMO とジエン HOMO の 2 通りの相互作用が考えられる．ブタジエンとエチレンの場合は，ブタジエンの LUMO とエチレンの HOMO で考えることが多い（図 9・10(a), (b)：エチレンの LUMO ではローブが外側から出た形になっている（図 9・10(c)）ので，ブタジエンの LUMO との重なりがより大きくなるという説明がされている）．すなわち，エチレンは電子受容体，ブタンは電子供与体と見なされる．確かに，ブタジエンとエチレンの反応の鞍点の高精度の量子化学計算（HF/6-31 G(d) レベル）で求めた軌道を見ると，鞍点の HOMO-1 ではエチレンの LUMO とブタジエンの HOMO が混ざった位相をもっている．（図 9・11）

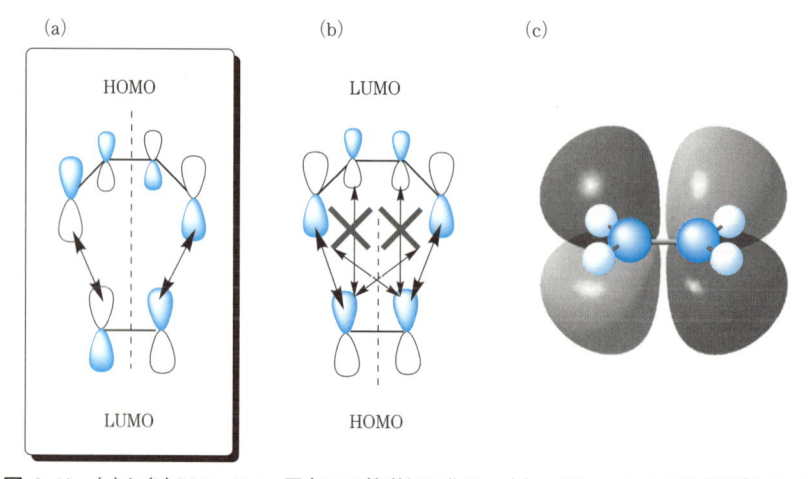

図 9・10 (a) と (b) Diels-Alder 反応での軌道相互作用，(c) エチレンの LUMO (HF/6-31 G*)

電子求引基で置換したアルケンとの Diels-Alder 反応では，置換基は *endo* 選択性になることが知られている．Diels-Alder 反応の *endo* 選択性も分子軌道を用いて説明することができる．
ブタジエンと，電子求引基をもつアルケンであるアクロレインとの反応をモデルとして考え

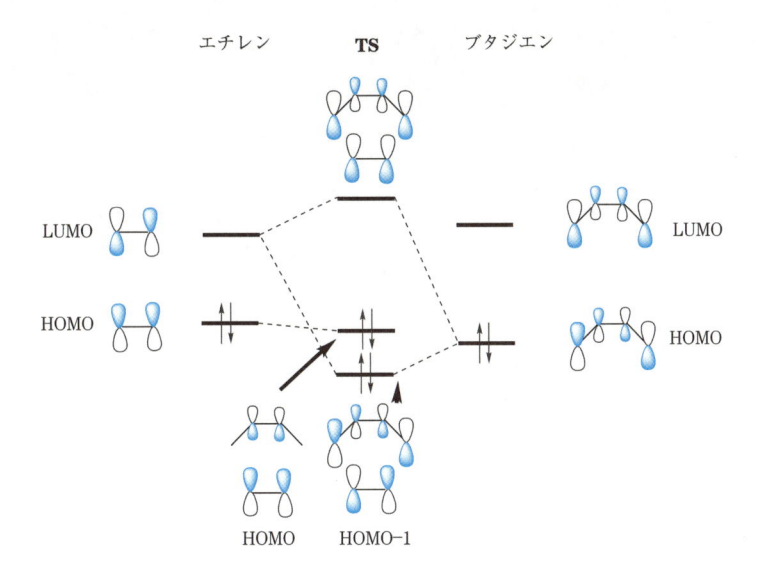

図 9・11　HF/6-31 G(d) レベルでの Diels-Alder 反応の原系と鞍点における軌道ダイアグラム

図 9・12　シクロペンタジエンと無水マレイン酸の反応の選択性

る．この反応の場合も，*exo* 型に比べて *endo* 型の鞍点の方が安定である．主な軌道相互作用はブタジエンの HOMO とアクロレインの LUMO である．このとき，エネルギーの鞍点では，ブタジエンの HOMO とアクロレインのアルケン部分の π^* 軌道との相互作用が主に起こるものの，アクロレインの LUMO のカルボニル炭素とブタジエンの末端の炭素 C-4 とが同位相で相互作用するほか，アクロレインのカルボニル酸素のローブとブタジエンの C-2 との相互作用も起きると考えられている．以上のカルボニル置換基とブタジエン HOMO との相互作用を二次軌道相互作用（secondary orbital interaction）ということがある．

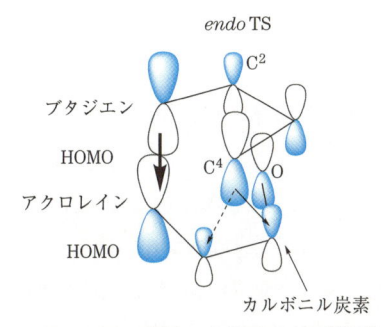

図 9・13　Diels-Alder 反応における *endo* 選択性の原因

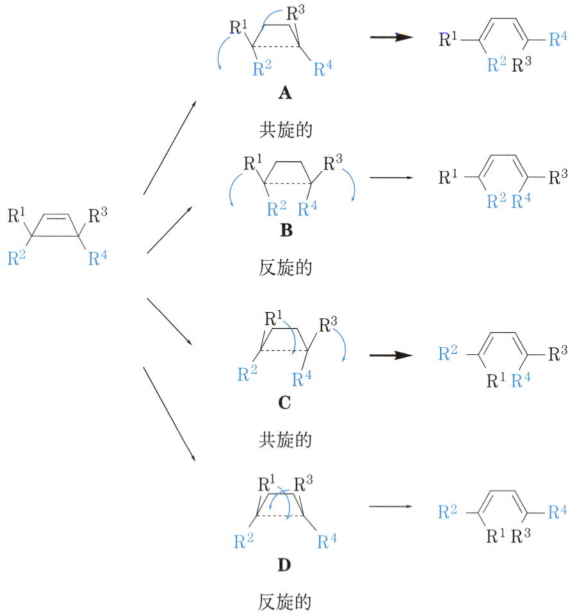

図 9・14 シクロブテンの開環反応のトルク選択性

9-3-5 シクロブテンの開環反応

電子環状反応（electrocyclization reaction）は，π-電子をもつ末端の炭素同士で新たな結合が生成する分子内反応である．シクロブテンの開環反応は代表的な反応である．R^1, R^2, R^3, R^4-置換シクロブテンの開環では，4 通りの生成物が得られる可能性がある．

例えば，3,3-メチル-t-ブチルシクロブテンの開環の生成物の E：Z は 68：32 である[1]．

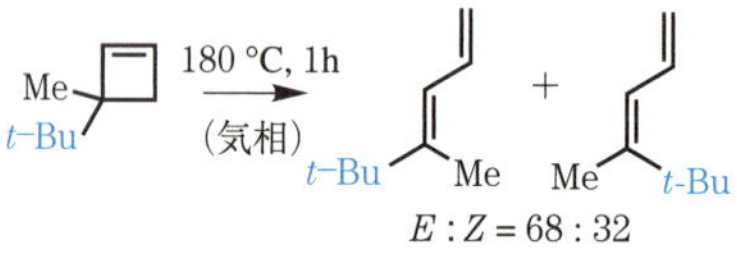

$$\text{(9·14)}$$

2,3-ジメチルシクロブテンの反応（9・15）では，熱的条件と光照射下の条件で異なる選択性が生じる[2]．

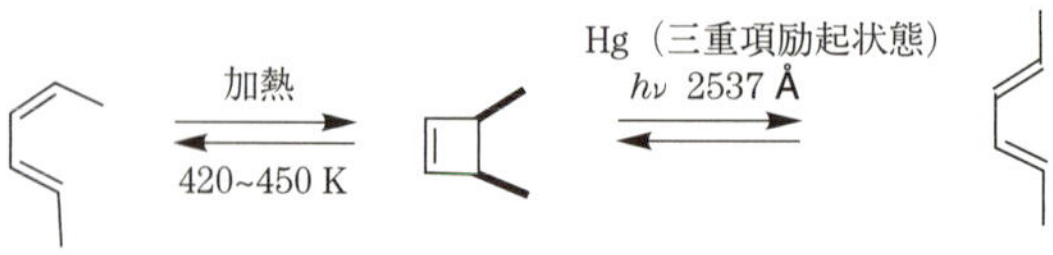

$$\text{(9·15)}$$

図 9・14 での A と C を経由する反応経路では，置換基 R^1 と R^3 が同じ方向に回転する．この選択性を共旋的（同旋的，conrotatory）といい，B と D を経由する反応経路のように，R^1 と R^3 は異なる方向に回転する．この選択性を反旋的（逆旋的，disrotatory）とよぶ．また，A と C，B と D を区別するためには，inward と outward の回転も考えなければならない．A における置換基 R^2 と R^3 はシクロブテン環の内側の上にある．この場合の回転を内向き回転（inward rotation）という．一方，A における置換基 R^1 と R^4 はシクロブテン環の外側に出ている．この場合の回転を外向き回転（outward rotation）という．C においては，置換基 R^1 と R^4 は内向き回転，R^2 と R^3 は外向き回転する．

この選択性（**トルク選択性**（torquoselectivity）という）はフロンティア軌道理論を用いて説明することができる．シクロブテンの開環では，開裂するC–C結合と，C=C結合の二つのフラグメントを考える．図 9•15 に示すように，熱的開裂反応で，反旋的開環が起きるならば，開裂するC–C σ-結合の HOMO と C=C π-結合の LUMO との間の逆位相の重なりおよび，C–C σ-結合の LUMO と C=C π-結合の HOMO との間の逆位相の重なりがあるので，反旋的開環は対称禁制である．一方，共旋的開環が起きる場合には，C–C σ-結合の HOMO と C=C π-結合の LUMO との間の同位相の重なり，および C–C σ-結合の LUMO と C=C π-結合の HOMO との間の同位相の重なりが考えられる．したがって，熱的開裂反応で共旋的開環は対称許容である．

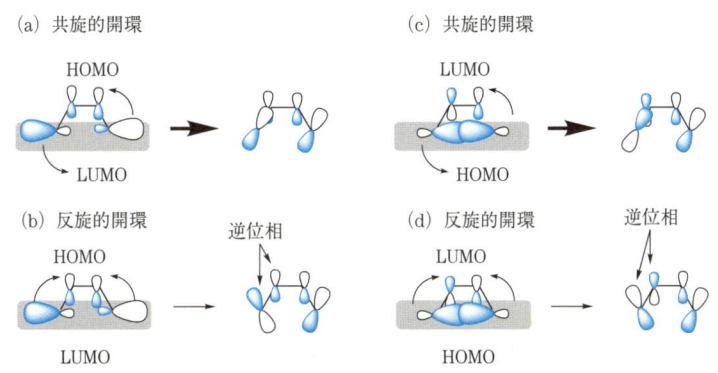

図 9•15 シクロブテンの共旋的，反旋的開環による HOMO-LUMO 相互作用

シクロブテンの光による反旋的開環反応では，それらの二つのフラグメントの間の SOMO-LUMO 相互作用を考える（図 9•16）．このとき，共旋的開環では，逆位相の軌道相互作用があらわれるので不利となり反応は対称禁制，反旋的開環ではそのような逆位相同士の SOMO-LUMO 相互作用は現れないので，対称許容である．

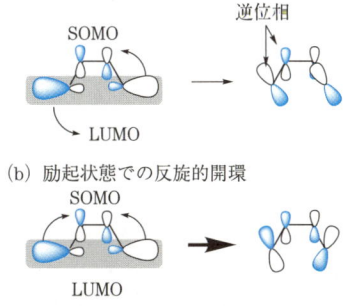

図 9•16 シクロブテンの共旋的，反旋的開環による SOMO-LUMO 相互作用

9-4 軌道支配と電荷支配

9-4-1 電荷支配と軌道支配

イオン同士の相互作用は静電相互作用であり，このように静電相互作用が支配する反応を，電荷支配（charge control）であるという．中性分子やイオン-中性分子間の反応においては，相互作用が起きるときに電荷支配だけでは説明できない．このような反応を軌道支配（orbital control）という．軌道支配による安定化エネルギーと静電相互作用のエネルギーが合わさったものが Klopman-Salem 式である．（本書の範囲を超えるので参考文献(2)などを参照）

9-4-2 酸・塩基の硬さ，やわらかさ

ルイス酸・塩基の性質を大ざっぱに見積もることは，有機化学，無機化学ともに重要である．金属イオンと配位子との親和性を見積もる尺度の一つとして，酸のハード性，あるいは硬さ（hardness），ソフト性あるいはやわらかさ（softness）という概念がよく使われる．この概念はピアソン（Pearson）らによって提唱され，体系づけられた．

化学ハード性（chemical hardness）η は，下の式(9・16)に示すように近似的に導くことができる[3]．

$$\eta \simeq \frac{I_A - E_A}{2} \quad (9\cdot 16)$$

I_A と E_A はそれぞれ，イオン化エネルギーおよび電子親和力である．クープマン（Koopmans）の定理によると[4]

$$I_A = -\epsilon_{HOMO}, \quad E_A = -\epsilon_{LUMO} \quad (9\cdot 17)$$

すなわち，化学ハード性は HOMO-LUMO ギャップ（HOMO と LUMO のエネルギー差）に反比例する．化学ソフト性は，化学ハード性の逆数である．

ハード酸あるいは硬い酸（例えば Na^+）とハード塩基あるいは硬い塩基（OH^-）の反応は電荷支配であり，ソフト酸あるいは軟らかい酸（例えば Hg^{2+}）とソフト塩基あるいは軟らかい塩基（$I^- \to SH^-$ など）の反応は軌道支配である．すなわち，酸の LUMO と塩基の HOMO の間のギャップが小さいために相互作用が起き，相互作用後のエネルギーは安定化しやすい（図 9・17）．ハード酸とハード塩基同士の HOMO-LUMO ギャップは大きいものの（図 9・17），ハード

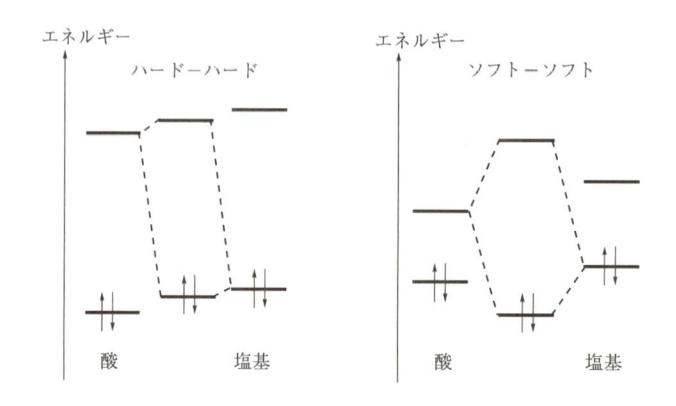

図 9・17 ハード酸-ハード塩基およびソフト酸-ソフト塩基同士の相互作用

酸では正電荷がたまりやすく，ハード塩基では負電荷がたまりやすいので，静電的な相互作用による安定化は大きい．一方，ソフト酸とハード塩基，ソフト塩基とハード酸の反応は起こりにくい．

ソフト ⟶ ハード
$H^- > I^- > HS^- > CN^- > Br^- > Cl^- > HO^- > H_2O > F^-$

ハード ⟶ ソフト
$Mg^{2+} < Ca^{2+} < Ba^{2+} < Fe^{3+} < Cr^{2+} < Fe^{2+} < Li^+ < H^+ < Na^+ < Cu^{2+} < Cd^{2+} < Cu^+ < Ag^+ < Au^+ < Hg^{2+}$

図 9・18　塩基，酸のハード・ソフト性

ソフト性（軟らかさ，softness）の順を求核剤と求電子剤のそれぞれについて図 9・18 に示す．

この酸と塩基のハード性による官能基選択性（chemoselectivity）を示す反応例を図 9・19 に示す．

エノラートイオンがハード酸である塩化アシルと反応すると，電子密度の大きい酸素から塩化アシルに求核攻撃が起きる．一方，ソフト酸であるヨードメタンと反応すると，HOMO 係数の大きい炭素がメチル基と結合する．

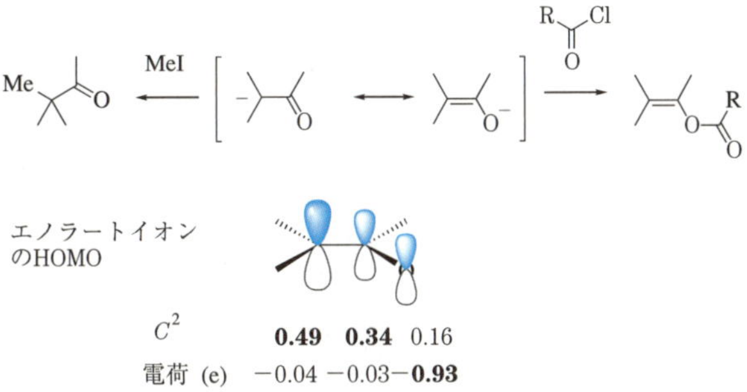

エノラートイオンのHOMO

C^2　　0.49　0.34　0.16
電荷 (e)　−0.04　−0.03　**0.93**

図 9・19　エノラートとの反応

演習問題

以下の演習問題の計算に必要な基礎物理定数を書き出す．数値計算では有効数字に気をつけて計算すること．できれば，単位を付けて計算すると，単位に慣れて好都合である．

プランク定数：6.63×10^{-34} J s 　　電子の静止質量：9.11×10^{-31} kg
電気素量：1.60×10^{-19} C 　　光の速さ：3.00×10^{8} m s^{-1}

第1章

(1) 光電効果に関して次の問いに答えよ．
 ① ある金属に光をあてて，電子を飛び出させるのに必要な光の最長の波長は，6000 Å であった．この光のエネルギーを求めよ．（eV 単位で解答せよ）
 ② この金属に波長 3000 Å の光をあてたときに飛び出してくる電子の最大の運動エネルギーはいくらか計算せよ．（eV 単位で解答せよ）

(2) 水素原子のエネルギー準位とスペクトルに関する問いに答えよ．
 ① 水素原子のエネルギー準位は，$E_n = E_1/n^2 (E_1 = -13.6 \text{ eV})$ で与えられる．縦軸にエネルギーをとり，エネルギー準位を量子数 $n=1$ から 5 までと ∞ の場合をプロットせよ．
 ② 同じ図に水素原子の発光スペクトル（式(1·5)）として観測されるライマン系列($n=1$, $m=2$, 3, 4, 5, ∞)とバルマー系列($n=2$, $m=3$, 4, 5, ∞)に対応する遷移を下向きの矢印として書き込め．
 ③ ライマン系列とバルマー系列の最大波数と最小波数をそれぞれの系列で計算せよ．
 ④ さらに，ライマン系列とバルマー系列の最大波数と最小波数に対応する最短波長と最長波長を求めよ．

(3) ド・ブロイ波長に関する問いに答えよ．
 ① 秒速 1.0 m で歩く質量 50 kg の人の波長．
 ② 時速 60 km で走行している 1 トンの自動車の波長．
 ③ 秒速 10^6 m の金属中の自由電子の波長．

第2章

(1) 1粒子に対する Schrödinger 方程式(2·15)を定常波（式(2·12)）に対する波動方程式(2·11)から導け．
(2) c, d を定数，$\hat{\alpha}$, $\hat{\beta}$, $\hat{\delta}$, $\hat{\gamma}$ を演算子とするとき，次の交換子の関係が成立することを示せ．
 ① $[\hat{\alpha}, \hat{\beta}] = -[\hat{\beta}, \hat{\alpha}]$,
 ② $[c\hat{\alpha}, d\hat{\beta}] = cd[\hat{\alpha}, \hat{\beta}]$,
 ③ $[\hat{\alpha}+\hat{\beta}, \hat{\gamma}] = [\hat{\alpha}, \hat{\gamma}] + [\hat{\beta}, \hat{\gamma}]$
 ④ $[\hat{\alpha}\hat{\beta}, \hat{\gamma}] = \hat{\alpha}[\hat{\beta}, \hat{\gamma}] + [\hat{\alpha}, \hat{\gamma}]\hat{\beta}$,
 ⑤ $[\hat{\alpha}, \hat{\beta}\hat{\gamma}] = \hat{\beta}[\hat{\alpha}, \hat{\gamma}] + [\hat{\alpha}, \hat{\beta}]\hat{\gamma}$
 ⑥ $[\hat{\alpha}\hat{\beta}, \hat{\gamma}\hat{\delta}] = \hat{\alpha}\hat{\gamma}[\hat{\beta}, \hat{\delta}] + \hat{\alpha}[\hat{\beta}, \hat{\gamma}]\hat{\delta} + \hat{\gamma}[\hat{\alpha}, \hat{\delta}]\hat{\beta} + [\hat{\alpha}, \hat{\gamma}]\hat{\delta}\hat{\beta}$
(3) 角運動量演算子の成分間の交換関係(2·49)の $[\hat{\ell}_x, \hat{\ell}_y] = i\hbar\hat{\ell}_z$ を次の二通りの方法で示せ．
 ① 式(2·48)を用いて，$\hat{\ell}_x(\hat{\ell}_y f)$ から $\hat{\ell}_y(\hat{\ell}_x f)$ を引き，その結果が $\hat{\ell}_z f$ に等しいこと示す．
 ② 式(2·47)を演算子に置き換えた式を用いて，演算子だけの計算を交換子の性質を用いて行う．
　ヒント：$[\hat{\ell}_x, \hat{\ell}_y] = [\hat{y}\hat{p}_z - \hat{z}\hat{p}_y, \hat{z}\hat{p}_x - \hat{x}\hat{p}_z] = \cdots = i\hbar(\hat{x}\hat{p}_y - \hat{y}\hat{p}_x) = i\hbar\hat{\ell}_z$

(4) 三つの電子（番号を1，2，3と付ける）が異なる軌道にそれぞれ1個づつ平行に入っている，$D_1 = \alpha(1)\alpha(2)\alpha(3)$ と $D_2 = \beta(1)\beta(2)\beta(3)$ に関して，次のことを示せ．

① D_1 と D_2 は共に，$\hat{S}_z = \hat{s}_{1z} + \hat{s}_{2z} + \hat{s}_{3z}$ の固有関数であることを示し，固有値も求めよ．

② D_1 と D_2 は共に，$\hat{S}^2$ の固有関数であることを示せ．また，固有値からスピン多重度は4で四重項状態であることを確認せよ．

(5) 縮重している場合の固有関数に関する次の問題に答えよ．

演算子 $\hat{A}$ の固有値 a は二重に縮重しているとし，固有関数をそれぞれ ψ_1，ψ_2 とすると次式が成り立つ．

$$\hat{A}\psi_1 = a\psi_1, \quad \hat{A}\psi_2 = a\psi_2$$

以下の問いに答えよ．

① $\phi' = c_1\psi_1 + c_2\psi_2$ とするとき（c_1，c_2：定数），ϕ' も演算子 $\hat{A}$ の固有関数で固有値は a であることを示せ．

次に，$\phi = \psi_2 - b^*\psi_1$，$b = \int \psi_2^*\psi_1 dv$，$\int \psi_1^*\psi_1 dv = 1$ とするとき，次の②，③を示せ．

② ϕ は演算子 $\hat{A}$ の固有関数で固有値は a であることを示せ．

③ ϕ は，ψ_1 に直交することを示せ．

(6) 演算子が個々の粒子の演算子の和で与えられる場合に関して，以下の問いに答えよ．

二粒子1，2の演算子 $\hat{A}(1,2)$ が，粒子1に作用する演算子 $\hat{\alpha}(1)$ と粒子2に作用する演算子 $\hat{\beta}(2)$ の和で表すことができるとする．また，$\phi(1)$ を演算子 $\hat{\alpha}(1)$ の固有関数で固有値を a とし，$\psi(2)$ を演算子 $\hat{\beta}(2)$ の固有関数で固有値を b とする．$\Phi(1,2) = \phi(1)\psi(2)$ とするとき，$\Phi(1,2)$ は演算子 $\hat{A}(1,2)$ の固有関数で固有値は $a + b$ であることを示せ．

（注意：$\hat{\alpha}(1)$ は $\phi(1)$ にのみ作用し，$\psi(2)$ には作用しない．また $\hat{\beta}(2)$ は $\psi(2)$ にのみ作用し，$\phi(1)$ には作用しない．）

第3章

(1) 一次元の箱の中の粒子の問題に関して次の問いに答えよ．

量子数 n の固有関数は，$\psi_n(x) = \sqrt{\dfrac{2}{L}} \sin \dfrac{n\pi x}{L}$ で与えられる．次の①から④の積分を計算せよ．

① $\displaystyle\int_0^L \psi_n^*(x)\psi_n(x)\,dx = 1$

② $\displaystyle\int_0^L \psi_m^*(x)\psi_n(x)\,dx = 0, \quad m \neq n$

③ $<x> = \displaystyle\int_0^L \psi_n^*(x)\,x\,\psi_n(x)\,dx = L/2$

④ $<p_x> = \displaystyle\int_0^L \psi_n^*(x)\,\hat{p}_x\,\psi_n(x)\,dx = 0$

(2) 二次元の正方形の箱の中の粒子のエネルギー準位は，式(3・24)で与えられる．縦軸にエネルギーを $h^2/(8mL^2)$ 単位に取り，下から7番目までのエネルギー準位とそれぞれの固有関数を図に示せ．（縮重している準位に注意すること）

(3) 調和振動子の固有関数(3・36)，(3・37)と式(3・38)，式(3・39)，式(3・40)を用いて，以下の①〜④に答えよ．

① 固有関数 $\psi_n(x)$ による x と x^2 の期待値 $<x>$ と $<x^2>$ を計算せよ．

② 固有関数 $\psi_n(x)$ による $\hat{p}_x$ と $\hat{p}_x^2$ の期待値 $<p_x>$ と $<p_x^2>$ を計算せよ．

③ ①と②の計算結果を用いて，運動エネルギー T とポテンシャルエネルギー V の期待値が等しい（$<T> = <V>$）ことを示せ．

④ ①と②の計算結果と $(\Delta x)^2 = <(x-<x>)^2>$ と $(\Delta p_x)^2 = <(p_x-<p_x>)^2>$ を用いて，不確定性関係 $\Delta x \cdot \Delta p_x \geq \hbar/2$ が成立することを示せ．

(4) 二次元の回転運動の固有関数と固有値が式(3・45)，式(3・46)と式(3・47)で与えられることを，Shrödinger方程式(3・43)と境界条件(3・44)を用いて示せ．

第4章

(1) 主量子数 $n=4$ に対する可能な全ての量子数の組合せ (n, ℓ, m) を書き，対応する原子軌道の名称も書け．

(2) 4f軌道 $(n=4, \ell=3)$ の動径部分は，$R_{4,3} = Ae^{-Zr/4}r^3$ で，角度部分は，次式で与えられる．
$Y_{3,0} = B_1(5\cos^3\theta - 3\cos\theta)$,
$Y_{3,-1} = B_2\sin\theta(5\cos^2\theta - 1)e^{-i\phi}$, $Y_{3,1} = B_2\sin\theta(5\cos^2\theta - 1)e^{i\phi}$
$Y_{3,-2} = B_3\sin^2\theta\cos\theta e^{-i2\phi}$, $Y_{3,2} = B_3\sin^2\theta\cos\theta e^{i2\phi}$
$Y_{3,-3} = B_4\sin^3\theta e^{-i3\phi}$, $Y_{3,3} = B_4\sin^3\theta e^{i3\phi}$

p.46の極座標と直交座標の関係を用いて，$n=4, \ell=3, m=0$ の原子軌道 $R_{4,3}Y_{3,0} = AB_1e^{-Zr/4}z(5z^2-3r^2)$ は，$4f_{5z^3-3zr^2}$ と表示される．$m = \pm 1, \pm 2, \pm 3$ の場合については，p.46で説明したように，実数化した軌道の名称がよく用いられる．これらの実数化した軌道の名称を書け．

(3) 原子軌道 $np_0 = np_z$ の角度部分は，$A\cos\theta$ である．yz 平面 $(\phi = \pi/2)$ 上で，原点からの長さが $|\cos\theta|$ で与えられる点の満たす式を導き，図示せよ．

(4) 水素原子の1s軌道 ψ_{1s} による核からの距離 r の期待値 $<r>$ を計算せよ．

(5) 水素原子の1s軌道 ψ_{1s} と2s軌道 ψ_{2s} が直交していることを計算により示せ．

(6) 原子番号1から36番までの原子の電子配置を書け．

第5章

(1) 等核二原子分子の分子軌道のエネルギー準位の図(p.60，図5・6)で，$2p\sigma$ と $2p\pi$ が分子によってエネルギー的に逆転することがある理由について説明せよ．

(2) sp³混成軌道の四つの軌道は，正四面体の頂点方向を向いている．二つの混成軌道の間の角度が109度28分であることを示せ．

(3) 次の分子の形を混成軌道を用いて説明せよ．説明には図を用い，結合の種類についても説明すること．
① ケテン $(CH_2=C=O)$
② アレン $(CH_2=C=CH_2)$

(4) 折れ線型の三原子分子ABCの結合ABと結合BCの双極子モーメントを μ_{AB}, μ_{BC} とし，角ABCを θ とするとき，以下の問いに答えよ．
① 三原子分子全体の双極子モーメント μ は，次式で与えられることを示せ．
$\mu^2 = \mu^2_{AB} + \mu^2_{BC} + 2\mu_{AB}\mu_{BC}\cos\theta$
② 水分子の双極子モーメントは1.85Dである．HO結合の双極子モーメントを1.51Dとして，角HOHを計算せよ．

第6章

(1) 次の分子をHückel法で計算し，軌道エネルギーと分子軌道を求めよ．また，基底電子配置を図示せよ．
① アリルラジカル

演習問題

② シクロブタジエン
③ ベンゼン

(2) 次の分子を Hückel 法のプログラムを用いて計算し，軌道エネルギーと分子軌道を求めよ．
① フルベン
② アズレン

(3) ブタジエンの分子軌道は，式(6・20)で与えられる．この分子軌道を用いて次の①と②の計算をせよ．
① 炭素 1，2 と 2，3 の結合次数 p_{12} と p_{23} を計算せよ．
② ①で計算した結合次数を用いて，炭素 1，2 と 2，3 の結合距離 R_{12} と R_{23} を計算せよ．ただし，結合距離（Å）と結合次数の間には，次の関係が成立するものとせよ．$R_{rs} = 1.506 - 0.1678\, p_{rs}$

(4) 次の分子の非局在化エネルギーを計算せよ．
① ブタジエン
② シクロブタジエン

第 7 章

(1) 調和振動子に関して次の計算をせよ．
① 摂動項を $\hat{H}' = \dfrac{1}{2} k' x^2$ とするとき $(k' \ll k)$，一次の摂動エネルギーの補正項 E_n^1 を計算せよ．

$$E_n^1 = \int_{-\infty}^{\infty} \psi_n^0(x) \hat{H}' \psi_n^0(x)\, dx = H'_{nn}$$

② $\hat{H}_0$，ポテンシャルエネルギー $(\dfrac{1}{2} k x^2)$ の k が，$k + k'$ に変化したときのエネルギー固有値 E'^0_n を $k'/k\, (\ll 1)$ で展開し，①の結果と比較せよ．

(2) 水素原子の最低エネルギー状態の試行関数を $\psi = a \cdot e^{-br}$ として，変分法により a, b を決定し最低エネルギーが正確に 1s のエネルギーに等しく，試行関数も 1s 軌道に一致することを次の手順にしたがって示せ．
① 規格化定数 a を b の関数として表せ．
② エネルギー期待値 $I = \int \psi^* \hat{H} \psi\, dv$ を計算し，I を b の関数として表せ．
$\hat{H}$ を三次元の極座標で表し，体積要素 $dv = r^2 \sin\theta\, dr\, d\theta\, d\phi$ であることに注意すること．
③ ②で得られる $I(b)$ を b で微分し，$I(b)$ が極値（最小値）をもつ b を決定し，そのときの $I(b)$ と ψ を計算せよ．その結果を，1s 軌道のエネルギーと固有関数と比較せよ．

(3) He について，次の問いに答えよ．
① 式(4・12)を使って，He$^+$ の 1s のエネルギーを eV 単位で計算せよ．
② 変分法を用いて，He の第 1 イオン化エネルギーを計算せよ．

第 8 章

以下の問題は，拡張 Hückel 法あるいは，より精度の高い分子軌道法のプログラムが必要である．

(1) 適当なプログラムを用い，メタンの分子軌道を計算せよ．
(2) 適当なプログラムを用い，プロペンの分子軌道を計算せよ．
このとき，1 位，2 位の炭素の電子密度はどちらが大きいか，説明せよ．

第9章

(1) HF の分子軌道に関して解答せよ．
  ① HF の HOMO，LUMO の概略図を示せ．
  ② 図 8・6 の拡張 Hückel 法による軌道相関図を参考にして，HF の 2 量体の構造を予想せよ．このとき F..H–F の角度は 180 度か，それよりも小さくなるか．

(2) アセトアルデヒドと，$MgBr_2$ との錯体の構造を，高精度量子化学計算(B3LYP/6−311+G**)で求めた．下のように，C–O–Mg の角度が 151° であった．一方，Mg^{2+} との錯体では，C–O–Mg の角度は，172° であった（下図を参照のこと）．なお，いずれも Mg はアセトアルデヒドにπ配位（C=Oπ軌道と相互作用）しなかった．次の問いに答えよ．

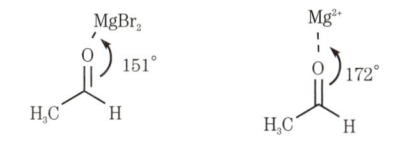

$MgBr_2$ ⋯ O=CH(CH$_3$) 151° Mg^{2+} ⋯ O=CH(CH$_3$) 172°

  ① アセトアルデヒドの HOMO，HOMO−1 を，分子軌道法でプログラムを用いて計算し，Mg がアセトアルデヒドにπを配位しづらいことを説明せよ．
  ② $MgBr_2$ の方が，Mg^{2+} に比べてソフトなルイス酸と考えられる．この事実を用い，それらの 2 種類のルイス酸との相互作用で Mg の配位の角度が異なる理由を説明せよ．
  ③ $MgBr_2$ に比べて $ZnBr_2$ の方がソフトなルイス酸である．このとき，C–O–金属の角度はどのように変化すると予想されるか．

解　答

第1章

(1)

① $2.07\,\mathrm{eV}$． ② $2.07\,\mathrm{eV}$．

(2)

①，② 図1·5参照． ③ ライマン系列：最大波数$(1.097 \times 10^7\,\mathrm{m}^{-1})$，最小波数$(0.8226 \times 10^7\,\mathrm{m}^{-1})$，バルマー系列：最大波数$(0.2742 \times 10^7\,\mathrm{m}^{-1})$，最小波数$(0.1523 \times 10^7\,\mathrm{m}^{-1})$，④ ライマン系列：最短波長$(91.18\,\mathrm{nm})$，最長波長$(121.6\,\mathrm{nm})$，バルマー系列：最短波長$(364.7\,\mathrm{nm})$，最長波長$(656.5\,\mathrm{nm})$

(3)

① $1.3 \times 10^{-35}\,\mathrm{m}$． ② $4.0 \times 10^{-38}\,\mathrm{m}$． ③ $7.3\,\mathrm{Å}$．

第2章

(1)

$\partial^2 \Psi/\partial x^2 = \partial^2 \phi/\partial x^2 \cdot e^{-2\pi i \nu t}$, $\partial^2 \Psi/\partial y^2 = \partial^2 \phi/\partial y^2 \cdot e^{-2\pi i \nu t}$, $\partial^2 \Psi/\partial z^2 = \partial^2 \phi/\partial z^2 \cdot e^{-2\pi i \nu t}$, $\partial^2 \Psi/\partial t^2 = -4\pi^2 \nu^2 \phi \cdot e^{-2\pi i \nu t}$ を式(2.11)に代入，$e^{-2\pi i \nu t} \neq 0$であり，整理すると $\partial^2 \phi/\partial x^2 + \partial^2 \phi/\partial y^2 + \partial^2 \phi/\partial z^2 = -(4\pi^2 \nu^2/v^2)\phi$ が得られる．ここで，$v^2 = \lambda^2 \nu^2$，$\lambda = h/p$ より，右辺は$(-4\pi^2 p^2/h^2)\phi$となる．ここで，$E = T + V$ から $T = E - V = p^2/(2m)$ となり，$p^2 = 2m(E - V)$ が得られる．この関係を，代入して整理すると式(2·15)が得られる．

(2)

① $[\hat{\alpha}, \hat{\beta}] = \hat{\alpha}\hat{\beta} - \hat{\beta}\hat{\alpha} = -\hat{\beta}\hat{\alpha} + \hat{\alpha}\hat{\beta} = -(\hat{\beta}\hat{\alpha} - \hat{\alpha}\hat{\beta}) = -[\hat{\beta}, \hat{\alpha}]$

② $[c\hat{\alpha}, d\hat{\beta}] = (c\hat{\alpha})(d\hat{\beta}) - (d\hat{\beta})(c\hat{\alpha}) = cd(\hat{\alpha}\hat{\beta} - \hat{\beta}\hat{\alpha}) = cd[\hat{\alpha}, \hat{\alpha}]$

③ $[\hat{\alpha} + \hat{\beta}, \hat{\gamma}] = (\hat{\alpha} + \hat{\beta})\hat{\gamma} - \hat{\gamma}(\hat{\alpha} + \hat{\beta}) = (\hat{\alpha}\hat{\gamma} - \hat{\gamma}\hat{\alpha}) + (\hat{\beta}\hat{\gamma} - \hat{\gamma}\hat{\beta}) = [\hat{\alpha}, \hat{\gamma}] + [\hat{\beta}, \hat{\gamma}]$

④ $[\hat{\alpha}\hat{\beta}, \hat{\gamma}] = (\hat{\alpha}\hat{\beta})\hat{\gamma} - \hat{\gamma}(\hat{\alpha}\hat{\beta}) = \hat{\alpha}\hat{\beta}\hat{\gamma} - (\hat{\alpha}\hat{\gamma}\hat{\beta}) + (\hat{\alpha}\hat{\gamma}\hat{\beta}) - \hat{\gamma}\hat{\alpha}\hat{\beta} = \hat{\alpha}(\hat{\beta}\hat{\gamma} - \hat{\gamma}\hat{\beta}) + (\hat{\alpha}\hat{\gamma} - \hat{\gamma}\hat{\alpha})\hat{\beta}$
　　$= \hat{\alpha}[\hat{\beta}, \hat{\gamma}] + [\hat{\alpha}, \hat{\gamma}]\hat{\beta}$

⑤ $[\hat{\alpha}, \hat{\beta}\hat{\gamma}] = \hat{\alpha}(\hat{\beta}\hat{\gamma}) - (\hat{\beta}\hat{\gamma})\hat{\alpha} = \hat{\alpha}\hat{\beta}\hat{\gamma} - (\hat{\beta}\hat{\alpha}\hat{\gamma}) + (\hat{\beta}\hat{\alpha}\hat{\gamma}) - \hat{\beta}\hat{\gamma}\hat{\alpha} = (\hat{\alpha}\hat{\beta} - \hat{\beta}\hat{\alpha})\hat{\gamma} + \hat{\beta}(\hat{\alpha}\hat{\gamma} - \hat{\gamma}\hat{\alpha})$
　　$= \hat{\beta}[\hat{\alpha}, \hat{\gamma}] + [\hat{\alpha}, \hat{\beta}]\hat{\gamma}$

⑥ $[\hat{\alpha}\hat{\beta}, \hat{\gamma}\hat{\delta}] = \hat{\alpha}[\hat{\beta}, \hat{\gamma}\hat{\delta}] + [\hat{\alpha}, \hat{\gamma}\hat{\delta}]\hat{\beta} = \hat{\alpha}\hat{\gamma}[\hat{\beta}, \hat{\delta}] + \hat{\alpha}[\hat{\beta}, \hat{\gamma}]\hat{\delta} + \hat{\gamma}[\hat{\alpha}, \hat{\delta}]\hat{\beta} + [\hat{\alpha}, \hat{\gamma}]\hat{\delta}\hat{\beta}$

(3)

① ヒント：$\hat{x} = x$，$\hat{y} = y$，$\hat{z} = z$とする．$\hat{\ell}_x \hat{\ell}_y f = -\hbar^2 (y\partial/\partial z - z\partial/\partial y)(z\partial f/\partial x - x\partial f/\partial z)$

② $[\hat{\ell}_x, \hat{\ell}_y] = [\hat{y}\hat{p}_z - \hat{z}\hat{p}_y, \hat{z}\hat{p}_x - \hat{x}\hat{p}_z] = [\hat{y}\hat{p}_z, \hat{z}\hat{p}_x] - [\hat{y}\hat{p}_z, \hat{x}\hat{p}_z] - [\hat{z}\hat{p}_y, \hat{z}\hat{p}_x] + [\hat{z}\hat{p}_y, \hat{x}\hat{p}_z]$
　　$= [\hat{y}\hat{p}_z, \hat{z}\hat{p}_x] - 0 - 0 + [\hat{z}\hat{p}_y, \hat{x}\hat{p}_z] = \hat{y}[\hat{p}_z, \hat{z}]\hat{p}_x + \hat{x}[\hat{z}, \hat{p}_z]\hat{p}_y$
　　$= -\hat{y}[\hat{z}, \hat{p}_z]\hat{p}_x + \hat{x}[\hat{z}, \hat{p}_z]\hat{p}_y = i\hbar(\hat{x}\hat{p}_y - \hat{y}\hat{p}_x) = i\hbar\hat{\ell}_z$

(4)

① $\hat{S}_z D_1 = (\hat{s}_{1z} + \hat{s}_{2z} + \hat{s}_{3z})\alpha(1)\alpha(2)\alpha(3) = (1/2)\hbar\alpha(1)\alpha(2)\alpha(3) + (1/2)\hbar\alpha(1)\alpha(2)\alpha(3) + (1/2)\hbar\alpha(1)\alpha(2)\alpha(3) = (3/2)\hbar\alpha(1)\alpha(2)\alpha(3) = (3/2)\hbar D_1$, $\hat{S}_z D_2 = (\hat{s}_{1z} + \hat{s}_{2z} + \hat{s}_{3z})\beta(1)\beta(2)\beta(3) = -(3/2)\hbar D_2$．したがって，$D_1$と$D_2$は共に$\hat{S}_z$の固有関数で固有値はそれぞれ$(3/2)\hbar$と$-(3/2)\hbar$となる．

② $\hat{S}^2 D_1 = \hat{S}^-(\hat{s}_1^+ + \hat{s}_2^+ + \hat{s}_3^+)\alpha(1)\alpha(2)\alpha(3) + \hat{S}_z\hat{S}_z D_1 + \hbar\hat{S}_z D_1 = (3/2)((3/2) + 1)\hbar^2 D_1$, $\hat{S}^2 D_2 = \hat{S}^+(\hat{s}_1^- + \hat{s}_2^- + \hat{s}_3^-)\beta(1)\beta(2)\beta(3) + \hat{S}_z\hat{S}_z D_1 - \hbar\hat{S}_z D_1 = (-3/2)((-3/2) - 1)\hbar^2 D_2 = (3/2)((3/2) + 1)\hbar^2 D_2$.

したがって，D_1 と D_2 は共に $\hat{S}^2$ の固有関数で固有値は共に $15/4\hbar^2 = (3/2)((3/2)+1)\hbar^2$ となる．$S = 3/2$ なので，スピン多重度は，$2S+1 = 4$ で四重項である．

(5)
① $\hat{A}\phi' = \hat{A}(c_1\psi_1 + c_2\psi_2) = c_1\hat{A}\psi_1 + c_2\hat{A}\psi_2 = c_1a\psi_1 + c_2a\psi_2 = a(c_1\psi_1 + c_2\psi_2) = a\phi'$
② $\hat{A}\phi = \hat{A}(\psi_2 - b^*\psi_1) = \hat{A}\psi_2 - b^*\hat{A}\psi_1 = a\psi_2 - b^*a\psi_1 = a(\psi_2 - b^*\psi_1) = a\phi$
③ $\int \phi^*\psi_1 dv = \int (\psi_2 - b^*\psi_1)^*\psi_1 dv = \int (\psi_2^* - b\psi_1^*)\psi_1 dv = \int \psi_2^*\psi_1 dv - b\int \psi_1^*\psi_1 dv = b - b \cdot 1 = 0$

(6)
$\hat{A}(1,2)\Phi(1,2) = (\alpha(1) + \beta(2))\phi(1)\psi(2) = (\alpha(1)\phi(1))\psi(2) + \phi(1)(\beta(2)\psi(2)) = (a\phi(1))\psi(2) + \phi(1)(b\psi(2)) = (a+b)\phi(1)\psi(2) = (a+b)\Phi(1,2)$

第3章

(1)
① 式(3・13)参照．② 式(C・30)と $n-m \neq 0$ と $n+m \neq 0$ を用いて積分する．③ 部分積分(C・41)を用いる．④ 式(C・31)を用いて積分するか，部分積分を用いるか，または，$(f^2)' = 2ff'$ を用いて積分する．

(2) $(n, n') : E(n, n') = (n^2 + n'^2)(h^2/(8mL^2)), \psi_n(x)\psi_{n'}(y)$
1 $(1, 1) : E(1, 1) = 2(h^2/(8mL^2)), \psi_1(x)\psi_1(y)$
2 $(1, 2), (2, 1) : E(1, 2) = E(2, 1) = 5(h^2/(8mL^2)), \psi_1(x)\psi_2(y), \psi_2(x)\psi_1(y)$
3 $(2, 2) : E(2, 2) = 8(h^2/(8mL^2)), \psi_2(x)\psi_2(y)$
4 $(1, 3), (3, 1) : E(1, 3) = E(3, 1) = 10(h^2/(8mL^2)), \psi_1(x)\psi_3(y), \psi_3(x)\psi_1(y)$
5 $(2, 3), (3, 2) : E(2, 3) = E(3, 2) = 13(h^2/(8mL^2)), \psi_2(x)\psi_3(y), \psi_3(x)\psi_2(y)$
6 $(1, 4), (4, 1) : E(1, 4) = E(4, 1) = 17(h^2/(8mL^2)), \psi_1(x)\psi_4(y), \psi_4(x)\psi_1(y)$
7 $(3, 3) : E(3, 3) = 18(h^2/(8mL^2)), \psi_3(x)\psi_3(y)$，図は省略．

(3)
① $<x> = \int_{-\infty}^{\infty} \psi_n^*(x)x\psi_n(x)dx = 0, <x^2> = \int_{-\infty}^{\infty} \psi_n^*(x)x^2\psi_n(x)dx = (1/k)(n+1/2)\hbar\omega$
ヒント：$\xi H_n = nH_{n-1} + (1/2)H_{n+1}, \xi^2 H_n = n(n-1)H_{n-2} + (n+1/2)H_n + (1/4)H_{n+2}$
② $<p_x> = \int_{-\infty}^{\infty} \psi_n^*(x)(-i\hbar d/dx)\psi_n(x)dx = 0, <p_x^2> = \int_{-\infty}^{\infty} \psi_n^*(x)(-i\hbar d/dx)^2\psi_n(x)dx = \hbar m\omega(n+1/2)$
ヒント：$dH_n(\xi)/\partial\xi = 2nH_{n-1}(\xi)$ を使用．$e^{-\xi^2/2}$ の項も忘れずに微分すること．
③ $<T> = (1/2m)<p_x^2> = (\hbar\omega/2)(n+1/2), <V> = (1/2)k<x^2> = (\hbar\omega/2)(n+1/2)$
④ $(\Delta x)^2 = <(x-<x>)^2> = <x^2> - <x>^2 = (1/k)(n+1/2)\hbar\omega$
$(\Delta p_x)^2 = <(p_x-<p_x>)^2> = <p_x^2> - <p_x>^2 = \hbar m\omega(n+1/2)$ から，$(\Delta x)^2(\Delta p_x)^2 = \hbar^2(n+1/2)^2$ となり，不確定性関係 $\Delta x \Delta p_x = \hbar(n+1/2) \geq \hbar/2$ が得られる．

(4) ヒント：次の①から⑥の手順にしたがって示すことができる．
① 式(3・43)の一般解が，$\phi(\theta) = A\exp(ik\theta) + B\exp(-ik\theta) (k^2 = 2mr^2E/\hbar^2)$ と書けることを示せ．
② この解が式(3・44)の周期境界条件を満たす条件として，$\exp(2\pi ki) = 1$ を導け．
③ さらに，この条件を満たす k を $k = p + iq(p, q：実数)$ とおき，$\exp(2\pi ki) = 1$ が成り立つのは，$q = 0$ で p は整数，つまり $k = n(n：整数)$ となることを示せ．
このとき，固有関数 ψ と固有エネルギー E に n(量子数)を添え字としてつけると一般解は，
$\psi_n(\theta) = A\exp(in\theta) + B\exp(-in\theta)$，固有エネルギーは，$E_n = (n\hbar)^2/(2mr^2)$ (式(3・47))で与

解　答

えられる．

④ $n=0$ の場合には，$\psi_0(\theta)=A+B=C$ となり，固有関数の規格化条件から $C=1/\sqrt{2\pi}$ を示せ．

⑤ $n\neq 0$ では，エネルギーが二重に縮重しているため，一つの解を，例えば，$B=0$ と仮定し，$\psi_{+n}(\theta)=A\exp(in\theta)$ の A を規格化条件から決定せよ．次に，この解に直交するようにもう一つの解を $\psi_{-n}(\theta)=A'\exp(in\theta)+B'\exp(-in\theta)$ と置いて A', B' を直交条件 $\int\psi_{+n}{}^*\psi_{-n}d\theta=0$ と $\psi_{-n}(\theta)$ の規格化条件により決定せよ．(式(3・46))

(注) $A=B$ と仮定すると，$\psi_n{}^+=1/\sqrt{\pi}\cos(n\theta)$ が得られ，これに直交するようにもう一つの解を求めると，$\psi_n{}^-=1/\sqrt{\pi}\sin(n\theta)$ が得られる．

第4章

(1) (n, ℓ, m)：軌道名

$(4, 0, 0)$：4s 軌道, $(4, 1, -1)$：4p$_{-1}$ 軌道, $(4, 1, 0)$：4p$_0$ 軌道, $(4, 1, 1)$：4p$_1$ 軌道

$(4, 2, -2)$：4d$_{-2}$ 軌道, $(4, 2, -1)$：4d$_{-1}$ 軌道, $(4, 2, 0)$：4d$_0$ 軌道, $(4, 2, 1)$：4d$_1$ 軌道

$(4, 2, 2)$：4d$_2$ 軌道

$(4, 3, -3)$：4f$_{-3}$ 軌道, $(4, 3, -2)$：4f$_{-2}$ 軌道, $(4, 3, -1)$：4f$_{-1}$ 軌道, $(4, 3, 0)$：4f$_0$ 軌道

$(4, 3, 1)$：4f$_1$ 軌道, $(4, 3, 2)$：4f$_2$ 軌道, $(4, 3, 3)$：4f$_3$ 軌道

(2) $m=\pm 1$ から，4f$_{5xz^2-xr^2}$, 4f$_{5yz^2-yr^2}$, $m=\pm 2$ から，4f$_{zx^2-zy^2}$, 4f$_{xyz}$, $m=\pm 3$ から，4f$_{x^3-3xy^2}$, 4f$_{y^3-3yx^2}$

(3) z 軸の周りの角度 ϕ に依存していないので，z 軸を中心に回転した図形となる．

yz 平面で原点からの距離が ℓ で，z 軸からの角度が θ である点 (y, z) は $(\ell\sin\theta, \ell\cos\theta)$ となる．ここで，θ を二つの場合に分けて考える．(a) $0\leq\theta\leq\pi/2$ の場合：$\cos\theta\geq 0$ であるから $\ell=\cos\theta$ となり，点 (y, z) は $(\cos\theta\sin\theta, \cos\theta\cos\theta)$ となる．θ を消去すると，最終的に次の円の方程式が得られる．$y^2+(z-1/2)^2=(1/2)^2$ ここで，$0\leq\theta\leq\pi/2$ であるから，中心が $(0, 1/2)$ で半径 $1/2$ の $y\geq 0$ での半円となる．同様にして，(b) $\pi/2\leq\theta\leq\pi$ の場合は，$y^2+(z+1/2)^2=(1/2)^2$ で，$\pi/2\leq\theta\leq\pi$ であるから，中心が $(0, -1/2)$ で半径 $1/2$ の $y\geq 0$ での半円となる．図は省略．z 軸の周りで回転すると，z 軸上で二つの半径 $1/2$ の球が原点で接している図形（図 4・3 の p$_z$）となる．

(4)
$$\psi_{1s}=\frac{1}{\sqrt{\pi}}\left(\frac{1}{a_0}\right)^{3/2}e^{-r/a_0}=\frac{1}{\sqrt{\pi a_0{}^3}}e^{-r/a_0}\text{ で，規格化されているので}$$

$$<r>=\int\psi_{1s}{}^*r\psi_{1s}dv=\frac{1}{\pi a_0{}^3}\int_0^\infty r^3 e^{-2r/a_0}dr\int_0^\pi\sin\theta d\theta\int_0^{2\pi}d\phi$$

$$=\frac{4}{a_0{}^3}\int_0^\infty r^3 e^{-2r/a_0}dr \quad\left(\int_0^\pi\sin\theta d\theta\int_0^{2\pi}d\phi=2\cdot 2\pi=4\pi\right)$$

$$=\frac{4}{a_0{}^3}\cdot 3!\left(\frac{a_0}{2}\right)^4=\frac{3}{2}a_0 \quad\left(\int_0^\infty x^n e^{-ax}dx=n!/a^{n+1},\ (n>-1,\ a>0)\right)$$

(5)
1s 軌道と 2s 軌道の定数部分をそれぞれ A_1, A_2 とすると

$\psi_{1s}=A_1 e^{-r/a_0}$, $\psi_{2s}=(2-r/a_0)e^{-r/2a_0}$ であるから

$$\int\psi_{1s}^*\psi_{2s}dv=A_1A_2\int_0^\infty e^{-r/a_0}(2-r/a_0)e^{-r/2a_0}r^2 dr\int_0^\pi\sin\theta\,d\theta\int_0^{2\pi}d\phi$$

$$=4\pi A_1 A_2\int_0^\infty(2r^2-r^3/a_0)e^{-3r/2a_0}dr$$

$$=4\pi A_1 A_2[2\cdot 2!/(3/2a)^3-1/a_0\cdot 3!/(3/2a)^4]=0$$

積分は，前問(4)と同じ公式を用いる．
(6) 表4・2参照．

第5章

(1) 第8章1節の等核二原子分子の分子軌道を参照のこと．
(2) 立方体の8個の頂点で互いに隣にならない4個の頂点が正四面体の頂点になっている．例えば，頂点が，A(0,0,0)，B(1,0,0)，C(1,1,0)，D(0,1,0)，E(0,0,1)，F(1,0,1)，G(1,1,1)，H(0,1,1)の立方体を考えると，頂点が，A，C，F，Hの四面体が正四面体になる．中心Oは(1/2,1/2,1/2)となるので，三角形OACの∠AOC = θ の$\cos\theta$ を余弦定理で次式のように計算すればよい．
$$\cos\theta = (OA^2 + OC^2 - AC^2)/(2\,OA\cdot OC) = (2(\sqrt{3}/2)^2 - (\sqrt{2})^2)/(2(\sqrt{3}/2)^2) = -1/3$$
したがって，$\theta = 109.4712\cdots$度となり，小数部分を分に直すと，約28分になる．

(3) ①，②ヒント：それぞれの分子で，二つのπ結合を含む面やπ結合を含む面とCH_2の面がお互いに直交していることに注意して，図示すること．中央の炭素はsp混成で両端の炭素と酸素はsp^2混成を形成していると考える．

(4) ① 余弦定理より，$\mu^2 = \mu^2_{AB} + \mu_{BC}^2 - 2\mu_{AB}\mu_{BC}\cos(\pi-\theta)$ ここで，$\cos(\pi-\theta) = -\cos\theta$ なので，$\mu^2 = \mu^2_{AB} + \mu^2_{BC} + 2\mu_{AB}\mu_{BC}\cos\theta$ となる．② 104度

第6章

(1) ① 式(6・22)と式(6・23)，図6・3を参照．② 式(6・34)，付録Cの行列式の展開，付録E，式(6・35)を参照．③ 式(6・24)，図6・4を参照．(2) 省略
(3) ① $p_{12} = 0.894$，$p_{23} = 0.447$ ② $R_{12} = 1.36$Å，$R_{23} = 1.43$Å
(4) ① -0.472β ② 0

第7章

(1) 無摂動系の調和振動子のハミルトニアン，固有値は
$$\hat{H}_0 = -\frac{\hbar^2}{2m}\frac{d^2}{dx^2} + \frac{1}{2}kx^2 \quad (m：質量，k：バネの定数)$$
$$E_n^0 = \left(n + \frac{1}{2}\right)h\nu = \left(n + \frac{1}{2}\right)\hbar\omega \quad (n：量子数，\omega = 2\pi\nu = \sqrt{k/m}：角振動数)$$
である．ここで，$\beta = \sqrt{mk}/\hbar$，$\xi = \sqrt{\beta}x$ と置き，エルミート関数を$H_n(x)$，$H_n(\xi)$ とすると固有関数は次式で与えられる．
$$\psi_n^0(x) = \left(\frac{\sqrt{\beta/\pi}}{2^n n!}\right)^{1/2} H_n(x) e^{-\frac{\beta}{2}x^2}, \quad \psi_n^0(\xi) = \left(\frac{\sqrt{\beta/\pi}}{2^n n!}\right)^{1/2} H_n(\xi) e^{-\frac{1}{2}\xi^2}$$
また，エルミート多項式$H_n(\xi)$の規格直交関係と漸化式は次のようになっている．
$$\int_{-\infty}^{\infty} H_m(\xi)H_n(\xi)e^{-\xi^2}d\xi = 2^n n!\sqrt{\pi}\delta_{mn}, \quad \xi H_n(\xi) = nH_{n-1}(\xi) + \frac{1}{2}H_{n+1}(\xi)$$

① $E_n^1 = \int_{-\infty}^{\infty} \psi_n^0(x)\hat{H}'\psi_n^0(x)\,dx = H'_{nn} = \frac{1}{2}\frac{k'}{k}\left(n + \frac{1}{2}\right)\hbar\omega$

② $E_n^0 = \left(n + \frac{1}{2}\right)\hbar\omega = \left(n + \frac{1}{2}\right)\hbar\sqrt{\frac{k}{m}} \Rightarrow E'^0_n = \left(n + \frac{1}{2}\right)\hbar\sqrt{\frac{k+k'}{m}}$
$= \left(n + \frac{1}{2}\right)\hbar\sqrt{\frac{k}{m}\left(1 + \frac{k'}{k}\right)} = \left(n + \frac{1}{2}\right)\hbar\omega\sqrt{1 + \frac{k'}{k}} = \left(n + \frac{1}{2}\right)\hbar\omega\left(1 + \frac{1}{2}\frac{k'}{k} + \cdots\right)$

以上の結果から，一次の補正エネルギーE_n^1は，確かにk'/kについて一次のエネルギー変化を正しく与えていることがわかる．

解　答

(2)
① $a = \sqrt{b^3/\pi}$　② $I(b) = \hbar^2 b^2/(2m) - e'^2 b$ (ここで，$e' = e/(4\pi\varepsilon_0)^{\frac{1}{2}}$ とする)
③ $dI(b)/db = (\hbar^2/m)b - e'^2 = 0$ より，$b = me'^2/\hbar^2 = 1/a_0$ となり，この値を代入すると，$I(b = me'^2/\hbar^2) = -e'^2/(2a_0) = E_{1s}$ となる．試行関数は，$\psi = (1/\sqrt{\pi a_0^3})\exp(-r/a_0)$ となり，1s軌道と一致する．

(3)
① $-13.60\,\text{eV} \times 4 = -54.40\,\text{eV}$　② $\text{He}(1s^2)：-77.49\,\text{eV}$，したがって，$23.09\,\text{eV}$

第8章

(1) 省略　(2) 1位の方が大きい．

第9章

(1) ① 図8・6を参照のこと．② HFのHOMOは二重に縮重しており，Clのp_x，p_y軌道に対応するため，180度よりは小さくなる．
(2) ① C＝Oの軸をx軸，アルデヒドの水素，C＝Oを含む平面をxy平面（カルボニル平面）とすると，HOMOの酸素から出たローブは，$2p_y$軌道である．
②，③ Mg^{2+}はハードなルイス酸で，そのアセトアルデヒドとの相互作用は静電引力で支配されるのでC＝O結合の真後ろに配位しやすい傾向がある．一方，よりソフトなルイス酸は，カルボニル平面の酸素の$2p_y$軌道と相互作用を好む傾向がある．ZnBr_2のアセトアルデヒド錯体では，C–O–Znの角度が小さくなると予想される．実際にB3LYP/6-311+G**レベルで計算すると132°であった．

付録A　ギリシア文字

大文字	小文字	読み方	大文字	小文字	読み方
A	α	alpha：アルファ	N	ν	nu：ニュー
B	β	beta：ベータ	Ξ	ξ	xi：グザイ（クシー）
Γ	γ	gamma：ガンマ	O	o	omicron：オミクロン
Δ	δ	delta：デルタ	Π	π	pi：パイ
E	ε	epsilon：イプシロン	P	ρ	rho：ロー
Z	ζ	zeta：ゼータ（ツェータ）	Σ	σ	sigma：シグマ
H	η	eta：イータ（エータ）	T	τ	tau：タウ
Θ	θ	theta：シータ	Υ	υ	upsilon：ウプシロン
I	ι	iota：イオタ	Φ	ϕ, φ	phi：ファイ
K	κ	kappa：カッパ	X	χ	chi：カイ
Λ	λ	lambda：ラムダ	Ψ	ψ	psi：プサイ
M	μ	mu：ミュー	Ω	ω	omega：オメガ

本書で使用した記号

ϵ：エネルギー　　θ：角度変数　　λ：波長　　ν：振動数

Π：積の記号（ギリシャ文字Π $\Longleftrightarrow$ アルファベット P(product)））

$$\prod_{i=1}^{n} a_i = a_1 a_2 a_3 \cdots a_n$$

Σ：和の記号（ギリシャ文字Σ $\Longleftrightarrow$ アルファベット S(sum)）

$$\sum_{i=1}^{n} a_i = a_1 + a_2 + a_3 + \cdots + a_n$$

Φ, ϕ, φ：波動関数，角度変数　　　Ψ, ψ：波動関数

χ：原子軌道　　ω：角振動数

付録B 単位について

　一組の基本単位とその単位と物理法則，定義に基づく乗除のみで導かれる組立単位とから構成されている単位系を一貫した（コヒーレントな）単位系という．1960年に開催された国際度量衡総会は，広い分野で世界的に使用される単位系として，国際単位系，略称SI（Système International d'Unités）を採用した．

B-1　SI基本単位とそれらの定義

　4種類の基本量，長さ・質量・時間・電流にそれぞれメートル・キログラム・秒・アンペアの単位を基本とし，これに温度の単位としてケルビン，物質量の単位としてモル，光度の単位としてカンデラを加えた7種の単位を基本単位とする．次の表にSI基本単位の名称と記号を示す．

物理量	SI単位の名称	記号
長さ (length)	メートル (meter)	m
質量 (mass)	キログラム (kilogram)	kg
時間 (time)	秒 (second)	s
電流 (electric current)	アンペア (ampere)	A
熱力学温度 (thermodynamic temperature)	ケルビン (kelvin)	K
物質量 (amount of substance)	モル (mole)	mol
光度 (luminous intensity)	カンデラ (candela)	cd

SI基本単位の定義は，現時点で以下のように定められている．

- メートル：1秒の299792458分の1の時間に光が真空中を伝わる距離．
- キログラム：国際キログラム原器の質量．
- 秒：セシウム133の原子の基底状態の二つの超微細準位間の遷移に対応する放射の9192631770周期の継続時間．
- アンペア：真空中に1メートルの間隔で平行に置かれた無限に小さい円形断面積を有する無限に長い2本の直線状導体のそれぞれを流れ，これらの導体の長さ1メートルごとに2×10^{-7}ニュートンの力を及ぼしあう一定の電流．
- ケルビン：水の三重点の熱力学温度の1/273.16．
- モル：0.012キログラムの炭素12の中に存在する原子の数と等しい数の粒子を含む系の物質量．
- カンデラ：周波数540×10^{12}ヘルツの単色放射を放出し，所定の方向における放射強度が1/683ワット/ステラジアンである光源のその方向での光度．

B-2 SI 接頭語

SI 単位の 10 の負と正の整数乗倍を表すために，下記の接頭語が用いられる．

倍数	接頭語	記号	倍数	接頭語	記号
10^{-1}	デシ(deci)	d	10	デカ(deca)	da
10^{-2}	センチ(centi)	c	10^2	ヘクト(hecto)	h
10^{-3}	ミリ(milli)	m	10^3	キロ(kilo)	k
10^{-6}	マイクロ(micro)	μ	10^6	メガ(mega)	M
10^{-9}	ナノ(nano)	n	10^9	ギガ(giga)	G
10^{-12}	ピコ(pico)	p	10^{12}	テラ(tera)	T
10^{-15}	フェムト(femto)	f	10^{15}	ペタ(peta)	P
10^{-18}	アト(atto)	a	10^{18}	エクサ(exa)	E
10^{-21}	ゼプト(zepto)	z	10^{21}	ゼタ(zetta)	Z
10^{-24}	ヨクト(yocto)	y	10^{24}	ヨタ(yotta)	Y

B-3 SI 組立単位の例

基本単位と物理法則，定義に基づく乗除のみで導かれる組立単位として以下のような特別な名称と記号をもつ SI 組立単位がある．

物理量	SI 単位の名称	記号	SI 基本単位による表現
周波数・振動数(frequency)	ヘルツ(hertz)	Hz	s^{-1}
力(force)	ニュートン(newton)	N	$J\,m^{-1} = m\,kg\,s^{-2}$
圧力(pressure)	パスカル(pascal)	Pa	$N\,m^{-2} = m^{-1}\,kg\,s^{-2}$
エネルギー(energy) 仕事(work)，熱量(heat)	ジュール(joule)	J	$N\,m = Pa\,m^3 = m^2\,kg\,s^{-2}$
仕事率(power)	ワット(watt)	W	$J\,s^{-1} = m^2\,kg\,s^{-3}$
電荷(electric charge)	クーロン(coulomb)	C	$s\,A$
電位(electric potential) 起電力(electromotive force)	ボルト(volt)	V	$J\,C^{-1} = m^2\,kg\,s^{-3}\,A^{-1}$
静電容量(electric capacitance)	ファラド(farad)	F	$C\,V^{-1} = m^{-2}\,kg^{-1}\,s^4\,A^2$
電気抵抗(electric resistance)	オーム(ohm)	Ω	$V\,A^{-1} = m^2\,kg\,s^{-3}\,A^{-2}$
コンダクタンス (electric conductance)	ジーメンス(siemens)	S	$\Omega^{-1} = m^{-2}\,kg^{-1}\,s^3\,A^2$
磁束(magnetic flux)	ウェーバー(weber)	Wb	$V\,s = m^2\,kg\,s^{-2}\,A^{-1}$
磁束密度(magnetic flux density)	テスラ(tesla)	T	$Wb\,m^{-2} = kg\,s^{-2}\,A^{-1}$
インダクタンス(inductance)	ヘンリー(henry)	H	$V\,A^{-1}\,s = m^2\,kg\,s^{-2}\,A^{-2}$
セルシウス温度 (Celsius temperature)	セルシウス度	℃	K
平面角(plane angle)	ラジアン(radian)	rad	1
立体角(solid angle)	ステラジアン(steradian)	sr	1
放射能(radioactivity)	ベクレル(becquerel)	Bq	s^{-1}
吸収線量(absorbed dose)	グレイ(gray)	Gy	$J\,kg^{-1} = m^2\,s^{-2}$
線量当量(dose equivalent)	シーベルト(sievert)	Sv	$J\,kg^{-1} = m^2\,s^{-2}$
触媒活性(catalytic activity)	カタール(katal)	kat	$mol\,s^{-1}$

B-4 SI以外の単位
B-4-1 SIと併用される単位

物理量	単位の名称	記号	SI基本単位による表現
時間(time)	分(minute)	min	60 s
時間(time)	時(hour)	h	3600 s
時間(time)	日(day)	d	86 400 s
平面角(plane angle)	度(degree)	°	$(\pi/180)$ rad
体積(volume)	リットル(litre, liter)	l, L	10^{-3} m^3
質量(mass)	トン(tonne, ton)	t	10^3 kg
長さ(length)	オングストローム(ångström)	Å	10^{-10} m
圧力(pressure)	バール(bar)	bar	10^5 Pa
面積(area)	バーン(barn)	b	10^{-28} m^2
エネルギー(energy)	電子ボルト(electronvolt)	eV	$1.602\,18 \times 10^{-19}$ J
質量(mass)	統一原子質量単位 (unified atomic mass unit)	u	$1.660\,54 \times 10^{-27}$ kg

B-4-2 その他の単位

物理量	単位の名称	記号	SI基本単位による表現
力(force)	ダイン(dyne)	dyn	10^{-5} N
圧力(pressure)	標準大気圧 (standard atmosphere)	atm	101 325 Pa
圧力(pressure)	トル(torr)	Torr	133.322 Pa
エネルギー(energy)	エルグ(erg)	erg	10^{-7} J
エネルギー(energy)	熱化学カロリー (thermochemical calorie)	cal$_{th}$	4.184 J
磁束密度(magnetic flux density)	ガウス(gauss)	G	10^{-4} T
電気双極子モーメント (electric dipole moment)	デバイ(debye)	D	$3.335\,64 \times 10^{-30}$ C m
粘性率(viscosity)	ポアズ(poise)	P	10^{-1} N s m^{-2}
動粘性率(kinematic viscosity)	ストークス(stokes)	St	10^{-4} m^2 s^{-1}
放射能(radioactivity)	キュリー(curie)	Ci	3.7×10^{10} Bq
照射線量(exposure)	レントゲン(röntgen)	R	2.58×10^{-4} C kg^{-1}
吸収線量(absorbed dose)	ラド(rad)	rad	10^{-2} Gy
線量当量(dose equivalent)	レム(rem)	rem	10^{-2} Sv

B-5　基礎物理定数

物理量	記号	数値	単位
真空の透磁率 (permeability of vacuum)	μ_0	$4\pi \times 10^{-7}$	N A^{-2}
真空中の光速度 (speed of light in vacuum)	c, c_0	299 792 458	m s^{-1}
真空の誘電率 (permittivity of vacuum)	$\epsilon_0 = 1/\mu_0 c^2$	$8.854\,187\,817\cdots \times 10^{-12}$	F m^{-1}
電気素量 (elementary charge)	e	$1.602\,176\,53(14) \times 10^{-19}$	C
プランク定数 (Plank constant)	h	$6.626\,069\,3(11) \times 10^{-34}$	J s
アボガドロ定数 (Avogadro constant)	N_A, L	$6.022\,141\,5(10) \times 10^{23}$	mol^{-1}
電子の静止質量 (rest mass of electron)	m_e	$9.109\,382\,6(16) \times 10^{-31}$	kg
陽子の静止質量 (rest mass of proton)	m_p	$1.672\,621\,71(29) \times 10^{-27}$	kg
中性子の静止質量 (neutron rest mass)	m_n	$1.674\,927\,28(29) \times 10^{-27}$	kg
原子質量定数 (atomic mass constant)（統一原子質量単位）(unified atomic mass unit)	$m_u = 1\,\text{u}$	$1.660\,538\,86(28) \times 10^{-27}$	kg
ファラデー定数 (Faraday constant)	F	$9.648\,533\,83(83) \times 10^4$	C mol^{-1}
ハートリーエネルギー (Hartree energy)	E_h	$4.359\,744\,17(75) \times 10^{-18}$	J
ボーア半径 (Bohr radius)	a_0	$5.291\,772\,108(18) \times 10^{-11}$	m
ボーア磁子 (Bohr magneton)	μ_B	$9.274\,009\,49(80) \times 10^{-24}$	J T^{-1}
核磁子 (nuclear magneton)	μ_N	$5.050\,783\,43(43) \times 10^{-27}$	J T^{-1}
リュードベリ定数 (Rydberg constant)	R_∞	$1.097\,373\,156\,852\,5(73) \times 10^7$	m^{-1}
気体定数 (gas constant)	R	8.314 472(15)	$\text{J K}^{-1}\text{mol}^{-1}$
ボルツマン定数 (Boltzmann constant)	k, k_B	$1.380\,650\,5(24) \times 10^{-23}$	J K^{-1}
万有引力定数（重力定数） (gravitational constant)	G	$6.6742(10) \times 10^{-11}$	$\text{m}^3\text{kg}^{-1}\text{s}^{-2}$
重力の標準加速度 (standard acceleration of gravity)	g_n	9.806 65	m s^{-2}
水の三重点 (triple point of water)	$T_{tp}(\text{H}_2\text{O})$	273.16	K
理想気体のモル体積 (molar volume of ideal gass) (1 bar, 273.15 K)	V_0	22.710 981(40)	L mol^{-1}
標準大気圧 (standard atmosphere)	atm	101 325	Pa
微細構造定数 (fine structure constant)	$\alpha = \mu_0 e^2 c/2h$	$7.297\,352\,568(24) \times 10^{-3}$	
	α^{-1}	137.035 999 11(46)	
電子の磁気モーメント (electron magnetic moment)	μ_e	$-9.284\,764\,12(80) \times 10^{-24}$	J T^{-1}
自由電子のランデ g 因子 (Lande g factor for free electron)	$g_e = 2\mu_e/\mu_B$	$-2.002\,319\,304\,371\,8(75)$	
陽子の磁気モーメント (proton magnetic moment)	μ_P	$1.410\,606\,71(12) \times 10^{-26}$	J T^{-1}

[補足説明]

◎ 原子単位（atomic unit）

原子，分子，その集団を扱う単位系として，原子単位系がある．この単位系では，電子の静止質量（m_e），電気素量（e），$\hbar = h/2\pi$（作用の単位，h：プランク定数），$4\pi\epsilon_0$（ϵ_0：真空の誘電率）を基本単位（1として扱う）にとる．

組立単位として，長さの単位，エネルギーの単位は以下のようになっている．共通の記号として，a.u.が用いられる．

付　録

- 長さの単位：ボーア (bohr)

  $1\,\mathrm{a.u.} = 1\,a_0 = 4\pi\epsilon_0\hbar^2/(m_e e^2) \simeq 0.52918 \times 10^{-10}\,\mathrm{m}$

- エネルギーの単位：ハートリー (Hartree)

  $1\,\mathrm{a.u.} = 1\,E_h = m_e e^4/((4\pi\epsilon_0)^2\hbar^2) \simeq 4.3597 \times 10^{-18}\,\mathrm{J} \simeq 27.212\,\mathrm{eV}$

B-6　エネルギー換算表

エネルギーの単位としていろいろな単位が使用される．ここでは，eV，J，cm^{-1}，Hz，K の単位間の換算表と計算式を示す．換算に用いている以下の数値は，最新の値ではない．

素電荷　　　　　e：$1.602\,177\,33 \times 10^{-19}\,\mathrm{C}$

プランク定数　　h：$6.626\,075\,5 \times 10^{-34}\,\mathrm{J\,s}$

ボルツマン定数　k：$1.380\,658 \times 10^{-23}\,\mathrm{J\,K^{-1}}$

真空中の光速度　c：$2.997\,924\,58 \times 10^{8}\,\mathrm{m\,s^{-1}}$

ここで，波数，周波数，温度はそれぞれ，$hc \times$ 波数，$h \times$ 周波数，$k \times$ 温度でエネルギーの次元となる．換算は，まず J で計算してから後は比例計算で簡単に求められる．

	eV	J	cm^{-1}	Hz	K
1 eV	1	①	1/⑤	1/⑥	1/⑦
1 J	1/①	1	1/②	1/③	1/④
1 cm^{-1}	⑤	②	1	1/⑧	1/⑨
1 Hz	⑥	③	⑧	1	1/⑩
1 K	⑦	④	⑨	⑩	1

J の列

　①：$1(\mathrm{eV}) = 1.602\,177\,33 \times 10^{-19}(\mathrm{CV}) = 1.602\,177\,33 \times 10^{-19}(\mathrm{J})$

　②：$1(\mathrm{cm}^{-1}\,hc) = 6.626\,075\,5 \times 10^{-34} \times 2.997\,924\,58 \times 10^{8}(\mathrm{cm}^{-1}\,\mathrm{Js\,ms}^{-1}) = 1.986\,447\,5 \times 10^{-23}(\mathrm{J})$

　③：$1(\mathrm{Hz}\,h) = 6.626\,075\,5 \times 10^{-34}(\mathrm{s}^{-1}\,\mathrm{Js}) = 6.626\,075\,5 \times 10^{-34}(\mathrm{J})$

　④：$1(\mathrm{K}\,k) = 1.380\,658 \times 10^{-23}(\mathrm{K}\,\mathrm{JK}^{-1}) = 1.380\,658 \times 10^{-23}(\mathrm{J})$

eV の列

　1/①：$1(\mathrm{J}) = 1/① = 6.241\,506\,4 \times 10^{18}(\mathrm{eV})$

　⑤　：$1(\mathrm{cm}^{-1}\,hc) = ② \times 1/① = ②/① = 1.239\,842\,44 \times 10^{-4}(\mathrm{eV})$

　⑥　：$1(\mathrm{Hz}\,h) = ③ \times 1/① = ③/① = 4.135\,669\,2 \times 10^{-15}(\mathrm{eV})$

　⑦　：$1(\mathrm{K}\,k) = ④ \times 1/① = ④/① = 8.617\,385 \times 10^{-5}(\mathrm{eV})$

cm^{-1} の列

　1/⑤：$1(\mathrm{eV}) = 1/⑤ = 8.065\,541\,0 \times 10^{3}(\mathrm{cm}^{-1}\,hc)$

　1/②：$1(\mathrm{J}) = 1/② = 5.034\,112\,5 \times 10^{22}(\mathrm{cm}^{-1}\,hc)$

　⑧　：$1(\mathrm{Hz}\,h) = ③ \times 1/② = ③/② = 3.335\,640\,952 \times 10^{-11}(\mathrm{cm}^{-1}\,hc)$

　⑨　：$1(\mathrm{K}\,k) = ④ \times 1/② = ④/② = 6.950\,387 \times 10^{-1}(\mathrm{cm}^{-1}\,hc)$

Hz の列

 $1/⑥ : 1(\text{eV}) = 1/⑥ = 2.417\,988\,36 \times 10^{14}(\text{Hz } h)$

 $1/③ : 1(\text{J}) = 1/③ = 1.509\,188\,97 \times 10^{33}(\text{Hz } h)$

 $1/⑧ : 1(\text{cm}^{-1}\,hc) = 1/⑧ = c = 2.997\,924\,58 \times 10^{10}(\text{Hz } h)$

 ⑩ $: 1(\text{K } k) = ④ \times 1/③ = ④/③ = 2.083\,674 \times 10^{10}(\text{Hz } h)$

K の列

 $1/⑦ : 1(\text{eV}) = 1/⑦ = 1.160\,445 \times 10^{4}(\text{K } k)$

 $1/④ : 1(\text{J}) = 1/④ = 7.242\,924 \times 10^{22}(\text{K } k)$

 $1/⑨ : 1(\text{cm}^{-1}\,hc) = 1/⑨ = 1.438\,769(\text{K } k)$

 $1/⑩ : 1(\text{Hz } h) = 1/⑩ = 4.799\,216 \times 10^{-11}(\text{K } k)$

付録C 基礎的な数学の準備

C-1 微分法と偏微分法

1変数関数の微分に関する微分法に対して，2変数以上の関数の微分を扱うのが偏微分法である．

(1) 導関数と偏導関数

まず，微分法では，1変数 x の関数を $y = f(x)$ とすると，導関数(derivative)は次式で計算される．

$$\frac{dy}{dx} = \lim_{h \to 0} \frac{f(x+h) - f(x)}{h}$$

導関数は，$\frac{dy}{dx}$, y', $\frac{d}{dx}f(x)$, $f'(x)$ などのようにも表される．

一方，偏微分法では，簡単のために2変数 x, y の関数を $z = f(x, y)$ とすると，微分法の導関数に対応するのが，偏導関数(partial derivative)とよばれ，x に関する偏導関数，y に関する偏導関数は次式で計算される．

$$\frac{\partial z}{\partial x} = \lim_{h \to 0} \frac{f(x+h, y) - f(x, y)}{h}$$

$$\frac{\partial z}{\partial y} = \lim_{h \to 0} \frac{f(x, y+h) - f(x, y)}{h}$$

偏導関数は，$\frac{\partial}{\partial x}f(x,y)$, $f_x(x,y)$, $\frac{\partial}{\partial y}f(x,y)$, $f_y(x,y)$ などのようにも表される．偏導関数の計算は，偏微分する変数以外の変数を一定として微分すればよい．

(2) 微分係数と偏微分係数

微分法で，関数 $y = f(x)$ が $x = x_0$ で微分可能なとき，$x = x_0$ での導関数の値を微分係数 (微係数：differential coefficient)とよび，$\left(\frac{df}{dx}\right)_{x_0}$, $f'(x_0)$ などのように表される．一方，偏微分法では，これに対応して，偏微分係数(偏微係数)が，$\left(\frac{\partial f}{\partial x}\right)_{x_0, y_0}$, $f_x(x_0, y_0)$ などのように表される．

(3) 合成関数の微分

微分法では，変数 x が u の関数 $x = g(u)$ である場合には，合成関数の微分により

$$\frac{dy}{du} = \frac{dy}{dx} \cdot \frac{dx}{du} \tag{C·1}$$

となる．一方，偏微分法では，変数 x, y が u, v の関数 $x = g(u,v)$, $y = h(u,v)$ である場合には，合成関数の偏微分により

$$\frac{\partial z}{\partial u} = \frac{\partial z}{\partial x}\cdot\frac{\partial x}{\partial u} + \frac{\partial z}{\partial y}\cdot\frac{\partial y}{\partial u} \tag{C·2}$$

$$\frac{\partial z}{\partial v} = \frac{\partial z}{\partial x}\cdot\frac{\partial x}{\partial v} + \frac{\partial z}{\partial y}\cdot\frac{\partial y}{\partial v} \tag{C·3}$$

となる．

(4) **微分と全微分**

微分法では，関数 $y = f(x)$ において，微分 dy は，$dy = f'(x)dx$ のように書ける．一方，偏微分法で微分法の微分に対応するのが全微分 $dz (df)$ で，次式で与えられる．

$$dz = df = \left(\frac{\partial f}{\partial x}\right)dx + \left(\frac{\partial f}{\partial y}\right)dy = f_x dx + f_y dy \tag{C·4}$$

全微分は，関数 $z = f(x, y)$ において，二つの変数 x, y がそれぞれ dx, dy だけ変化した場合の関数全体の変化を表している．

C-2 ベクトル

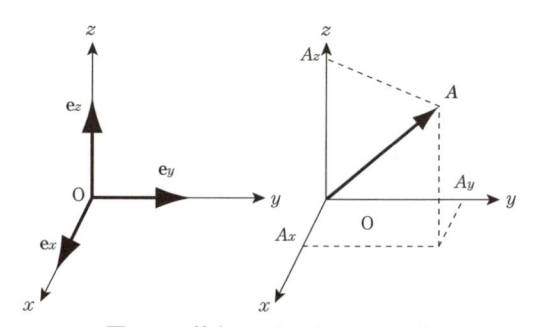

図 C·1 基本ベクトルとベクトル A

任意のベクトル A は図 C·1 に示すように，基本（基底，単位）ベクトル(e_x, e_y, e_z)とベクトル A の x, y, z 成分(A_x, A_y, A_z)を用いて，次式で表される．

$$A = e_x A_x + e_y A_y + e_z A_z \tag{C·5}$$

ベクトル A の大きさは，$|A|$ で表される．

二つのベクトル A と B の間には次の 2 種類の積が定義される．ただし，二つのベクトルのなす角を θ とする．

(1) **スカラー積**(scalar product, dot product, 内積)

$$A\cdot B = A_x B_x + A_y B_y + A_z B_z = |A||B|\cos\theta \tag{C·6}$$

$\theta = \pi/2$ の場合には，$A\cdot B = 0$ となり，ベクトル A と B は直交しているという．

(2) ベクトル積(vector product, cross product, 外積)

$$\boldsymbol{A} \times \boldsymbol{B} = \mathbf{e}_x(A_yB_z - A_zB_y) + \mathbf{e}_y(A_zB_x - A_xB_z)$$
$$+ \mathbf{e}_z(A_xB_y - A_yB_x) \tag{C·7}$$

$$= \begin{vmatrix} \mathbf{e}_x & \mathbf{e}_y & \mathbf{e}_z \\ A_x & A_y & A_z \\ B_x & B_y & B_z \end{vmatrix} \tag{C·8}$$

$$\boldsymbol{C} = \boldsymbol{A} \times \boldsymbol{B}, \ |\boldsymbol{C}| = |\boldsymbol{A}||\boldsymbol{B}|\sin\theta \tag{C·9, C·10}$$
$$\boldsymbol{A} \times \boldsymbol{B} = -\boldsymbol{B} \times \boldsymbol{A}$$

◎ ベクトルの例

角運動量 ℓ

$$\boldsymbol{\ell} = \boldsymbol{r} \times \boldsymbol{p}, \ |\boldsymbol{\ell}| = |\boldsymbol{r}||\boldsymbol{p}|\sin\theta \tag{C·11}$$

・円運動の場合($\theta = \pi/2$)の角運動量の大きさ ℓ

$$\ell = rp \tag{C·12}$$

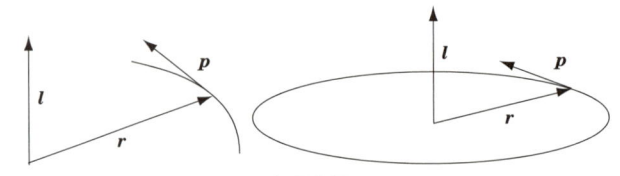

図 C·2 角運動量ベクトル ℓ

微分ベクトル演算子ナブラ $\hat{\nabla}$

$$\hat{\nabla} = \mathbf{e}_x \frac{\partial}{\partial x} + \mathbf{e}_y \frac{\partial}{\partial y} + \mathbf{e}_z \frac{\partial}{\partial z} \tag{C·13}$$

・ナブラの二乗(ナブラとナブラのスカラー積, ラプラシアン($\hat{\Delta}$))

$$\hat{\Delta} = \hat{\nabla} \cdot \hat{\nabla} = \hat{\nabla}^2 = \frac{\partial^2}{\partial x^2} + \frac{\partial^2}{\partial y^2} + \frac{\partial^2}{\partial z^2} \tag{C·14}$$

・ナブラをスカラー関数 ϕ に作用したベクトルを ϕ の勾配(gradient)とよぶ.

$$\hat{\nabla}\phi = \mathbf{e}_x \frac{\partial \phi}{\partial x} + \mathbf{e}_y \frac{\partial \phi}{\partial y} + \mathbf{e}_z \frac{\partial \phi}{\partial z} \tag{C·15}$$

・ナブラとベクトル $\boldsymbol{A}$ のスカラー積を $\boldsymbol{A}$ の発散(divergence), ベクトル積を $\boldsymbol{A}$ の回転(curl)とよぶ.

$$\hat{\nabla} \cdot \boldsymbol{A} = \frac{\partial A_x}{\partial x} + \frac{\partial A_y}{\partial y} + \frac{\partial A_z}{\partial z} \quad (\boldsymbol{A} の発散) \tag{C·16}$$

$$\hat{\nabla} \times \boldsymbol{A} = \mathbf{e}_x\left(\frac{\partial A_z}{\partial y} - \frac{\partial A_y}{\partial z}\right) + \mathbf{e}_y\left(\frac{\partial A_x}{\partial z} - \frac{\partial A_z}{\partial x}\right) \tag{C·17}$$
$$+ \mathbf{e}_z\left(\frac{\partial A_y}{\partial x} - \frac{\partial A_x}{\partial y}\right) \quad (\boldsymbol{A} の回転)$$

C-3 極座標

取り扱うモデルによっては, 直交座標系よりも極座標系の方が問題がより簡単になったり, 変数を分離して解けるようになる.

(1) 二次元の極座標

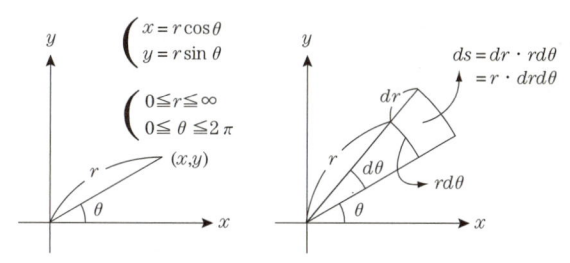

図 C・3　二次元における極座標と直交座標との関係

図 C・2 に，二次元の直交座標と極座標の関係を示す．二次元における直交座標と極座標の関係は次式で与えられる．

$$\begin{cases} x = r\cos\theta \\ y = r\sin\theta \end{cases}, \text{または} \begin{cases} r^2 = x^2 + y^2 \\ \tan\theta = y/x \end{cases} \tag{C・18}$$

面積要素は，図 C・3 から明らかなように $ds = rdrd\theta$ となる．また，ラプラシアンは，次式で与えられる．

$$\hat{\Delta} = \frac{\partial^2}{\partial r^2} + \frac{1}{r}\frac{\partial}{\partial r} + \frac{1}{r^2}\frac{\partial^2}{\partial \theta^2} \tag{C・19}$$

ここで，上の式を導いてみよう．式(C・18)の2番目の関係を用いて，r と θ をそれぞれ x と y で偏微分すると次の関係が得られる．

$$\frac{\partial r}{\partial x} = \cos\theta, \ \frac{\partial r}{\partial y} = \sin\theta, \ \frac{\partial \theta}{\partial x} = -\frac{\sin\theta}{r}, \ \frac{\partial \theta}{\partial y} = \frac{\cos\theta}{r}$$

次に，x と y による偏微分を r と θ で偏微分する式は，上の結果を用いると

$$\frac{\partial}{\partial x} = \frac{\partial}{\partial r}\frac{\partial r}{\partial x} + \frac{\partial}{\partial \theta}\frac{\partial \theta}{\partial x} = \cos\theta\frac{\partial}{\partial r} - \frac{\sin\theta}{r}\frac{\partial}{\partial \theta}$$

$$\frac{\partial}{\partial y} = \frac{\partial}{\partial r}\frac{\partial r}{\partial y} + \frac{\partial}{\partial \theta}\frac{\partial \theta}{\partial y} = \sin\theta\frac{\partial}{\partial r} + \frac{\cos\theta}{r}\frac{\partial}{\partial \theta}$$

となる．$\frac{\partial}{\partial x}$ と $\frac{\partial}{\partial y}$ をそれぞれ 2 回演算すると，最終的に次式が得られる．

$$\frac{\partial^2}{\partial x^2} = \cos^2\theta\frac{\partial^2}{\partial r^2} + \frac{\sin^2\theta}{r}\frac{\partial}{\partial r} - \frac{2\sin\theta\cos\theta}{r}\frac{\partial^2}{\partial r\partial\theta} + \frac{\sin^2\theta}{r^2}\frac{\partial^2}{\partial\theta^2} + \frac{2\sin\theta\cos\theta}{r^2}\frac{\partial}{\partial\theta}$$

$$\frac{\partial^2}{\partial y^2} = \sin^2\theta\frac{\partial^2}{\partial r^2} + \frac{\cos^2\theta}{r}\frac{\partial}{\partial r} + \frac{2\sin\theta\cos\theta}{r}\frac{\partial^2}{\partial r\partial\theta} + \frac{\cos^2\theta}{r^2}\frac{\partial^2}{\partial\theta^2} - \frac{2\sin\theta\cos\theta}{r^2}\frac{\partial}{\partial\theta}$$

上の二つの式を加えると，式(C・19)が得られる．

(2) 三次元の極座標

図 C・4 に，三次元の直交座標と極座標の関係を示す．

三次元における直交座標と極座標の関係は次式で与えられる．

付　録

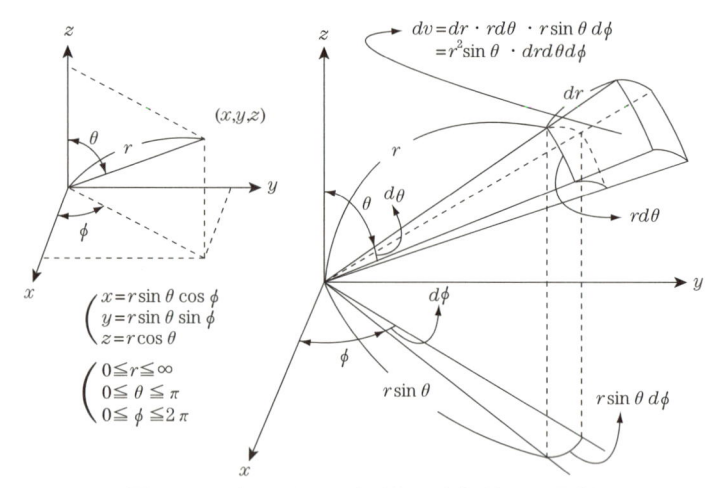

図 C·4　三次元における極座標と直交座標との関係

$$\begin{cases} x = r\sin\theta\cos\phi \\ y = r\sin\theta\sin\phi, \\ z = r\cos\theta \end{cases} \text{または} \begin{cases} r^2 = x^2 + y^2 + z^2 \\ \tan^2\theta = (x^2+y^2)/z^2 \\ \tan\phi = y/x \end{cases} \tag{C·20}$$

体積要素は，図C·4から $dv = r^2\sin\theta drd\theta d\phi$ となる．ラプラシアンは，次式で与えられる．

$$\hat{\Delta} = \frac{1}{r^2}\frac{\partial}{\partial r}\left(r^2\frac{\partial}{\partial r}\right) + \frac{1}{r^2\sin\theta}\frac{\partial}{\partial \theta}\left(\sin\theta\frac{\partial}{\partial \theta}\right) + \frac{1}{r^2\sin^2\theta}\frac{\partial^2}{\partial \phi^2} \tag{C·21}$$

ここで，上の式を導いてみよう．式(C·20)の2番目の関係を用いて，r, θ, ϕ をそれぞれ x, y, z で偏微分すると次の関係が得られる．

$$\frac{\partial r}{\partial x} = \sin\theta\cos\phi, \quad \frac{\partial r}{\partial y} = \sin\theta\sin\phi, \quad \frac{\partial r}{\partial z} = \cos\theta$$

$$\frac{\partial \theta}{\partial x} = \frac{\cos\theta\cos\phi}{r}, \quad \frac{\partial \theta}{\partial y} = \frac{\cos\theta\sin\phi}{r}, \quad \frac{\partial \theta}{\partial z} = -\frac{\sin\theta}{r}$$

$$\frac{\partial \phi}{\partial x} = -\frac{\sin\phi}{r\sin\theta}, \quad \frac{\partial \phi}{\partial y} = \frac{\cos\phi}{r\sin\theta}, \quad \frac{\partial \phi}{\partial z} = 0$$

次に，x, y と z による偏微分を r, θ と ϕ で偏微分する式は，上の結果を用いると

$$\frac{\partial}{\partial x} = \sin\theta\cos\phi\frac{\partial}{\partial r} + \frac{\cos\theta\cos\phi}{r}\frac{\partial}{\partial \theta} - \frac{\sin\phi}{r\sin\theta}\frac{\partial}{\partial \phi}$$

$$\frac{\partial}{\partial y} = \sin\theta\sin\phi\frac{\partial}{\partial r} + \frac{\cos\theta\sin\phi}{r}\frac{\partial}{\partial \theta} + \frac{\cos\phi}{r\sin\theta}\frac{\partial}{\partial \phi}$$

$$\frac{\partial}{\partial z} = \cos\theta\frac{\partial}{\partial r} - \frac{\sin\theta}{r}\frac{\partial}{\partial \theta}$$

となる．$\frac{\partial}{\partial x}$, $\frac{\partial}{\partial y}$ と $\frac{\partial}{\partial z}$ をそれぞれ2回演算すると，最終的に次式が得られる．

$$\frac{\partial^2}{\partial x^2} = \sin^2\theta\cos^2\phi\left(\frac{\partial^2}{\partial r^2}\right) + \frac{\cos^2\theta\cos^2\phi + \sin^2\phi}{r}\left(\frac{\partial}{\partial r}\right) + \frac{2\sin\theta\cos\theta\cos^2\phi}{r}\left(\frac{\partial^2}{\partial r\partial\theta}\right)$$

$$- \frac{2\sin\phi\cos\phi}{r}\left(\frac{\partial^2}{\partial r\partial\phi}\right) + \frac{\cos^2\theta\cos^2\phi}{r^2}\left(\frac{\partial^2}{\partial\theta^2}\right) - \frac{2\sin^2\theta\cos\theta\cos^2\phi - \cos\theta\sin^2\phi}{r^2\sin\theta}\left(\frac{\partial}{\partial\theta}\right)$$

$$-\frac{2\cos\theta\sin\phi\cos\phi}{r^2\sin\theta}\left(\frac{\partial^2}{\partial\theta\partial\phi}\right) + \frac{\sin^2\phi}{r^2\sin^2\theta}\left(\frac{\partial^2}{\partial\phi^2}\right) + \frac{2\sin\phi\cos\phi}{r^2\sin^2\theta}\left(\frac{\partial}{\partial\phi}\right)$$

$$\frac{\partial^2}{\partial y^2} = \sin^2\theta\sin^2\phi\left(\frac{\partial^2}{\partial r^2}\right) + \frac{\cos^2\theta\sin^2\phi + \cos^2\phi}{r}\left(\frac{\partial}{\partial r}\right) + \frac{2\sin\theta\cos\theta\sin^2\phi}{r}\left(\frac{\partial^2}{\partial r\partial\theta}\right)$$

$$+ \frac{2\sin\phi\cos\phi}{r}\left(\frac{\partial^2}{\partial r\partial\phi}\right) + \frac{\cos^2\theta\sin^2\phi}{r^2}\left(\frac{\partial^2}{\partial\theta^2}\right) - \frac{2\sin^2\theta\cos\theta\sin^2\phi - \cos\theta\cos^2\phi}{r^2\sin\theta}\left(\frac{\partial}{\partial\theta}\right)$$

$$+ \frac{2\cos\theta\sin\phi\cos\phi}{r^2\sin\theta}\left(\frac{\partial^2}{\partial\theta\partial\phi}\right) + \frac{\cos^2\phi}{r^2\sin^2\theta}\left(\frac{\partial^2}{\partial\phi^2}\right) - \frac{2\sin\phi\cos\phi}{r^2\sin^2\theta}\left(\frac{\partial}{\partial\phi}\right)$$

$$\frac{\partial^2}{\partial z^2} = \cos^2\theta\left(\frac{\partial^2}{\partial r^2}\right) + \frac{\sin^2\theta}{r}\left(\frac{\partial}{\partial r}\right) - \frac{2\sin\theta\cos\theta}{r}\left(\frac{\partial^2}{\partial r\partial\theta}\right) + \frac{\sin^2\theta}{r^2}\left(\frac{\partial^2}{\partial\theta^2}\right) + \frac{2\sin\theta\cos\theta}{r^2}\left(\frac{\partial}{\partial\theta}\right)$$

上の三つの式を加えると，式(C・21)が得られる．

C-4 数 学 公 式
(1) 三 角 関 数

$$\sin^2\alpha + \cos^2\alpha = 1 \tag{C・22}$$

$$\sin(\alpha \pm \beta) = \sin\alpha\cos\beta \pm \cos\alpha\sin\beta \tag{C・23}$$

$$\cos(\alpha \pm \beta) = \cos\alpha\cos\beta \mp \sin\alpha\sin\beta \tag{C・24}$$

$$\sin 2\alpha = 2\sin\alpha\cos\alpha \tag{C・25}$$

$$\cos 2\alpha = \cos^2\alpha - \sin^2\alpha = 1 - 2\sin^2\alpha = 2\cos^2\alpha - 1 \tag{C・26}$$

$$\sin\alpha + \sin\beta = 2\sin\frac{\alpha+\beta}{2}\cos\frac{\alpha-\beta}{2} \tag{C・27}$$

$$\sin\alpha - \sin\beta = 2\cos\frac{\alpha+\beta}{2}\sin\frac{\alpha-\beta}{2} \tag{C・28}$$

$$\cos\alpha + \cos\beta = 2\cos\frac{\alpha+\beta}{2}\cos\frac{\alpha-\beta}{2} \tag{C・29}$$

$$\cos\alpha - \cos\beta = 2\sin\frac{\alpha+\beta}{2}\sin\frac{\beta-\alpha}{2} \tag{C・30}$$

$$2\sin\alpha\cos\beta = \sin(\alpha+\beta) + \sin(\alpha-\beta) \tag{C・31}$$

$$2\sin\alpha\sin\beta = \cos(\alpha-\beta) - \cos(\alpha+\beta) \tag{C・32}$$

$$2\cos\alpha\cos\beta = \cos(\alpha+\beta) + \cos(\alpha-\beta) \tag{C・33}$$

(2) 複 素 数

i を虚数単位とし，$p = a + ib$（a，b は実数）とすると p の複素共役 p^* は

$$p^* = a - ib \tag{C・34}$$

となる．また，$p = p^*$ であれば，$a + ib = a - ib$ となる．したがって，$2ib = 0$ となるので，$b = 0$ つまり $p = a$ であり，p は実数になる．

(3) 指数関数と三角関数の関係

オイラーの恒等式

$$e^{i\theta} = \cos\theta + i\sin\theta \tag{C・35}$$
$$e^{-i\theta} = \cos\theta - i\sin\theta \tag{C・36}$$

(4) 関数の展開

関数 $f(x)$ の $x = 0$ の近傍での展開をマクローリン展開(Maclaurin's expansion)という．関数 $f(x)$ の n 回微分を $f^{(n)}$ と書くことにすると，次式で与えられる．($0! = 1$ に注意)

$$f(x) = f(0) + \frac{f'(0)}{1!}x + \frac{f''(0)}{2!}x^2 + \cdots + \frac{f^{(k)}(0)}{k!}x^k + \cdots = \sum_{n=0}^{\infty} \frac{f^{(n)}(0)}{n!}x^n \quad \text{(C·37)}$$

例として，$\sin(x)$, $\cos(x)$, e^x のマクローリン展開を示す．

$$\sin(x) = \sum_{n=0}^{\infty} \frac{(-1)^n}{(2n+1)!} x^{2n+1} \quad \text{(C·38)}$$

$$\cos(x) = \sum_{n=0}^{\infty} \frac{(-1)^n}{(2n)!} x^{2n} \quad \text{(C·39)}$$

$$e^x = \sum_{n=0}^{\infty} \frac{1}{n!} x^n \quad \text{(C·40)}$$

オイラーの恒等式は，e^x の変数 x を ix として展開し，整理することにより示すことができる．

(5) 積　　分

$$\int f'g\, dx = fg - \int f g'\, dx \quad \text{(部分積分)} \quad \text{(C·41)}$$

$$\int_{-\infty}^{\infty} e^{-ax^2} dx = \sqrt{\frac{\pi}{a}} \quad (a > 0) \quad \text{(C·42)}$$

$$\int_{-\infty}^{\infty} x^2 e^{-ax^2} dx = \frac{1}{2}\sqrt{\frac{\pi}{a^3}} \quad (a > 0) \quad \text{(C·43)}$$

$$\int_{0}^{\infty} x e^{-ax^2} dx = \frac{1}{2a} \quad (a > 0) \quad \text{(C·44)}$$

$$\int_{0}^{\infty} x^n e^{-ax} dx = \frac{n!}{a^{n+1}} \quad (n > -1,\ a > 0) \quad \text{(C·45)}$$

C-5　二階定数係数同次線形常微分方程式の解

y を変数 x の関数とするとき

$$y'' + ay' + by = 0 \quad (a,\ b：定数係数)$$

の形の微分方程式は，簡単に解を求めることができ，利用価値も高いので解法と解について説明する．数学的に厳密な取り扱い方については，微分方程式の本を参照のこと．

この形の微分方程式は，一般に，$e^{\lambda x}$ の形の解をもつことが知られているので，$y = e^{\lambda x}$ と置くと，$y' = \lambda e^{\lambda x}$, $y'' = \lambda^2 e^{\lambda x}$ となるので，方程式に代入し整理すると，次式が得られる．

$$e^{\lambda x}(\lambda^2 + a\lambda + b) = 0 \quad \text{(C·46)}$$

$e^{\lambda x} \neq 0$ であるから，上式が成り立つためには $\lambda^2 + a\lambda + b = 0$ でなければならない．この λ に対する二次方程式は，微分方程式の特性方程式とよばれる．二次方程式の解を α, β ($\alpha \neq \beta$) とすると，$e^{\alpha x}$, $e^{\beta x}$ が微分方程式の解となる．この解は，方程式の基本解（特解）とよばれる．この基本解の線形結合である $c_1 e^{\alpha x} + c_2 e^{\beta x}$ も微分方程式の解になっていることが容易に確かめられる．この解は，一般解とよばれている．次に，特性方程式が重根をもつ場合 ($\alpha = \beta$) はどうなるか調べてみよう．基本解の一つは，$e^{\alpha x}$ となるが，もう一つの解を $y = u(x) e^{\alpha x}$ と仮定してみ

る．y'，y'' を計算し整理すると次式となる．
$$y' = e^{ax}\{u'(x) + \alpha u(x)\} \tag{C·47}$$
$$y'' = e^{ax}\{u''(x) + 2\alpha u'(x) + \alpha^2 u(x)\} \tag{C·48}$$
これらの式をもとの微分方程式に代入し整理すると
$$e^{ax}\{u''(x) + u'(x)(2\alpha + a) + u(x)(\alpha^2 + a\alpha + b)\} = 0 \tag{C·49}$$
が得られる．ここで
$$e^{ax} \neq 0$$
$$\alpha^2 + a\alpha + b = 0$$
$$2\alpha = -a \quad (特性方程式が重根をもつ条件)$$
を用いると
$$u(x)'' = 0$$
が得られる．積分を 2 回実行して
$$u(x) = A + Bx \quad (A, B は定数)$$
となる．つまり
$$y = Ae^{ax} + Bxe^{ax}$$
が別の解となる．ところで，この解の中に e^{ax} が含まれているが，これはすでに基本解としてあるので，これを除いて xe^{ax} の部分をもう一つの基本解と考えることができる．まとめると重根の場合には，基本解は，e^{ax} と xe^{ax} であり，一般解は，$c_1 e^{ax} + c_2 xe^{ax}$ となる．

2 根が純虚数($\pm i\omega$)の場合には，もちろん，$e^{i\omega x}$，$e^{-i\omega x}$ が基本解であるが，次式
$$\cos(\omega x) = \frac{e^{i\omega x} + e^{-i\omega x}}{2} \tag{C·50}$$
$$\sin(\omega x) = \frac{e^{i\omega x} - e^{-i\omega x}}{2i} \tag{C·51}$$
を利用すると，$\cos(\omega x)$，$\sin(\omega x)$ も基本解とすることができる．

全体をまとめると，$y'' + ay' + by = 0$，(a，b：定数係数)の微分方程式の解は，次のようになる．

特性方程式　$\lambda^2 + a\lambda + b = 0$ の 2 根を α，β とする．
(1)　$\alpha \neq \beta$ の場合
　　基本解：$e^{\alpha x}$，$e^{\beta x}$
　　一般解：$c_1 e^{\alpha x} + c_2 e^{\beta x}$
(2)　$\alpha = \beta$ の場合
　　基本解：$e^{\alpha x}$，$xe^{\alpha x}$
　　一般解：$c_1 e^{\alpha x} + c_2 xe^{\alpha x}$
(3)　$\alpha = i\omega$，$\beta = -i\omega$ の場合
　　基本解：$e^{i\omega x}$，$e^{-i\omega x}$　　または，$\cos(\omega x)$，$\sin(\omega x)$
　　一般解：$c_1 e^{i\omega x} + c_2 e^{-i\omega x}$　　または，$c_1 \cos(\omega x) + c_2 \sin(\omega x)$

C-6 行列と行列式

(1) 行　　列

行列の演算

a) 行列の加法と減法

次の二つの $m \times n$ 行列 A と B について

$$A = \begin{pmatrix} a_{11} & a_{12} & \cdots & a_{1n} \\ a_{21} & a_{22} & \cdots & a_{2n} \\ & \cdots & \cdots & \\ a_{m1} & a_{m2} & \cdots & a_{mn} \end{pmatrix}, \quad B = \begin{pmatrix} b_{11} & b_{12} & \cdots & b_{1n} \\ b_{21} & b_{22} & \cdots & b_{2n} \\ & \cdots & \cdots & \\ b_{m1} & b_{m2} & \cdots & b_{mn} \end{pmatrix}$$

和と差は

$$A \pm B = \begin{pmatrix} a_{11} \pm b_{11} & a_{12} \pm b_{12} & \cdots & a_{1n} \pm b_{1n} \\ a_{21} \pm b_{21} & a_{22} \pm b_{22} & \cdots & a_{2n} \pm b_{2n} \\ & \cdots & \cdots & \\ a_{m1} \pm b_{m1} & a_{m2} \pm b_{m2} & \cdots & a_{mn} \pm b_{mn} \end{pmatrix} \tag{C·52}$$

で与えられる．また，A と B が等しいのは，対応する要素 a_{ij} と b_{ij} が等しいときである．

b) 行列の乗法

$m \times \ell$ 行列 $A = (a_{ij})$ と $\ell \times n$ 行列 $B = (b_{jk})$ の積 $C = (c_{ik})$ の行列 ($m \times n$ 行列) は，以下のように与えられる．

$$C = AB, \quad c_{ik} = \sum_{j=1}^{\ell} a_{ij} b_{jk} \tag{C·53}$$

$\sum_{j=1}^{\ell}$ を略して $\sum$ で書くと

$$C = \begin{pmatrix} \sum a_{1j} b_{j1} & \sum a_{1j} b_{j2} & \cdots & \sum a_{1j} b_{jn} \\ \sum a_{2j} b_{j1} & \sum a_{2j} b_{j2} & \cdots & \sum a_{2j} b_{jn} \\ & \cdots & \cdots & \\ \sum a_{mj} b_{j1} & \sum a_{mj} b_{j2} & \cdots & \sum a_{mj} b_{jn} \end{pmatrix} \tag{C·54}$$

行列の種類

a) 単位行列 (unit matrix)

対角要素がすべて1で，その他の要素が0である $n \times n$ の行列．E で表す．

b) 零行列 (zero matrix)

すべての要素が0である行列．$\mathbf{0}$ で表す．

c) 正方行列 (square matrix)

行と列の数が等しい行列．

d) 対角行列 (diagonal matrix)

対角項以外がすべて0である正方行列．

e) 転置行列 (transposed matrix)

行列の行と列を交換して得られる行列．A^t や $\tilde{A}$ で表す．$(AB)^t = B^t A^t$ が成り立つ．

f) 対称行列 (symmetrix matrix)，交代行列 (alternating matrix)

A を正方行列とするとき $A^t = A (a_{ji} = a_{ij})$ が成り立つ行列 A を対称行列という．また，$A^t = -A (a_{ji} = -a_{ij})$ が成立する行列 A を交代行列という．

g) 逆行列(inverse matrix)

A を正方行列とするとき，同じ大きさをもつ行列 B が，$AB = BA = E$ を満たすとき行列 B を A の逆行列という．A が逆行列をもつとき，A を正則行列(regular matrix)であるという．逆行列を A^{-1} で表すと，$AA^{-1} = A^{-1}A = E$ が成り立つ．$(AB)^{-1} = B^{-1}A^{-1}$ が成り立つ．

h) 随伴行列(adjoint matrix)

正方行列 $A = (a_{ij})$ の共役転置行列 $\tilde{A}^* = (a_{ji}^*$ を $A^\dagger$ で表わし，A の随伴行列という．

i) ユニタリー行列(unitary matrix)

$U^\dagger U = E$ つまり，$U^{-1} = U^\dagger$ が成り立つ行列 U をユニタリー行列という．

j) 直交行列(orthogonal matrix)

要素がすべて実数であるユニタリー行列，つまり，$A^{-1} = \tilde{A}(\tilde{A}A = E)$ が成り立つ行列を直交行列という．

k) エルミート行列(Hermitian matrix)

$H^\dagger = H$ である行列をエルミート行列という．

(2) 行列式

n 次の行列式 D を

$$D = \begin{vmatrix} a_{11} & a_{12} & \cdots & a_{1n} \\ a_{21} & a_{22} & \cdots & a_{2n} \\ & \cdots & \cdots & \\ a_{n1} & a_{n2} & \cdots & a_{nn} \end{vmatrix} \tag{C·55}$$

とする．

行列式の性質

① 行列式の値は，その行と列の要素を交換しても変わらない．

② 行列式の一つの行(列)のすべての要素に，同一の数 c をかけて得られる行列式の値は，もとの行列式の値の c 倍である．

③ 行列式で一つの行(列)のすべての要素が 0 ならば，その行列式の値は 0 である．

④ 行列式の一つの行(列)の要素が，二つの系の要素の和となっていれば，行列式の値は，他の要素はそのままにし，この行(列)の要素をそれぞれの系の要素で置き換えて作った二つの行列式の和に等しい．

⑤ 行列式の二つの行(列)の要素を入れ替えて得られる行列式の値は，もとの行列式の値の符号を変えた値に等しい．

⑥ 行列式の二つの行(列)が等しければ，その行列式の値は 0 である．

⑦ 行列式の二つの行(列)が比例していれば，その行列式の値は 0 に等しい．

⑧ 行列式の一つの行(列)に同じ数をかけて，これを他の行(列)に加えても，行列式の値は変わらない．

行列式の展開

a) 三次の行列式

$$\begin{vmatrix} a_1 & a_2 & a_3 \\ b_1 & b_2 & b_3 \\ c_1 & c_2 & c_3 \end{vmatrix} = a_1b_2c_3 + a_2b_3c_1 + a_3b_1c_2 - a_1b_3c_2 - a_2b_1c_3 - a_3b_2c_1 \tag{C·56}$$

b) n 次の行列式

一般の行列式 D で，要素 a_{ij} に対して，a_{ij} を含む行と列とを除外して得られる行列式を A_{ij} で表す．行列式 D の i 行に沿っての展開は次式で与えられる．

$$D = (-1)^{i+1}a_{i1}A_{i1} + (-1)^{i+2}a_{i2}A_{i2} + \cdots + (-1)^{i+n}a_{in}A_{in} = \sum_{k=1}^{n}(-1)^{i+k}a_{ik}A_{ik} \tag{C·57}$$

また，行列式 D の j 列についての展開は次式で与えられる．

$$D = (-1)^{1+j}a_{1j}A_{1j} + (-1)^{2+j}a_{2j}A_{2j} + \cdots + (-1)^{n+j}a_{nj}A_{nj} = \sum_{k=1}^{n}(-1)^{k+j}a_{kj}A_{kj} \tag{C·58}$$

行列式の計算例として，6 章のシクロブタジエンの永年方程式を計算してみよう．

$$\begin{vmatrix} -\lambda & 1 & 0 & 1 \\ 1 & -\lambda & 1 & 0 \\ 0 & 1 & -\lambda & 0 \\ 1 & 0 & 1 & -\lambda \end{vmatrix} = \begin{vmatrix} -\lambda+2 & -\lambda+2 & -\lambda+2 & -\lambda+2 \\ 1 & -\lambda & 1 & 0 \\ 0 & 1 & -\lambda & 0 \\ 1 & 0 & 1 & -\lambda \end{vmatrix} \quad \text{(2, 3, 4 行を 1 行目に加える．⑧を利用)}$$

$$= \begin{vmatrix} -\lambda+2 & 0 & 0 & 0 \\ 1 & -\lambda-1 & 0 & -1 \\ 0 & 1 & -\lambda & 1 \\ 1 & -1 & 0 & -\lambda-1 \end{vmatrix} \quad \text{(2, 3, 4 列から 1 列目を引く．⑧を利用)}$$

$$= (-1)^{(1+1)}(-\lambda+2)\begin{vmatrix} -\lambda-1 & 0 & -1 \\ 1 & -\lambda & 1 \\ -1 & 0 & -\lambda-1 \end{vmatrix} \quad \text{(1 行目で展開．式(C·56)を利用)}$$

$$= (-\lambda+2)(-1)^{(2+2)}(-\lambda)\begin{vmatrix} -\lambda-1 & -1 \\ -1 & -\lambda-1 \end{vmatrix} \quad \text{(2 列目で展開．式(C·57)を利用)}$$

$$= (-\lambda+2)(-\lambda)\{(-\lambda-1)(-\lambda-1)-(-1)(-1)\} = \lambda^2(\lambda-2)(\lambda+2)$$

連立一次方程式の解法

次式で与えられる n 個の未知数 x についての，n 個の連立一次方程式の解について述べる．

$$\begin{cases} a_{11}x_1 + a_{12}x_2 + \cdots + a_{1n}x_n = b_1 \\ a_{21}x_1 + a_{22}x_2 + \cdots + a_{2n}x_n = b_2 \\ \cdots\cdots\cdots \\ a_{n1}x_1 + a_{n2}x_2 + \cdots + a_{nn}x_n = b_n \end{cases} \tag{C·59}$$

係数の行列を $A = (a_{ij})$ とすると，$|A| = |a_{ij}| \neq 0$ であれば，方程式の解 x は次のようになる．

$$x_1 = \frac{1}{|A|}\begin{vmatrix} b_1 & a_{12} & \cdots & a_{1n} \\ b_2 & a_{22} & \cdots & a_{2n} \\ \cdots & \cdots & & \\ b_n & a_{n2} & \cdots & a_{nn} \end{vmatrix} \tag{C·60}$$

$$\cdots \tag{C·61}$$

$$x_i = \frac{1}{|A|} \begin{vmatrix} a_{11} & \cdots & a_{1i-1} & b_1 & a_{1i+1} & \cdots & a_{1n} \\ a_{21} & \cdots & a_{2i-1} & b_2 & a_{2i+1} & \cdots & a_{2n} \\ & \cdots & \cdots & \cdots & & & \\ a_{n1} & \cdots & a_{ni-1} & b_n & a_{ni+1} & \cdots & a_{nn} \end{vmatrix} \tag{C·62}$$

$$\cdots \tag{C·63}$$

$$x_n = \frac{1}{|A|} \begin{vmatrix} a_{11} & \cdots & a_{1n-1} & b_1 \\ a_{21} & \cdots & a_{2n-1} & b_2 \\ & \cdots & \cdots & \\ a_{n1} & \cdots & a_{nn-1} & b_n \end{vmatrix} \tag{C·64}$$

固有値問題

A を $n \times n$ 行列とする.$Au = \lambda u$ を満たす数 λ を A の固有値,u を A の固有ベクトルという.固有値 λ は,方程式 $|A - \lambda E| = 0$ の解である.

例えば,$h = \begin{pmatrix} \alpha & \beta \\ \beta & \alpha \end{pmatrix}$ とすると,$hc = \epsilon c$ を満たす ϵ は,次の方程式の解となる.

$$\begin{vmatrix} \alpha - \epsilon & \beta \\ \beta & \alpha - \epsilon \end{vmatrix} = (\alpha - \epsilon)^2 - \beta^2 = \{\epsilon - (\alpha + \beta)\}\{\epsilon - (\alpha - \beta)\} = 0 \tag{C·65}$$

列ベクトル c の要素を c_1, c_2 とする.$\epsilon = \alpha + \beta$ に対しては,$c_1 = c_2$ となり,$c^t c = 1$ で規格化すると $c_1 = c_2 = 1/\sqrt{2}$ となる.また,$\epsilon = \alpha - \beta$ に対しては,$c_1 = -c_2$ となり,規格化すると $c_1 = -c_2 = 1/\sqrt{2}$ となる.この計算は,Hückel 法でのエチレンの計算に対応している.

付録 D　基礎的な力学の知識

○　**力学(mechanics)**
力の作用のもとで，物体の運動を求めたり，物体の運動から働いている力を求める．

○　**質点(point mass)**
物体のなかで最も単純なものとして，大きさが小さくなった極限としての「質点」を考える．

○　**位置ベクトル(r)**
質点の位置は，選択された直交座標系に対してベクトルとして指定される．

スカラーとベクトル：適当に単位を定めることによって実数で表すことのできる量，すなわち大きさしかない量をスカラー量あるいは単にスカラーという．長さ，時間，温度，質量などがスカラーである．力は大きさだけでなく向きももつ．速度，加速度なども大きさと向きをもっている．このように大きさと向きをもった量のことをベクトルという．ベクトルは空間の向きをもった線分で表すことができる．線分の長さがベクトルの大きさを表し，線分の向きがベクトルの向きを表す．

○　**速度(velocity)**($v = dr/dt$)
運動状態を表す物理量の一つとして，位置ベクトルの時間変化の割合　速度(ベクトル量)を考える．速度ベクトルの大きさを速さ(スカラー量)という．

○　**加速度(acceleration)**($a = dv/dt = d^2r/dt^2$)
速度の時間変化の割合を表す物理量(ベクトル量)．

○　**運動量(momentum)**($p = mv$)
物体の速度ベクトルvとその質量mとの積で与えられ，運動の変化のしにくさ(物体の運動の勢い)を表す物理量(ベクトル量)．

○　**運動方程式(equation of motion)**
質量mの物体に力fが作用する場合の運動方程式は，$dp/dt = f$で与えられる．質量が変化しない場合には，$mdv/dt = f$や$ma = f$と書かれる．この方程式は，質量mの物体に力fが加えられたならば，その結果として加速度aが生じるという因果関係を表している．

○　**力(force)**(f)
物体に外から与えられ，運動の変化(加速度)を生じさせる原因を力として定義する．

○　**質量(mass)**(m)
物体の運動を調べる場合に，位置と並んで物体の性質としてもっとも基本的な量が質量である．すべて物体には，もっている速度をそのまま保とうとする性質があり，これを慣性というが，その大小がこの物体の〈実質の量〉の大小を表すと考えてそれを質量と呼ぶ．物体として位置の明確な質点を考えると，運動状態はそれがもつ速度で表され，それを変えるには力が必要である．速度の変化率は加速度で測られるが，ニュートンが発見した運動の基本法則は〈加速度は力に比例して生ずる〉というものである．力も加速度もベクトルであるから，それらをfとaで表すと，これらは大きさが比例するだけでなく方向と向きも一致し，$f = ma$と表すことがで

きる．同じ大きさの力によって生ずる加速度は，m の大きいものでは小さく，m の小さいものでは大きくなるから，m の大小は慣性の大小を表すと考えられ，これを質量の定義とするのである．このようにして決めた質量を慣性質量ということもある．

○ 作用・反作用の法則

物体 A と B が互いに力を及ぼしているとき，f_{AB} を B が A に及ぼす力，f_{BA} を A が B に及ぼす力とすると，$f_{AB} = -f_{BA}$ が成り立つ．運動方程式や作用・反作用の法則は，何からも導かれない式であり，力学の出発点としての原理と考えられる．原理の正しさは，それから導き出される結果が，経験的・実験的事実をよく説明することによって保証される．

○ 仕事と運動エネルギー変化

一次元の場合を考える．仕事(work)は，仕事＝力×移動距離で与えられる．

運動方程式 $mdv/dt = f$ の両辺を $x = x_1(t = t_1)$ から $x = x_2(t = t_2)$ まで積分する．

$$\int_{x_1}^{x_2} m\frac{dv}{dt}dx = \int_{x_1}^{x_2} f dx \tag{D・1}$$

右辺の積分は，一次元の場合の力 f のした仕事である．左辺は，$dx = (dx/dt)dt = vdt$ を用いて積分変数を x から t に変換すると次式がえられる．

$$\int_{t_1}^{t_2} m\frac{dv}{dt}\frac{dx}{dt}dt = \int_{t_1}^{t_2} mv\frac{dv}{dt}dt = \int_{t_1}^{t_2} \frac{d}{dt}\left(\frac{m}{2}v^2\right)dt = \left[\frac{m}{2}v^2\right]_{t_1}^{t_2} \tag{D・2}$$

上の式での $mv^2/2$ を運動エネルギー(kinetic energy)という．上の式(D・1)と式(D・2)から，一次元の仕事と運動エネルギーの関係がえられる．

$$\frac{m}{2}v_2^2 - \frac{m}{2}v_1^2 = \int_{x_1}^{x_2} f dx \tag{D・3}$$

この式も「仕事をすると，結果として運動エネルギーが変化する」という因果関係を表している．

○ 位置エネルギー(ポテンシャル・エネルギー)

物体はある位置(高さ)に存在することによって，仕事をしうる能力を潜在的にもっている．この潜在的能力を位置エネルギー(potential energy)とか，ポテンシャル・エネルギーとよぶ．

一般に，微分することによって力が導かれるような場所の関数をポテンシャルとよび，力学，電磁気学などの物理学において場を表すのに用いられる重要な概念である．例　重力場，電磁場．

○ 力学的エネルギー保存則

物体は，摩擦などの力が働かない限り運動エネルギー(kinetic energy)と位置エネルギーの和，すなわち物体の力学的な全エネルギーは物体の運動が行われている間一定に保たれる．

○ 角運動量(angular momentum)

物体の回転運動の勢いを表す量として，角運動量(ℓ) = 位置ベクトル(r) × 運動量ベクトル(p)がある．位置ベクトル×あるベクトル量は，あるベクトル量のモーメントとよばれている．角運動量は，運動量のモーメントになっている．また，力(f)のモーメントは，トルク(N)とよばれる．

$$\ell = r \times p, \quad N = r \times f, \quad d\ell/dt = N \quad (dp/dt = f)$$

付　録

○　重心運動，相対運動，換算質量(重心：質量中心)

　一般に，二つの質点(質量：M, m, 位置ベクトル：$\boldsymbol{R}$, $\boldsymbol{r}$)が互いに力を及ぼし合って運動するとき，個々の質点についての運動方程式を，重心の運動方程式と，一方の質点が静止しているかのようにみなしたときの他方の質点の相対運動の運動方程式(ただし，質量が換算質量に代わっている)とに分離できる．

重心座標：$X = \dfrac{m\boldsymbol{r} + M\boldsymbol{R}}{m + M}$, 　相対座標：$\boldsymbol{x} = \boldsymbol{r} - \boldsymbol{R}$

換算質量；$\mu = \dfrac{mM}{m + M}$

$$\left[\frac{1}{\mu} = \frac{1}{M} + \frac{1}{m} = \frac{m + M}{mM},\ m \ll M \text{ のとき}, \mu = \frac{mM}{m + M} \fallingdotseq \frac{mM}{M} = m\right]$$

○　クーロンの法則

　静電気力の基礎法則　同符号の二つの電荷は斥力を及ぼし合い，反対符号の電荷は引力を及ぼし合う．電荷が静止している場合には，この力の大きさ f は二つの電荷の間の距離 r の二乗に逆比例し，それぞれの電気量 q_1 および q_2 に比例する．式で書けば，k を比例定数として

$$f = \frac{kq_1q_2}{r^2}$$

ガウス単位系：$k = 1$

　SI 単位系：$k = 1/4\pi\epsilon_0$(ϵ_0：真空中の誘電率：permittivity of vacuum)と表される．これをクーロンの法則(Coulomb's law)とよび，静電気力のことをクーロン力ともいう．クーロンポテンシャルは，$V = kq_1q_2/r$ で与えられる．

○　電磁波の発見

　マクスウェルは，変動する電場，磁場が光の速さ c と等しい速さで横波として真空中で伝わることに気づき，この波を電磁波(electromagnetic wave)とよんだ．また，光は電磁波の一種であると予言した(1864)．ヘルツは，電磁波(電波)の発生を実験的に確かめた(1888)．その後，光の現象が波長の短い電磁波としてすべて説明できることが示され，光が電磁波の一種であることが確立された．また，赤外線や紫外線，X 線や γ 線も電磁波の一種であることがわかった．

　電磁波は，波長により分類されている．種々の電磁波を用いて，下の表で示す実験や測定が行われている．

電磁波の分類と関係する主な実験

電磁波の名称	波長	主な実験
ラジオ波	$10 \sim 300$ m	核磁気共鳴
超短波	10 cm $\sim$ 10 m	核磁気共鳴
マイクロ波	1 mm $\sim$ 10 cm	分子の回転スペクトル(マイクロ波分光) 電子スピン共鳴
赤外線	$10^{-4} \sim 10^{-1}$ cm	分子の振動スペクトル(赤外線スペクトル)
可視光	$4000 \sim 7000$ Å	電子スペクトル
紫外線	$100 \sim 3000$ Å	電子スペクトル，光電子スペクトル
X 線	$0.1 \sim 100$ Å	光電子スペクトル，X 線構造解析
γ 線	10^{-3} Å 以下	素粒子の創生

付録 E　Hückel 分子軌道法－縮重のある場合

まず最初に，縮重のある場合の固有関数の性質を簡単に説明する．簡単のために二重に縮重している場合を扱うことにする．演算子を $\hat{A}$，固有値を a，縮重している固有関数を ϕ_1，ϕ_2 とすると次式が成り立つ．

$$\hat{A}\phi_1 = a\phi_1 \tag{E·1}$$

$$\hat{A}\phi_2 = a\phi_2 \tag{E·2}$$

ϕ_1，ϕ_2 の線形結合を $\psi = c_1\phi_1 + c_2\phi_2$ とすると，ψ も演算子 $\hat{A}$ の固有関数で固有値も a であることが次式からわかる．

$$\begin{aligned}\hat{A}\psi &= \hat{A}(c_1\phi_1 + c_2\phi_2) \\ &= c_1\hat{A}\phi_1 + c_2\hat{A}\phi_2 \\ &= c_1 a\phi_1 + c_2 a\phi_2 \\ &= a(c_1\phi_1 + c_2\phi_2) \\ &= a\psi\end{aligned} \tag{E·3}$$

つまり，縮重している場合には，固有関数の任意の線形結合も別の固有関数になりえることがわかる．

次に，Hückel 分子軌道法でエネルギーが縮重している場合の分子軌道の計算の方法を簡単に説明することにする．まずはじめに，一般的な処方箋を説明し後で，具体的にシクロブタジエンの縮重している分子軌道を計算してみよう．

一般的に，エネルギーが縮重している場合には，係数の連立方程式と係数の規格化条件式だけでは，式が不足して係数を決定できない．そこで，足りない数だけの係数の関係式を分子の対称性等を参考にして仮定する．得られた分子軌道を仮に ψ_1' とする．次に，別の分子軌道として，ψ_1' に直交しかつ規格化されている分子軌道 ψ_2' を求める．以下，同様の手続きを繰り返し必要な分子軌道を決定する．

次に，具体的な例として，第 6 章のシクロブタジエンの縮重している分子軌道を計算してみよう．永年方程式は，式(6.34)で，$\lambda = 0$ の場合が二重に縮重している．$\lambda = 0$ の場合の係数を決める連立方程式は整理すると

$$C_1 + C_3 = 0 \tag{E·4}$$

$$C_2 + C_4 = 0 \tag{E·5}$$

となる．これに，規格化の条件　$C_1^2 + C_2^2 + C_3^2 + C_4^2 = 1$　を加えても未知数は 4 個であるから，式が一つ不足している．そこで，シクロブタジエンの分子の対称性から，$C_1 = C_2$ を仮定してみると次の係数の関係が得られる．

$$C_2 = C_1, \quad C_3 = -C_1, \quad C_4 = -C_2 = -C_1 \tag{E·6}$$

これを，規格化の条件に代入し，係数 C_1 を正にとると分子軌道 ψ_2 として

$$\psi_2 = \frac{1}{2}\chi_1 + \frac{1}{2}\chi_2 - \frac{1}{2}\chi_3 - \frac{1}{2}\chi_4 \tag{E·7}$$

が得られる．次に，得られた分子軌道 ϕ_2 に直交し，規格化された分子軌道 ϕ_3 を求めてみよう．まず，$\phi_3 = C_1\chi_1 + C_2\chi_2 + C_3\chi_3 + C_4\chi_4$ とすると，規格化の条件と ϕ_2 に直交する条件から次式が得られる．

$$\int \phi_3{}^2 dv = C_1{}^2 + C_2{}^2 + C_3{}^2 + C_4{}^2 = 1 \tag{E・8}$$

$$\int \phi_2 \phi_3 dv = \frac{1}{2}(C_1 + C_2 - C_3 - C_4) = 0 \tag{E・9}$$

式(E・9)から $C_1 + C_2 = C_3 + C_4$ の関係が成り立ち，式(E・4)と式(E・5)と組み合わせて

$$C_2 = -C_1, \quad C_3 = -C_1, \quad C_4 = -C_2 = C_1 \tag{E・10}$$

が得られ，式(E・8)の規格化の条件から，係数 C_1 を正にとると分子軌道 ϕ_3 として

$$\phi_3 = \frac{1}{2}\chi_1 - \frac{1}{2}\chi_2 - \frac{1}{2}\chi_3 + \frac{1}{2}\chi_4 \tag{E・11}$$

が得られる．これで互いに直交し二重に縮重している分子軌道 ϕ_2 と ϕ_3 が求められたことになる．

一方，シクロブタジエン分子の対称軸を炭素2と炭素4を結ぶ直線に選ぶと，係数 C_2 と C_4 が共に0の場合が生じる．そこで今度は，$C_2 = 0$ を仮定すると式(E・4)と式(E・5)から次の関係が導かれる．

$$C_2 = 0, \quad C_3 = -C_1, \quad C_4 = -C_2 = 0 \tag{E・12}$$

これを，規格化の条件に代入し，係数 C_1 を正にとると分子軌道 ϕ'_2 として

$$\phi'_2 = \frac{1}{\sqrt{2}}\chi_1 - \frac{1}{\sqrt{2}}\chi_3 \tag{E・13}$$

が得られる．次に前と同様の手順で，ϕ'_2 に直交し規格化された分子軌道を計算すると次式の ϕ'_3 が求まる．

$$\phi'_3 = \frac{1}{\sqrt{2}}\chi_2 - \frac{1}{\sqrt{2}}\chi_4 \tag{E・14}$$

$C_1 = C_2$ の仮定で得られた二つの分子軌道 ϕ_2，ϕ_3 と $C_2 = 0$ の仮定で得られた二つの分子軌道 ϕ'_2，ϕ'_3 の関係は次式で与えられる．

$$\phi'_2 = \frac{1}{\sqrt{2}}(\phi_2 + \phi_3), \quad \phi'_3 = \frac{1}{\sqrt{2}}(\phi_2 - \phi_3) \tag{E・15}$$

$$\phi_2 = \frac{1}{\sqrt{2}}(\phi'_2 + \phi'_3), \quad \phi_3 = \frac{1}{\sqrt{2}}(\phi'_2 - \phi'_3) \tag{E・16}$$

最初に説明したように，縮重のある場合には固有関数の線形結合も別の固有関数であり，固有関数の選択に任意性がある．このことは，分子軌道にも該当し縮重のあるエネルギー準位の分子軌道の選択には任意性があることになる．

付録 F 電子の反対称化波動関数

多電子系を記述する波動関数は，二つの電子の座標の交換に対して，符号が変わる，つまり反対称化されていなければならない．電子の座標としては位置(空間)座標とスピン座標の両方がある．通常は，波動関数は軌道部分(位置座標の関数)とスピン部分(スピン座標の関数)の積として表現される．したがって，波動関数全体が反対称化されるためには，軌道部分とスピン部分の対称性が異なっている必要がある．

具体的に，電子が2個の場合の反対称化波動関数について考えてみよう．スピン部分については，2章の後半で説明したので，その結果を利用する．二つの電子に1，2の番号を付けることにする．軌道としては，ϕ_a と ϕ_b を用いることにする．

(1) 2個の電子が同じ軌道を占める場合

軌道部分は図 F・1 に示すように，$\phi_a(1)\phi_a(2)$ が電子1と2の交換に関して対称な対称性をもつので，スピン部分に関しては，反対称な対称性をもつ必要がある．

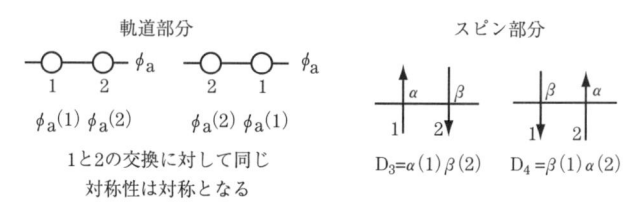

図 F・1 電子2個が同じ軌道を占める場合

スピン部分については図 F・1(図 2・3(b) と同じ)に示すように，可能な二つの電子配置 D_3 と D_4 があり，二つの電子のスピンはパウリの原理から反対向きになっている．2章で説明したように，この二つの状態 D_3 と D_4 は，共に演算子 $\hat{S}_z$ の固有関数になっている．一方，演算子 $\hat{S}^2$ の固有関数にはなっていないが，D_3 と D_4 の線形結合を取った，$D = (D_3 - D_4)/\sqrt{2}$ は電子1と2の交換に関して反対称性をもち，かつ演算子 $\hat{S}^2$ の固有関数になり，$S = 0$ となっている．したがって，スピン多重度 $2S+1$ は1となり，一重項状態(singlet state)である．

具体的なスピン部分の関数は次式で与えられる．

$$\frac{1}{\sqrt{2}}(\alpha(1)\beta(2) - \beta(1)\alpha(2)) \tag{F・1}$$

軌道部分とスピン部分を掛けた次の関数が全体として反対称性をもつ波動関数 $\Psi(1,2)$ である．

$$\Psi(1,2) = \phi_a(1)\phi_a(2) \cdot \frac{1}{\sqrt{2}}(\alpha(1)\beta(2) - \beta(1)\alpha(2)) \tag{F・2}$$

D_3 と D_4 から作られる $(D_3 + D_4)/\sqrt{2}$ も演算子 $\hat{S}^2$ の固有関数になっているが対称性が対称であり，軌道部分の対称性が対称な場合には用いることはできない．

(2) 異なる二つの軌道に電子が1つずつ入る場合

軌道部分は，図 F・2 に示すように，二通りあるが，それぞれは電子1と2の交換に対して互いに変換し，それぞれは対称性をもたない．しかし，互いに変換するので，二つの配置の線形結

合をとると対称性をもち，対称な軌道部分 Φ_+ と反対称な軌道部分 Φ_- を組立てることができる．

$$\Phi_+ = \frac{1}{\sqrt{2}}(\phi_a(1)\phi_b(2) + \phi_a(2)\phi_b(1)) \tag{F・3}$$

$$\Phi_- = \frac{1}{\sqrt{2}}(\phi_a(1)\phi_b(2) - \phi_a(2)\phi_b(1)) \tag{F・4}$$

一方，スピン部分については，図F・2(図2・4と同じ)に示すように電子配置には，D_5，D_6，D_7，D_8 の4通りある．電子1と電子2の交換に対して，D_5，D_6 は対称であるが，D_7，D_8 は対称性をもたず互いに変換することがわかる．2章で説明したように，D_5 と D_6 はそのままで，演算子 $\hat{S}^2$ と $\hat{S}_z$ の固有関数になっている．$S=1$ となりスピン多重度は3で，三重項状態(triplet state)である．一方，D_7 と D_8 は，演算子 $\hat{S}_z$ の固有関数にはなっている．しかし，$\hat{S}^2$ の固有関数にはなっていないが，D_7 と D_8 のマイナスの結合をとった $D' = (D_7 - D_8)/\sqrt{2}$ は，演算子 $\hat{S}^2$ と $\hat{S}_z$ の固有関数になり，電子1と2の交換に関しても反対称となっている．$S=0$ となるのでスピン多重度は1で，この配置は一重項状態である．また，D_7 と D_8 のプラスの結合をとった $D'' = (D_7 + D_8)/\sqrt{2}$ は，演算子 $\hat{S}^2$ と $\hat{S}_z$ の固有関数になり，電子1と2の交換に関しても対称となる．$S=1$ となりスピン多重度は3で，この配置は三重項状態である．

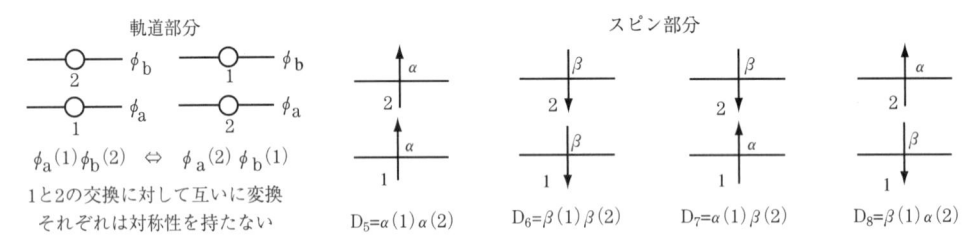

図 F・2 電子2個が異なる軌道を占める場合

スピン部分を整理すると，一重項状態のスピン部分の関数は，(1)の場合と同じ(スピン部分の関数は同じで，軌道関数の部分が異なる)で

$$\frac{1}{\sqrt{2}}(\alpha(1)\beta(2) - \beta(1)\alpha(2)) \tag{F・5}$$

一方，三重項状態に対しては，スピン部分の関数は3種類あり，次のようになっている．

$$\alpha(1)\alpha(2) \tag{F・6}$$

$$\frac{1}{\sqrt{2}}(\alpha(1)\beta(2) + \beta(1)\alpha(2)) \tag{F・7}$$

$$\beta(1)\beta(2) \tag{F・8}$$

全体として反対称な波動関数は，軌道部分で対称な関数 Φ_+ とスピン部分で反対称な関数(F・5)の積で表される一重項状態の $\Psi^1(1,2)$

$$\Psi^1(1,2) = \frac{1}{\sqrt{2}}(\phi_a(1)\phi_b(2) + \phi_a(2)\phi_b(1)) \cdot \frac{1}{\sqrt{2}}(\alpha(1)\beta(2) - \beta(1)\alpha(2)) \tag{F・9}$$

と，軌道部分で反対称な関数 Φ_- とスピン部分で対称な関数(F・6，F・7，F・8)の積で表される三重項状態の $\Psi^3(1,2)$

$$\Psi^3(1,2) = \frac{1}{\sqrt{2}}(\phi_a(1)\phi_b(2) - \phi_a(2)\phi_b(1)) \cdot \begin{cases} \alpha(1)\alpha(2) \\ \dfrac{1}{\sqrt{2}}(\alpha(1)\beta(2) + \beta(1)\alpha(2)) \\ \beta(1)\beta(2) \end{cases} \quad \text{(F·10)}$$

になる．

　最後に，電子の反対称化された波動関数を行列式で表すことを考えてみよう．

　2個の電子が同じ軌道 ϕ_a に入っている場合の反対称化波動関数は，式(F·2)で与えられるが，これを行列式で表すと次式となる．

$$\Psi^1(1,2) = \frac{1}{\sqrt{2}}\begin{vmatrix} \phi_a(1)\alpha(1) & \phi_a(2)\alpha(2) \\ \phi_a(1)\beta(1) & \phi_a(2)\beta(2) \end{vmatrix} \quad \text{(F·11)}$$

一般に n 個の電子の電子配置を行列式で書くと，係数として $1/\sqrt{n!}$ が付くので，この係数を省略し，さらに行列式の対角項だけを積の形で書く形式がよく使われる．式(F·11)をこの書き方で書き直すと次式となる．

$$\Psi^1(1,2) = |\phi_a(1)\alpha(1)\phi_a(2)\beta(2)| = |\phi_a\overline{\phi}_a| \quad \text{(F·12)}$$

ここで，上の式の最後は，さらに簡略化して書く方法で，電子の番号は対角項のみを書き1，2，3，… となるので省略．また α スピンを省略して，β スピンを軌道 ϕ_a の上にバー(−)を付けて表している．この省略した書き方で，式(F·9)は

$$\Psi^1(1,2) = \frac{1}{\sqrt{2}}(|\phi_a\overline{\phi}_b| - |\overline{\phi}_a\phi_b|) \quad \text{(F·13)}$$

となり，式(F·10)は

$$\Psi^3(1,2) = \begin{cases} |\phi_a\phi_b| \\ \dfrac{1}{\sqrt{2}}(|\phi_a\overline{\phi}_b| + |\overline{\phi}_a\phi_b|) \\ |\overline{\phi}_a\overline{\phi}_b| \end{cases} \quad \text{(F·14)}$$

と書ける．このような書き方の行列式は**スレーター行列式**(Slater determinant)とよばれている．

　$2n$ 個の電子が n 個の軌道 ϕ にスピンを逆平行にして詰まった閉殻の電子配置をスレーター行列式で書くと次のようになる．

$$\Psi(1,2,\cdots,2n)$$

$$= \frac{1}{\sqrt{2n!}}\begin{vmatrix} \phi_1(1)\alpha(1) & \phi_1(1)\beta(1) & \phi_2(1)\alpha(1) & \cdots & \phi_n(1)\alpha(1) & \phi_n(1)\beta(1) \\ \phi_1(2)\alpha(2) & \phi_1(2)\beta(2) & \phi_2(2)\alpha(2) & \cdots & \phi_n(2)\alpha(2) & \phi_n(2)\beta(2) \\ & \cdots & \cdots & \cdots & \cdots & \\ \phi_1(2n)\alpha(2n) & \phi_1(2n)\beta(2n) & \phi_2(2n)\alpha(2n) & \cdots & \phi_n(2n)\alpha(2n) & \phi_n(2n)\beta(2n) \end{vmatrix}$$

$$\quad \text{(F·15)}$$

$$= \frac{1}{\sqrt{2n!}}\begin{vmatrix} \phi_1(1) & \overline{\phi}_1(1) & \phi_2(1) & \overline{\phi}_2(1) & \cdots & \phi_n(1) & \overline{\phi}_n(1) \\ \phi_1(2) & \overline{\phi}_1(2) & \phi_2(2) & \overline{\phi}_2(2) & \cdots & \phi_n(2) & \overline{\phi}_n(2) \\ & \cdots & \cdots & \cdots & \cdots & \cdots & \\ \phi_1(2n) & \overline{\phi}_1(2n) & \phi_2(2n) & \overline{\phi}_2(2n) & \cdots & \phi_n(2n) & \overline{\phi}_n(2n) \end{vmatrix} \quad \text{(F·16)}$$

$$= |\phi_1\overline{\phi}_1\phi_2\overline{\phi}_2\cdots\phi_n\overline{\phi}_n| \quad \text{(F·16)}$$

付録 G ヘリウム原子の変分法による計算

ヘリウムのハミルトン演算子は，原子単位系(付録 B 参照)を用いると

$$\hat{H} = -\frac{1}{2}\hat{\nabla}_1^2 - \frac{1}{2}\hat{\nabla}_2^2 - \frac{Z}{r_1} - \frac{Z}{r_2} + \frac{1}{r_{12}} \tag{G·1}$$

となる．ヘリウム原子の試行波動関数 $\Psi(r_1, r_2)$ として，ヘリウムの 1s 軌道 ϕ_{1s} で原子番号 Z を変分パラメータ Z' に置き換えた関数の積を採用することにする．

$$\Psi(r_1, r_2) = \phi_{1s}(r_1)\phi_{1s}(r_2) = \left(\frac{Z'^3}{\pi}\right) e^{-Z'r_1} e^{-Z'r_2} \tag{G·2}$$

この 1s 軌道 ϕ_{1s} は，電子が 1 個の場合には核の電荷が Z' の場合の固有関数になっているので次式が成り立つ．

$$\left(-\frac{1}{2}\hat{\nabla}_1^2 - \frac{Z'}{r_1}\right)\phi_{1s}(r_1) = Z'^2 \phi_{1s}(r_1) \tag{G·3}$$

$$\left(-\frac{1}{2}\hat{\nabla}_2^2 - \frac{Z'}{r_2}\right)\phi_{1s}(r_2) = Z'^2 \phi_{1s}(r_2) \tag{G·4}$$

上の試行波動関数を用いて式(G·1)のエネルギー期待値 I を計算する．(試行関数は規格化されている)

$$I = \int \Psi^*(r_1, r_2) \hat{H} \Psi(r_1, r_2)\, dv_1 dv_2 \tag{G·5}$$

$$= \int \phi_{1s}^*(r_1)\phi_{1s}^*(r_2) \left[-\frac{1}{2}\hat{\nabla}_1^2 - \frac{1}{2}\hat{\nabla}_2^2 - \frac{Z}{r_1} - \frac{Z}{r_2} + \frac{1}{r_{12}}\right] \phi_{1s}(r_1)\phi_{1s}(r_2)\, dv_1 dv_2 \tag{G·6}$$

$$= 2\int \phi_{1s}^*(r_1)\phi_{1s}^*(r_2) \left[-\frac{1}{2}\hat{\nabla}_1^2 - \frac{Z}{r_1}\right] \phi_{1s}(r_1)\phi_{1s}(r_2)\, dv_1 dv_2 +$$

$$\int \phi_{1s}^*(r_1)\phi_{1s}^*(r_2) \left[\frac{1}{r_{12}}\right] \phi_{1s}(r_1)\phi_{1s}(r_2)\, dv_1 dv_2 \tag{G·7}$$

最後の式の第一項の積分を I_1，第二項の積分を I_2 として，別々に計算することにする．

$$I_1 = \int \phi_{1s}^*(r_1)\phi_{1s}^*(r_2) \left[-\frac{1}{2}\hat{\nabla}_1^2 - \frac{Z}{r_1}\right] \phi_{1s}(r_1)\phi_{1s}(r_2)\, dv_1 dv_2 \tag{G·8}$$

$$= \int \phi_{1s}^*(r_1)\phi_{1s}^*(r_2) \left[-\frac{1}{2}\hat{\nabla}_1^2 - \frac{Z'}{r_1} + \frac{Z'-Z}{r_1}\right] \phi_{1s}(r_1)\phi_{1s}(r_2)\, dv_1 dv_2 \tag{G·9}$$

$$= \int \phi_{1s}^*(r_1) \left[-\frac{1}{2}\hat{\nabla}_1^2 - \frac{Z'}{r_1}\right] \phi_{1s}(r_1)\, dv_1 + \int \phi_{1s}^*(r_1) \left[\frac{Z'-Z}{r_1}\right] \phi_{1s}(r_1)\, dv_1 \tag{G·10}$$

$$= -\frac{1}{2}Z'^2 + (Z'-Z)\int \left[\frac{1}{r_1}\right] |\phi_{1s}(1)|^2 dv_1 \tag{G·11}$$

$$= -\frac{1}{2}Z'^2 + (Z'-Z)\int \left[\frac{1}{r_1}\right]\left(\frac{1}{\pi}\right) Z'^3 e^{-2Z'r_1} dv_1 \tag{G·12}$$

$$= -\frac{1}{2}Z'^2 + (Z'-Z)\frac{Z'^3}{\pi}\iiint \left[\frac{e^{-2Z'r_1}}{r_1}\right] r_1^2 \sin\theta\, dr_1 d\theta d\phi \tag{G·13}$$

$$= -\frac{1}{2}Z'^2 + (Z'-Z)Z' \tag{G·14}$$

$$= \frac{1}{2}Z'^2 - ZZ' \tag{G·15}$$

$$I_2 = \int \phi_{1s}{}^*(r_1)\,\phi_{1s}{}^*(r_2) \left[\frac{1}{r_{12}}\right] \phi_{1s}(r_1)\,\phi_{1s}(r_2)\,dv_1 dv_2 \tag{G·16}$$

$$= \int \left(\frac{1}{\pi}\right) Z'^3 e^{-2Z'r_1} \left(\frac{1}{\pi}\right) Z'^3 e^{-2Z'r_2} \left[\frac{1}{r_{12}}\right] dv_1 dv_2 \tag{G·17}$$

$$= \frac{Z'^6}{\pi^2} \int e^{-2Z'r_1} e^{-2Z'r_2} \left[\frac{1}{r_{12}}\right] dv_1 dv_2 \tag{G·18}$$

$$= \frac{5}{8} Z' \tag{G·19}$$

I_2 の最後の積分は,$1/r_{12}$ をルジャンドルの球関数で展開して計算するが,かなり複雑なので,ここでは省略し結果だけを書いた.

以上の計算により,最終的に試行関数によるエネルギー期待値は次式で与えられる.

$$I = Z'^2 - 2ZZ' + \frac{5}{8} Z' \tag{G·20}$$

I を Z' で微分して 0 となるのは,$Z' = Z - 5/16$ のときであり,そのときのエネルギー期待値は,$I = 2(Z-5/16)^2$ となる.$Z = 2$ とすると,$I = -2.8477\,E_h = -77.49\,\text{eV}$ となる.(第7章4節1項)

[参考文献]

量子化学の標準的な参考書

1. Eyring, H, Walter. J, Kimball. G.E., "Quantum Chemistry", John Wiley & Sons, Inc. (1944).
2. アイリング,H., ウォルター,J., キンボール,G.E., （小谷正雄，富田和久訳），『量子化学』，山口書店(1953). (絶版)
3. 原田義也，『量子化学』，掌華房(1978).
4. 米沢貞次郎，永田親義，加藤博史，今村詮，諸熊奎治，『三訂　量子化学入門(上，下)』，化学同人(1983).
5. Levine, I.N., "Quantum Chemistry", Allyn and Bacon, Inc.(1970); 5 th edition, Prentice Hall (2000).
6. 大野公一，『量子物理化学』，東京大学出版会(2001).

関連する分子軌道法，量子化学，物理化学の参考書

7. 中島威編集，『分子軌道論(分子科学講座 3)』，共立出版(1966).
8. 広田穣，『分子軌道法入門』，培風館(1969).
9. アトキンス,P.W.(千原秀昭，中村亘男訳)，『物理化学(上，下)』，東京化学同人(1979).
10. 長倉三郎，中島威，『化学と量子論(現代化学 1)』，岩波書店(1979).
11. 細矢治夫，『量子化学』，サイエンス社(1980).
12. 中島威，細矢治夫，米沢貞次郎編，『化学結合の量子論(現代化学 2)』，岩波書店(1981).
13. 西本吉助，『量子化学のすすめ』，化学同人(1983).
14. 川村尚，藤本博，『量子有機化学(有機化学 9)』，丸善(1983).
15. 福井謙一，細矢治夫，米沢貞次郎，永田親義，今村詮，藤本博，加藤重樹，笛野高之，井本稔，『福井謙一とフロンティア軌道理論(化学総説 No.38，日本化学会編)』，学会出版センター(1983).
16. 鐸木啓三，菊池修，『電子の軌道』，共立出版(1984).
17. 平尾公彦，加藤重樹，『化学の基礎』，講談社(1988).
18. 藤川高志，『化学のための初めてのシュレーディンガー方程式』，掌華房(1996).
19. 菊池修，『基礎量子化学』，朝倉書店(1997).
20. 近藤保，真船文隆，『量子化学』，掌華房(1997).
21. 稲垣都士，石田勝，和佐田裕昭，『有機軌道論のすすめ』，丸善(1998).
22. 高柳和夫，『原子分子物理学』，朝倉書店(2000).
23. A. Rauk, "Orbital Interaction Theory of Organic Chemistry", Second Edition, Wiley-Interscience (2001).
24. 藤本博編，森　聖治ら，『有機量子化学』，朝倉書店(2001).
25. 第 5 版　実験化学講座 12，『計算化学』，丸善(2004).

単位に関する参考書

26. ミルズ, I., ツピタシュ, T., ホーマン, K., カライ, N., 朽津耕三, 『物理化学で用いられる量・単位・記号』, 講談社サイエンティフィク(1991).
27. 国立天文台編, 『理科年表』, 丸善(1998).
28. 『化学と工業』第59巻第4号.

図の作成に関する参考書

29. 平田邦男, 『新BASICによる物理』, 共立出版(1988).

量子化学プログラムを実際に使い始める人にお勧めの参考書

30. 堀憲次, 山本豪紀, 『Gaussianプログラムで学ぶ情報化学・計算化学実験』, 丸善 (2006).
31. 時田澄男, 染川賢一, 『パソコンで考える量子化学の基礎』, 裳華房 (2005).
32. 平尾公彦監修, 武次徹也編, 『すぐできる量子化学計算ビギナーズマニュアル』, 講談社 (2006).

[第9章の参考文献]

(1) 小松崎民樹, 物性研究, **76**(1), 1-44(2001).
(2) G. Klopman, *J. Am. Chem. Soc.* **90**, 223(1968).
(3) L. Salem, *J. Am. Chem. Soc.* **90**, 543(1968).
(4) M.J.Curry, D.R.Stevens, *J.Chem.Soc.,Perkin Trans.2* **1980**,1391-1398.
(5) R.Srinivasan, *J.Am.Chem.Soc.* **91**,7557-7561(1969).
   Cf.J.I.Brauman, W.C.Archie,Jr. *J.Am.Chem.Soc.* **94**,4262-4264(1972).
(6) R.G.Parr, R.G.Pearson, *J.Am.Chem.Soc.* **105**,7512(1983).
   R.G.Pearson, *Chemical Hardness*,1997,Wiley-VCH.
(7) T.Koopmans, *Physica*,**1**,104(1934).
(8) S.Yamabe, T.Minato, *J. Org. Chem.*, **65**,1830(2000).

索引

英文

$2p\pi$ 軌道	60
$2p\sigma$ 軌道	60
ab initio 法	99
CI 法	71, 99
Diels-Alder 反応	108
gerade	94
LCAO 近似	58, 74
p-p 軌道相互作用	96
Schrödinger 方程式	13
SI 以外の単位	128
SI 基本単位と補助単位	126
SI 組立単位の例	127
SI 接頭語	127
sp 混成軌道	67
sp² 混成軌道	67
sp³ 混成軌道	67
ungerade	94
α スピン	20
β スピン	20

あ 行

イオン	54
イオン化エネルギー	53
イオン結合	64
イオン構造	71
異核二原子分子	64, 94
位置エネルギー	145
一次軌道混合	96
一次元調和振動子	88
一次元の箱の中の粒子	28
一次の摂動論	84, 85
一次の補正エネルギー	85
一重項状態	22, 149, 150
一般解	138
井戸型ポテンシャル	28
運動エネルギー	145
運動方程式	34, 144
永年方程式	75, 92, 94
エネルギー換算表	130
エネルギー量子	3
エルミート演算子	17
エルミート多項式	35
演算子	16
オイラーの恒等式	137

か 行

開殻	54
化学ハード性	112
殻	54
角運動量	18, 134, 145
拡張 Hückel 法	81, 97
角度依存性表示	48
確率密度	14, 15, 24
下降演算子	19, 20
重なり積分	74, 75, 92
硬い塩基	112
硬い酸	112
硬さ	112
価電子	52, 54
換算質量	5, 146
関数値表示	50
慣性モーメント	37
基礎物理定数	129
基底関数	100
軌道	54
軌道相互作用の原理 I	93
軌道相互作用の原理 II	93
基本解	138
逆位相	59, 94, 104
求核剤	104
求核置換反応	105
求電子剤	103
求電子置換反応	106
求電子付加反応	106
球面調和関数	19, 39, 44
共旋的	110
共鳴積分	75, 92
共有結合構造	71
行列	140
行列式	141
極性	64
極性結合	64
空間量子化	40
クーロン積分	75, 92
クロネッカーのデルタ	44, 75
結合次数	60, 61, 79
結合性分子軌道	59
原子価殻電子対反発則	68
原子核	2
原子価結合法	70, 71
原子軌道	44, 92
原子単位	129
交換関係	17, 99
交換子	17, 19
交換子の性質	17
構成原理	50, 51
光電効果	4
黒体	2, 9
黒体輻射	2, 36
固有関数	16
固有値	16
固有値問題	143
混成軌道	66

さ 行

最外殻	54
最高被占軌道(HOMO)	103
最低空軌道(LUMO)	103
三角関数	137
三次元回転運動	39
三重結合	63, 69
三重項状態	22, 63, 150
時間に依存しない Schrödinger 方程式	14
磁気量子数	19, 45
試行関数	87, 88
仕事関数	4
周期表	52
周期律	51
自由粒子	26
縮重	21, 33, 147
主量子数	45
昇位エネルギー	66
昇降演算子	19
常磁性	62, 63
上昇演算子	19, 20
水素原子	44
水素原子のスペクトル	5
スカラー積	133
スピン	20
スピン角運動量	20, 41
スピン多重度	21, 149
スペクトル	10
スレーター行列式	151
節線	34, 38, 50, 78
摂動項	84
摂動論	84
節面	50
ゼロ点エネルギー	30, 36
遷移元素	52
遷移状態理論	102
線形結合近似	58

索　引

（continued）

双極子モーメント　65
ソフト性　112

た　行

第一遷移元素　53
対応原理　31,36
第三遷移元素　53
対称許容　107
対称禁制　107
体積要素　136
第二遷移元素　53
多原子分子　68
多電子原子　50
単位について　126
単結合　63

中性子　2
調和振動子　34,88
調和ポテンシャル　34
直交　15,148

定常波　8,14
電気陰性度　64
典型元素　52
電子　2
電子雲表示　48
電子環状反応　110
電子間反発項　99
電子親和力　54
電子相関　99
電磁波　9,146
電子配置　51,54
電子密度　79

ド・ブロイの関係　30
ド・ブロイの関係式　8,14
ド・ブロイの物質波　8
同位相　59,94,104
等核二原子分子　58,92
動径分布関数　47
等高線表示　49
同時固有関数　17,28,37
等値曲面表示　49
トムソンモデル　2
トルク選択性　111
トンネル効果　36,40

な　行

長岡モデル　2
ナブラ　17,134

二階定数係数同次線形常微分方程式
　の解　138
二原子分子　58
二次軌道混合　96
二次元回転運動　36
二次元の箱の中の粒子　32
二重結合　63
二重項状態　23

は　行

ハード塩基　112
ハード酸　112
ハード性　112
ハイゼンベルクの不確定性原理　13
配置間相互作用法　71,99
パウリの原理　21,51
波動関数　14
波動関数の規格化　15
ハミルトニアン　14
ハミルトン演算子　14
半経験的分子軌道法　99
反結合性分子軌道　60
半占軌道(SOMO)　103
反旋的　110
反対称化波動関数　149
反転対称性　94
反応座標　102
反応次数　102
反応速度定数　102
半被占軌道　103

非局在化エネルギー　78
非経験的分子軌道法　99
微分法　132

付加環化反応　107
不確定性関係　28,31
不確定性原理　12,28
副殻　54
輻射　2,9
複素数　137
節　30,33,50,76

節の数　30
物理量の期待値　15,74
プランク定数　3,5,129,130
フロンティア軌道理論　103
分子軌道　58,92
分子軌道法　70
フントの規則　51,62,63,80

閉殻　54
ベクトル　133
ベクトル積　134
偏微分法　132
変分原理　87
変分法　87,152

方位量子数　19,45
ボーアの水素原子モデル　5
ボーアの量子条件　6,8
ボーア半径　6
ボルン・オッペンハイマー近似　44

ま　行

密度汎関数法　99

面積要素　135

モースポテンシャル　36

や　行

やわらかさ　112

有効核電荷　51,88

陽子　2

ら　行

ラゲールの陪多項式　45
ラプラシアン　17,134

リュードベリ定数　5,6
量子数　6,30,45

連立一次方程式の解法　142

寺阪利孝（てらさか　としたか）
1968年　東北大学理学部化学科卒業
1973年　東北大学大学院理学研究科博士課程修了
現　在　茨城大学理学部元教授
　　　　理学博士

森　聖治（もり　せいじ）
1993年　東京工業大学理学部化学科卒業
1998年　東京大学大学院理学系研究科化学専攻博士課程修了
現　在　茨城大学理学部教授
　　　　博士（理学）

りょうし ぶつり か がくにゅうもん
量子物理化学入門

2007年4月10日　初版第1刷発行
2015年3月20日　初版第3刷発行

　　　　　　　　　© 著　者　寺　阪　利　孝
　　　　　　　　　　　　　　森　　　聖　治
　　　　　　　　　　発行者　秀　島　　　功
　　　　　　　　　　印刷者　沖　田　啓　了

発行所　三共出版株式会社　東京都千代田区神田神保町3の2
郵便番号 101-0051　振替 00110-9-1065
電話 03(3264)5711　FAX 03(3265)5149
http://www.sankyoshuppan.co.jp

一般社団法人 日本書籍出版協会・一般社団法人 自然科学書協会・工学書協会　会員

Printed in Japan　　　　　　　　　　　　　印刷・製本　太平印刷社

JCOPY 〈(社)出版者著作権管理機構　委託出版物〉
本書の無断複写は著作権法上での例外を除き禁じられています。複写される場合は、そのつど事前に、(社)出版者著作権管理機構（電話 03-3513-6969, FAX 03-3513-6979, e-mail : info@jcopy.or.jp）の許諾を得てください。

ISBN　978-4-7827-0535-3